工业机器人技术应用系列

KEBA 工业机器人应用工程师（L1）考证用书

KEBA 机器人控制系统基础操作与编程应用

钟 健 鲍清岩 **主 编**

王 鑫 房 磊 雷旭昌 赖周艺 **副主编**

電子工業出版社

Publishing House of Electronics Industry

北京 • BEIJING

内 容 简 介

KEBA 机器人控制系统是自动化方案提供商 KEBA 工业自动化公司开发的开放式、标准化机器人控制系统，因其代表了当前工业机器人控制器的主要发展方向，得到了众多工业机器人本体生产厂家的青睐。为应对众多企业对开放式、模块化、标准化机器人控制器人才急剧增长的需求，KEBA 工业自动化公司基于其机器人控制系统开发了“KEBA 工业机器人应用工程师”国际认证标准。为便于中国用户顺利通过 KEBA 国际化认证，科控工业自动化设备（上海）有限公司（KEBA 中国公司）、深圳市华兴鼎盛科技有限公司和深圳职业技术学院等单位共同合作编写了本书。

本书是面向 KEBA 工业机器人应用工程师（L1 等级）的培训教材，主要介绍 KEBA 工业机器人控制系统的安装、调试和编程操作初级技术基础，并匹配相应的数字化教学资源。

本书可作为从事工业机器人应用工程技术人员，特别是初级工业机器人技术调试人员的参考用书，也可作为职业院校和本科院校机电一体化、工业机器人技术应用及电气自动化专业的教材。

图书在版编目（CIP）数据

KEBA 机器人控制系统基础操作与编程应用 / 钟健，鲍清岩主编. —北京：电子工业出版社，2019.6

ISBN 978-7-121-36889-9

Ⅰ. ①K… Ⅱ. ①钟… ②鲍… Ⅲ. ①机器人控制—控制系统—高等学校—教材 Ⅳ. ①TP24

中国版本图书馆 CIP 数据核字（2019）第 123391 号

策划编辑：朱怀永
责任编辑：朱怀永
印　　刷：北京虎彩文化传播有限公司
装　　订：北京虎彩文化传播有限公司
出版发行：电子工业出版社
　　　　　北京市海淀区万寿路 173 信箱　邮编　100036
开　　本：787×1 092　1/16　印张：13　字数：332.8 千字
版　　次：2019 年 6 月第 1 版
印　　次：2024 年 1 月第 9 次印刷
定　　价：41.80 元

凡所购买电子工业出版社图书有缺损问题，请向购买书店调换。若书店售缺，请与本社发行部联系，联系及邮购电话：（010）88254888，88258888。

质量投诉请发邮件至 zlts@phei.com.cn，盗版侵权举报请发邮件至 dbqq@phei.com.cn。

本书咨询联系方式：（010）88254608，zhy@phei.com.cn。

前　言

PREFACE

工业机器人控制器作为工业机器人四大核心部件之一，是工业机器人的大脑和灵魂。尽管主流工业机器人如ABB、KUKA、FANUC是目前世界上最通用的，也是起步最早的工业机器人，但是这些工业机器人生产厂家只向企业用户提供完整的工业机器人装备，不提供机器人的控制系统。由于这些专用的机器人控制系统构造封闭、开放性差、软件独立性和扩展性差，导致用户在开发智能制造装备时，利用这一类工业机器人控制器进行二次开发的难度增大，已经不能满足现代自动化装备的智能化和柔性化要求，所以模块化、标准化和各个层次对用户开放成为现代机器人控制器的一个发展方向。

而KEBA工业自动化公司作为国际知名的自动化方案供应商，为注塑机和机器人控制系统提供完美的解决方案，特别是针对客户的不同需求为机器人控制系统提供快速有效的、模块化的解决方案。因此，KEBA机器人控制器正是一个开放式、模块化、标准化机器人控制器，它引领了机器人控制器的发展方向。国内外大多数研发机器人控制器产品的厂家也以此为样板开展研发工作，同样也使国内外众多工业机器人厂商将KEBA机器人控制器作为首选。

近些年来，国产工业机器人在国内的市场份额从不足5%发展到占据国内工业机器人的半壁江山，也使具备KEBA工业机器人控制系统的编程、调试、二次开发、维护等相关技术的人才成为国内工业机器人领域最为紧缺的人才之一。为应对国内外企业对开放式、模块化、标准化机器人控制器人才急剧增长的需求，KEBA工业自动化公司基于其机器人控制系统开发了“KEBA工业机器人应用工程师”国际认证标准。针对中国用户，科控工业自动化设备（上海）有限公司（KEBA中国公司）联合深圳市华兴鼎盛科技有限公司、深圳职业技术学院、深圳信息职业技术学院、深圳市技师学院等单位共同合作编写了本书。

本书基于源于工程、高于工程、回归工程的目标，在编写过程中吸收和借鉴了职业标准制定及教材编写方面的经验，体现了产业和行业的特点。本书的出版，为院校培养应用技术人才奠定了良好的技术基础，也为智能制造相关企业科学选人、用人及培训机构定向人才培育，提供技术能力标准和培训内容支持。

通过校企合作编写教材的同时，也共同建立了完善的课程体系、应用实训方法、师资培养模式、考核认证、产业人才输送等一体化校企联培机制，可以使学员循序渐进地掌握机器人应用技术的开发流程、应用技术、操作维护技能等，在机器人产业的生产、应用开发和服务等工作中能够更高效地解决问题，并进一步促进机器人应用技术创新，最终获得行业领军企业的技能鉴定和培训认证，真正提升学员的技能水平和企业认可度。

本书是面向 KEBA 工业机器人应用工程师 L1 等级的培训教材，主要内容包括认识工业机器人、KEBA 机器人控制系统常用硬件及连接、示教器基本操作、直线及相关运动编程、圆弧及相关运动编程、设定工具坐标系、设定参考坐标系、简单码垛编程八个单元，以工学结合的项目化方式进行内容组织，由简单到复杂循序渐进导入，逐步让学员掌握对应的实用技能。本书已在学校和企业进行了大量的实践性实验，取得了良好的效果和丰富的经验，并对内容和结构进行了优化处理，更能满足不同读者的需求。

在本书编写过程中，除编者付出辛勤的汗水，还得到深圳技师学院王金平等老师的大力支持和帮助，在此表示衷心的感谢。

由于编者水平有限，书中难免存在不足之处，恳请广大读者批评指正。

编　者

2019 年 5 月

目　录
CONTENTS

单元 1

认识工业机器人

一、任务描述

本单元主要介绍工业机器人的定义和分类、工业机器人的系统组成等知识，从基础开始认识工业机器人。

二、学习目标

知识目标：

1. 了解工业机器人的定义和分类；
2. 了解工业机器人的自由度；

技能目标：

1. 掌握工业机器人的系统组成；
2. 掌握工业机器人的外围设备；
3. 掌握工业机器人的插补运动。

三、知识储备

（一）工业机器人的定义和分类

1. 工业机器人的定义

国际标准化组织（ISO）对工业机器人的定义是：工业机器人是一种自动的、位置可控的、具有编程能力的多功能操作机，这种操作机具有几个轴，能够借助可编程操作来处理各种材料、零件、工具和专用装置，以执行各种任务。

机器人典型应用领域是工件搬运和工件处理（如喷涂、焊接）。

2. 工业机器人的分类

根据工业机器人关节的连接方式，工业机器人可以分为串联机器人和并联机器人。

1）串联机器人

串联机器人由一系列连杆通过转动关节或移动关节串联连接，是一种以串联方式驱动的开环机器人。串联机器人每一个关节都由一个驱动器驱动，关节的相对运动导致连杆的运动，使机器人末端执行器到达一定的位置和姿态。串联运动链如图 1.1 所示。

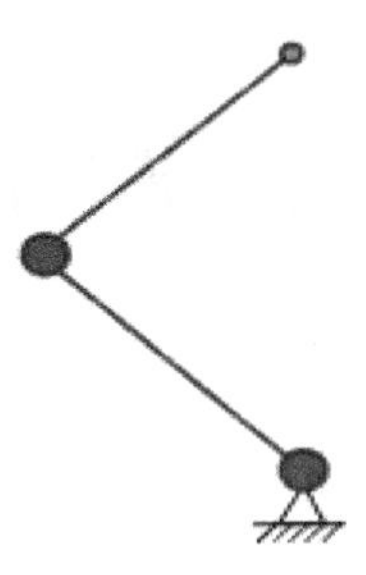

图 1.1　串联运动链

（1）关节机器人

关节机器人（见图 1.2）仿照人的手臂来组合六个旋转关节，有时也被称为拟人机器人手臂。关节机器人由 2 个肩关节和 1 个肘关节进行定位，由 2 个或 3 个腕关节进行定向。其中，第一个肩关节绕铅直轴旋转，第二个肩关节实现俯仰，这两个肩关节轴线正交，肘关节平行于第二个肩关节轴线。关节机器人应用领域：复杂工件处理和复杂注塑。

图 1.2　关节机器人

（2）SCARA 机器人（平面关节型机器人）

SCARA 机器人（见图 1.3）的特点是具有水平安装的肘关节，它有 3 个旋转关节，其轴线相互平行，在平面内进行定位和定向；还有一个关节是移动关节，用于完成末端件垂直于平面的运动。SCARA 机器人结构轻便、响应快，运动速度比一般关节机器人快数倍，它在 X、Y 方向上具有顺从性，而在 Z 轴方向具有良好的刚性，这些特性特别适用于平面定位、在垂直方向进行装配作业。例如，利用 SCARA 机器人将一个圆头针插入一个圆孔。SCARA 机器人大量用于装配印制电路板和电子零部件。

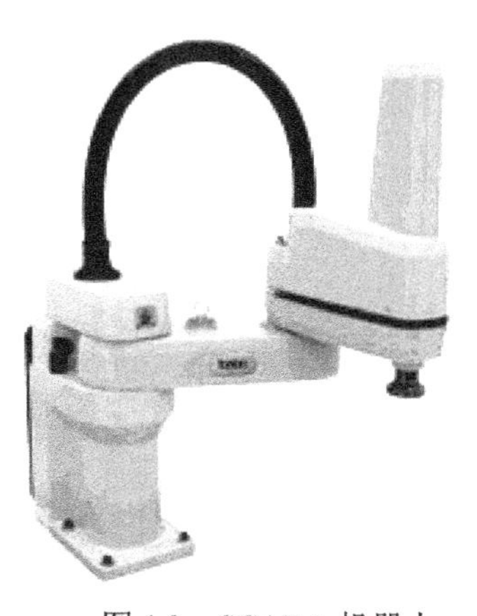

图 1.3　SCARA 机器人

（3）直角坐标机器人

直角坐标机器人（见图 1.4）由 X、Y、Z 三个方向的直线运动关节组成，其末端执行器能够沿着 X、Y、Z 轴做线性运动。应用领域：简单搬运任务，例如分拣和放置。

图 1.4　直角坐标机器人

（4）圆柱坐标机器人

圆柱坐标机器人（见图 1.5）由两个移动关节和一个转动关节组成，作业范围为圆柱状。其特点是位置精度高、运动直观、控制简单、结构简单、占地面积小、价廉，因此应用广泛。但，圆柱坐标机器人不能抓取靠近立柱或放置于地面上的工件，与其他工业机器人协调工作比较困难。

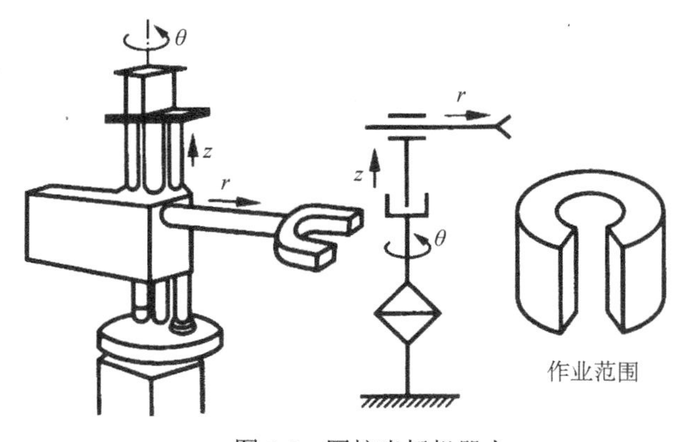

图 1.5　圆柱坐标机器人

（5）球坐标机器人

球坐标机器人（见图 1.6）由一个移动关节和两个转动关节组成，作业范围为空心球体状。其特点是结构紧凑、动作灵活、占地面积小，能上下俯仰地抓取地面上或较低位置处的工件；但其结构复杂，运动直观性较差，定位精度尚可，位置误差与臂长成正比；能与其他工业机器人协调工作。

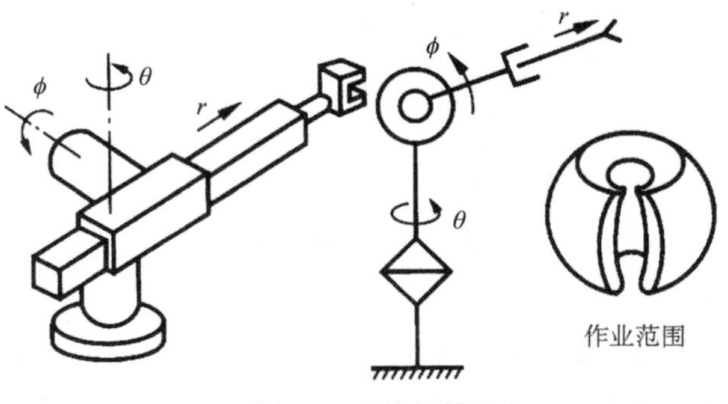

图 1.6　球坐标机器人

2）并联机器人

并联机器人的运动平台和固定基座间通过至少两个独立的运动链并联连接，是一种以并联方式驱动的闭环机器人。并联机器人只在基座关节上使用驱动器。并联运动链如图 1.7 所示。

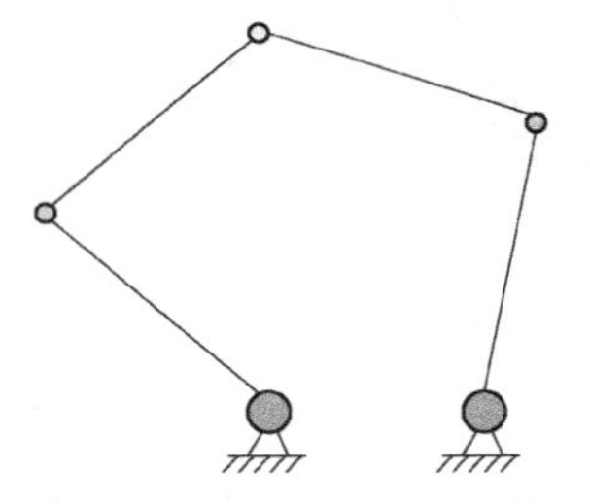

图 1.7　并联运动链

并联机器人常见的是 Delta 机器人（见图 1.8）。Delta 机器人有 3 个旋转运动关节安装在基座上，运动平台通过并联机构与关节连接，并联机构中的双杆连接保证了运动平台只能平移，不能旋转。

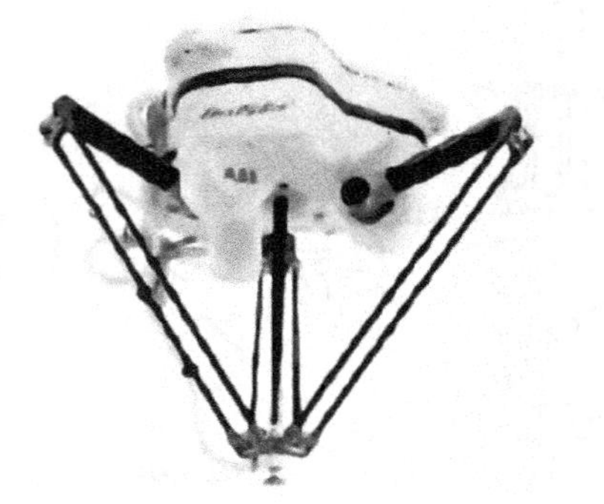

图 1.8　Delta 机器人

（二）工业机器人系统的组成

工业机器人系统由机器人本体、控制器、示教器以及各部分的连接线组成，如图 1.9 所示。

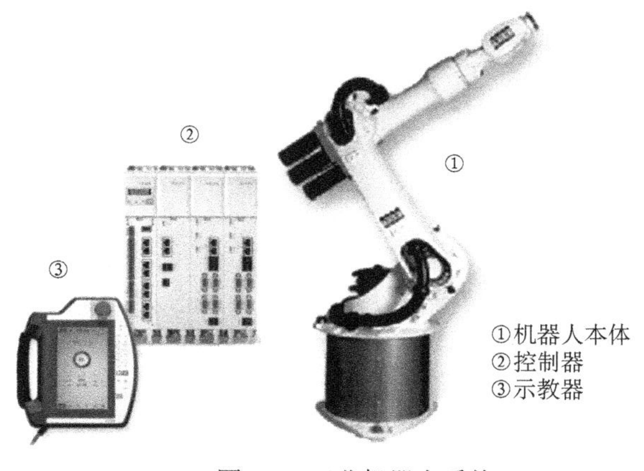

图 1.9　工业机器人系统

1. 机器人本体

对于 6 关节机器人的本体，J1（肩部）、J2（大臂）、J3（小臂）的运动主要是改变机器人的位置，称为 base joints（基本关节）；J4、J5、J6（腕部）的运动主要是改变机器人的方向姿态，称为 wrist joints（腕关节），如图 1.10 所示。

机器人腕部主要用于调整方向姿态。为此，根据所需的自由度，最多需要 3 个腕关节。腕关节最普遍的结构是一个球形手，所有关节轴在一个点上相交，如图 1.11 所示。

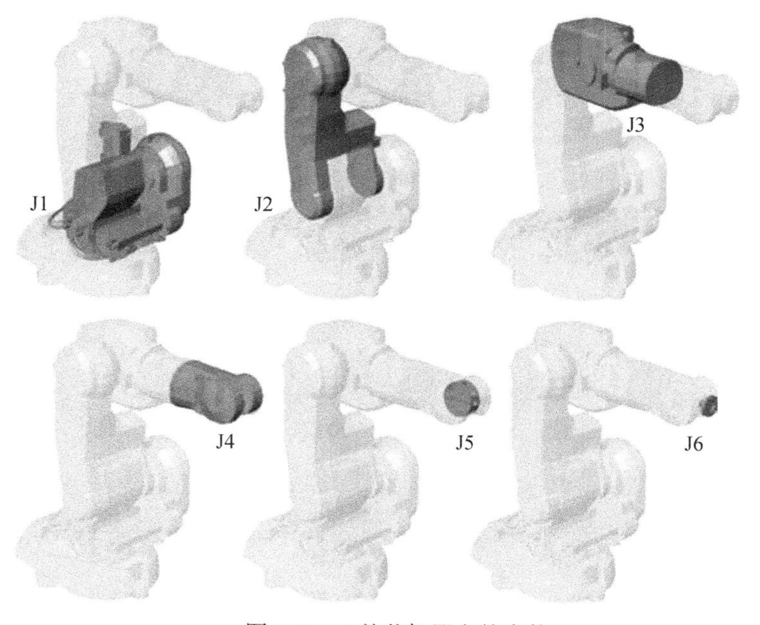

图 1.10　6 关节机器人的本体

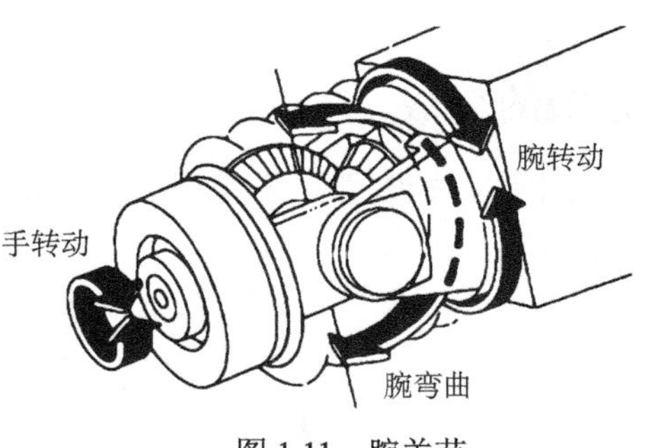

图 1.11　腕关节

2. 机器人控制系统

KeMotion 是 KEBA 公司提供的机器人控制系统，主要包括硬件部分 KeDrive for Motion（控制器和驱动器）、KeTop（人机界面）和软件部分 KeStudio（配置、诊断、编程环境），如图 1.12 所示。

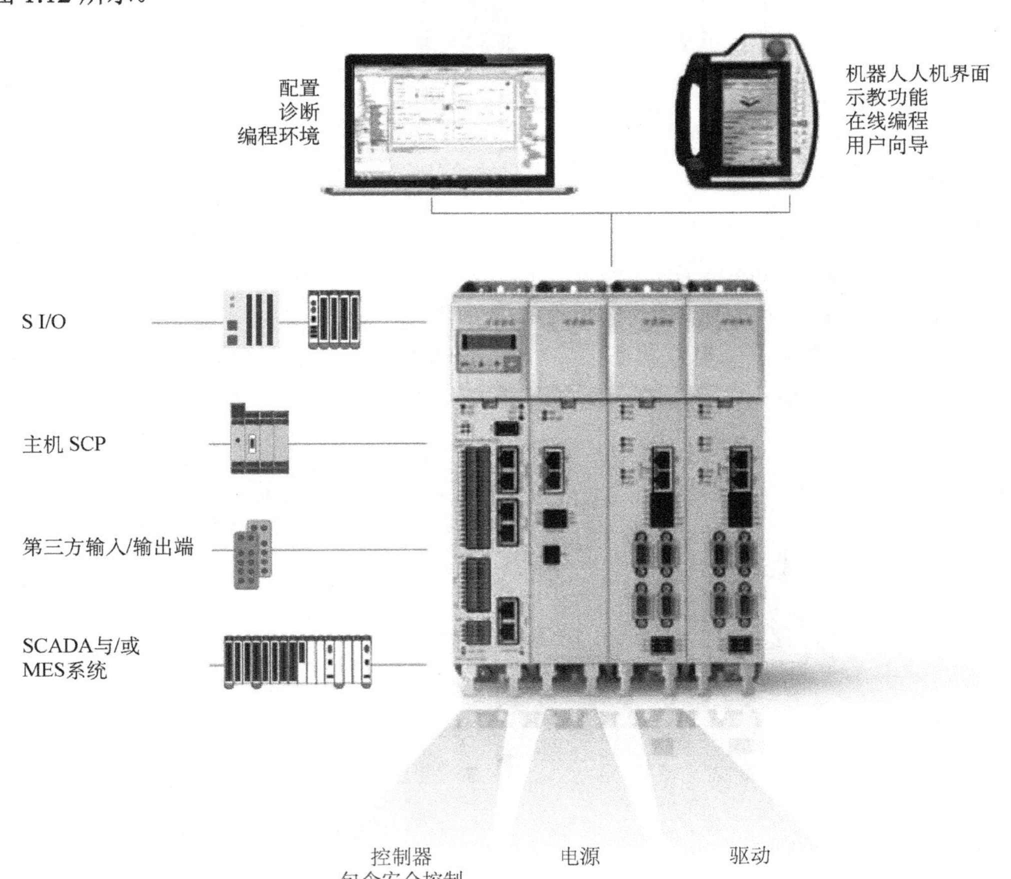

图 1.12　机器人控制系统 KeMotion[①]

① SCP 是一种用于本地机器和远端机器之间的通信协议，控制器可通过 SCP 协议与上位（主）机通信；SCADA（Supervisory Control And Data Acquisition）即数据采集与监视控制系统，涉及组态软件、数据传输链路；MES（Manufacturing Execution System）即制造企业生产过程执行系统，是一套面向制造企业车间执行层的生产信息化管理系统。

（三）工业机器人的外围设备

所有不包括在工业机器人系统内的设备都被称为外围设备。常用的外围设备有机器人行走轴、变位机、机器人工具、保护装置输送带、传感器、机器等。

1. 机器人行走轴

机器人行走轴也叫机器人第七轴（见图 1.13），即机器人本体轴数之外的一轴。它既是机器人基座，机器人安装在定制的安装板上，同时还能够让机器人在指定的路线上进行移动，从而扩大机器人的作业半径，扩展机器人使用范围，提高了机器人的使用效率。

图 1.13　机器人行走轴

2. 变位机

变位机（见图 1.14）的主要功能是将工件翻转、倾斜、回转变位，以得到理想的加工位置和速度。例如，某些工件的焊缝要求不间断 360° 焊接，只使用焊接机器人焊接较难实现，与变位机配套使用便可以得到最佳的焊缝位置和焊接速度。

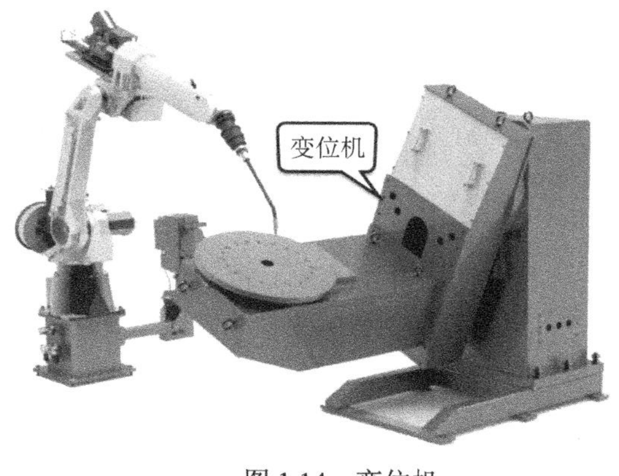

图 1.14　变位机

3. 机器人工具

机器人工具是机器人直接用于抓取和握紧（或吸附）工件或夹持专用工具（如喷枪、扳手、焊接工具）进行操作的部件，它具有模仿人手动作的功能，并安装于机器人手臂的末端，也称为机器人末端执行器。

1）夹爪式工具

夹爪式工具如图 1.15 所示。

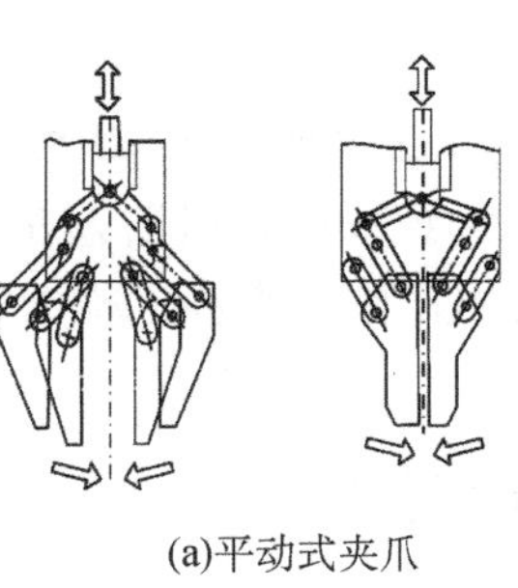

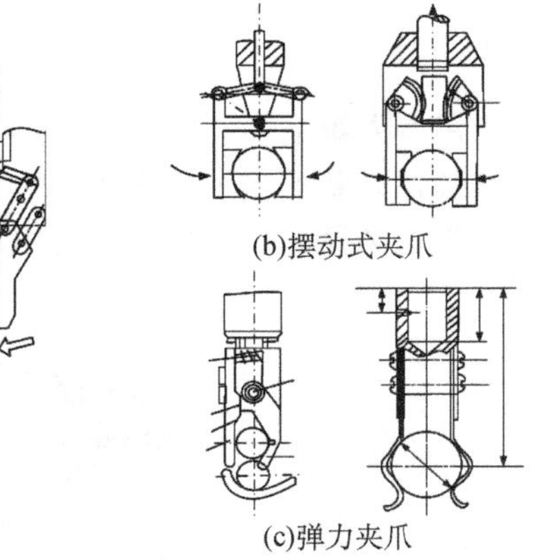

图 1.15　夹爪式工具

2）吸附式工具

（1）气吸附式工具

气吸附式工具（见图 1.16）是利用吸盘内的真空度吸取工件的，可分为真空吸附、气流负压气吸附、挤压排气负压气吸附等几种。

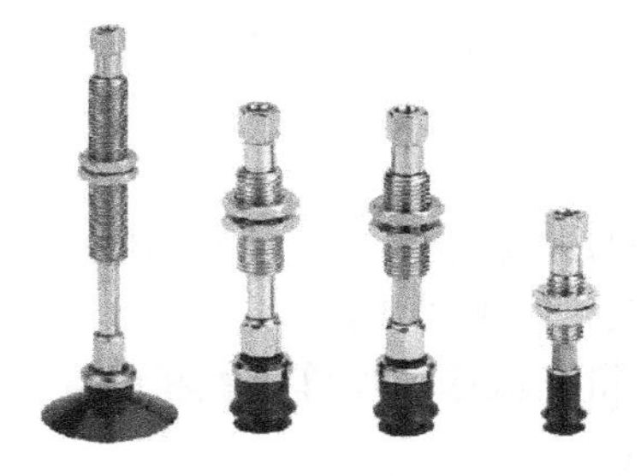

图 1.16　气吸附式工具

（2）磁吸附式工具

磁吸附式工具（见图 1.17）是利用电磁铁通电后产生的电磁吸力吸取工件，因此只能对铁磁物体起作用。

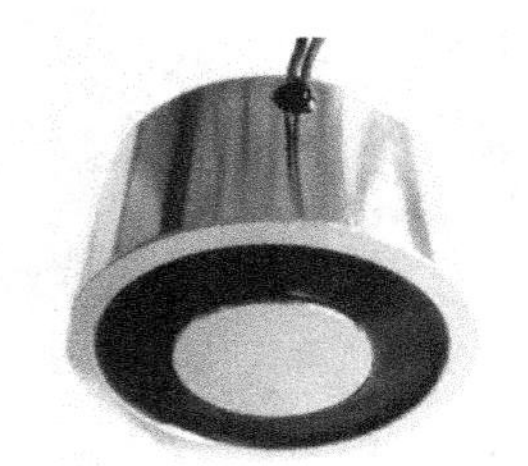

图 1.17　磁吸附式工具

3）专用工具

专用工具如图 1.18 所示。

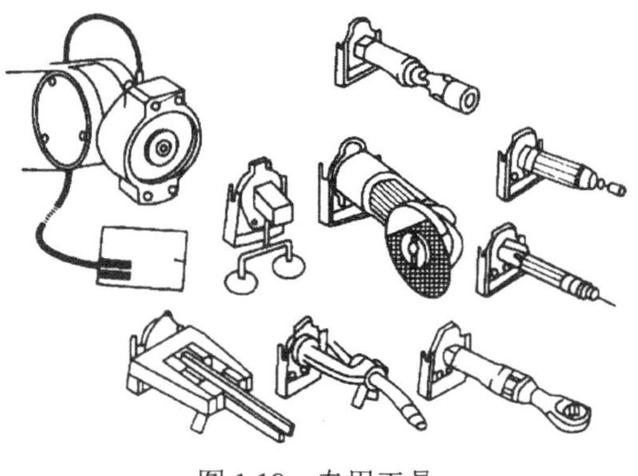

图 1.18　专用工具

4）快换工具

快换工具（见图 1.19）可以让机器人快速换接不同工具，提高了机器人的柔性生产能力和生产效率。

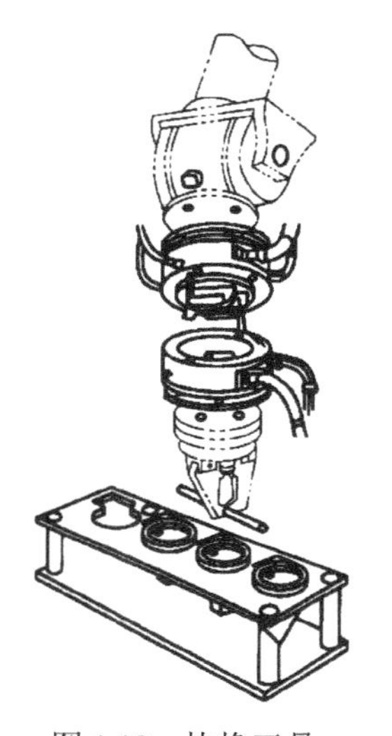

图 1.19　快换工具

（四）工业机器人的自由度

自由度英文名称为 Degree of freedom，缩写为 DOF。对于一个可运动物体来说，一个物体的运动自由度就是平移和旋转的独立方向的数目。空间中一个自由物体有 6 个自由度：3 个对应 X、Y、Z 方向的移动，3 个对应 X、Y、Z 方向的旋转，如图 1.20 所示。

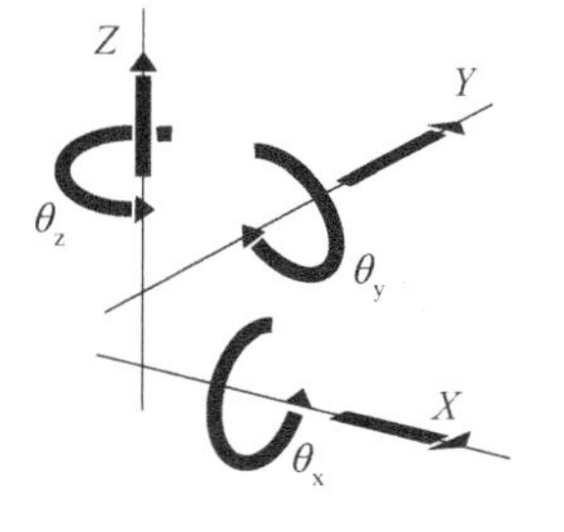

图 1.20　自由度

机器人自由度是指机器人所具有的独立坐标轴运动的数目，不包括手爪（末端执行器）的开合自由度。机器人的每一个自由度是由其本体中的独立驱动关节来实现的，所以在应用中，关节和自由度在表达机器人的运动灵活性方面是意义相通的。又由于关节在实际构造上是由回转或移动的轴来完成的，所以又习惯称之为轴。因此，就有了 6 自由度、6 关节或 6 轴机器人的命名方法。它们都说明这一机器人有 6 个独立驱动的关节结构，能在其工作空间中实现抓取物件的任意位置和姿态。6 关节机器人的自由度如图 1.21 所示。

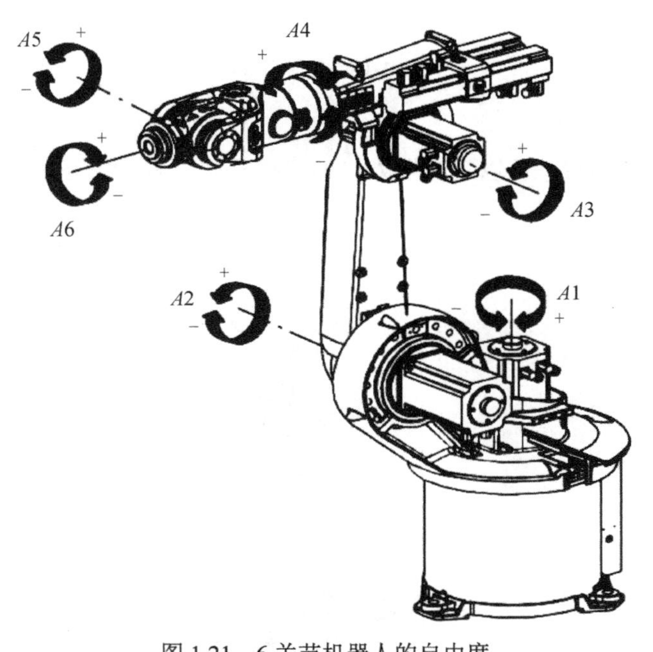

图 1.21　6 关节机器人的自由度

（五）工业机器人的参考坐标系

1. TCP（工具中心点）

描述一个刚体在空间中的位置和姿态，可以通过在该刚体上绑定一个坐标系，然后确定该坐标系的位置和姿态来描述。对于工业机器人，需要在机器人末端法兰盘安装工具来进行作业。为了确定该工具的位置和姿态，需要在工具上绑定一个工具坐标系 TCS（Tool Coordinate System），工具坐标系的原点就是 TCP（Tool Center Point，工具中心点），如图 1.22 所示。TCP 的路径由机器人程序定义，因此可以理解为机器人的轨迹运动就是 TCP 的运动。

2. 笛卡儿参考坐标系

（1）世界坐标系

世界坐标系是机器人工作站中的根坐标系，如图 1.22 所示。机器人工作站中的所有参考坐标系都是基于世界坐标系来进行描述和表达的。

（2）机器人基坐标系

机器人基坐标系用于描述机器人本体在空间中的位置和姿态，基坐标系原点位于机器人基座底部的中心点，如图 1.22 所示。在只有一个机器人工作的应用中，机器人基坐标系通常和世界坐标系重合。当几个机器人同时在一起工作时，世界坐标系通常独立于各个机器人的基坐标系之外。

（3）工具坐标系

工具坐标系用于描述机器人末端所安装工具在空间中的位置和姿态，工具坐标系原点即 TCP，如图 1.22 所示。机器人在工作中换接使用不同的工具时，也需要在机器人程序中更改使用不同的工具坐标系。

（4）工件坐标系

工件坐标系通常可以设定在工件的边缘或顶点上，其作用是使机器人程序设定的路径位置均以该坐标系为参照，当工件坐标系的位置改变时，程序中的路径位置也随之一起改变。

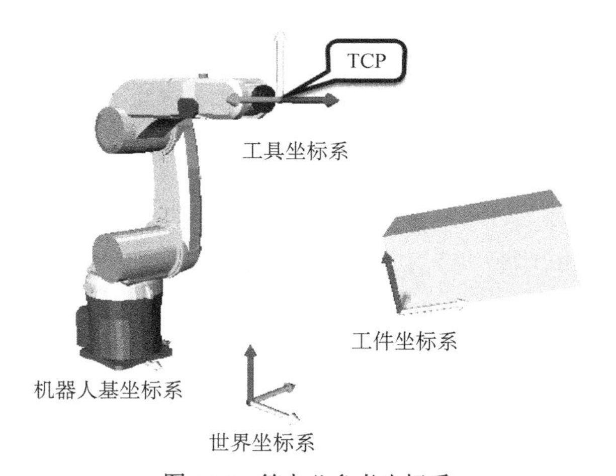

图 1.22　笛卡儿参考坐标系

3. 笛卡儿参考坐标系的定位

一个刚体在空间中的姿态可通过欧拉角来定义。欧拉角是指刚体绕笛卡儿参考坐标系各轴的 3 个旋转角度，由进动角 φ、章动角 θ、自转角 ψ 组成。欧拉角有多种旋转顺序，例如 X—Y—Z、Z—X—Y、Z—X—Z、Z—Y—Z 等。

在机器人控制系统中，笛卡儿参考坐标系可通过 X、Y、Z、A、B、C 六个坐标值进行定位。

X、Y、Z 定义坐标系在空间中的位置，表示其相对于被参考的坐标系在 X、Y、Z 坐标轴上的距离，单位是 mm（毫米）。

A、B、C 定义坐标系在空间中的姿态方向，通过使用欧拉角顺序围绕 Z—Y—Z 轴旋转三个角度来描述。即 A 的坐标值为绕 Z 轴旋转的角度，B 的坐标值为绕 Y 轴旋转的角度，C 的坐标值为第二次绕 Z 轴旋转的角度，单位是°（度）。

笛卡儿参考坐标系的位置和姿态变换原理如图 1.23 所示。

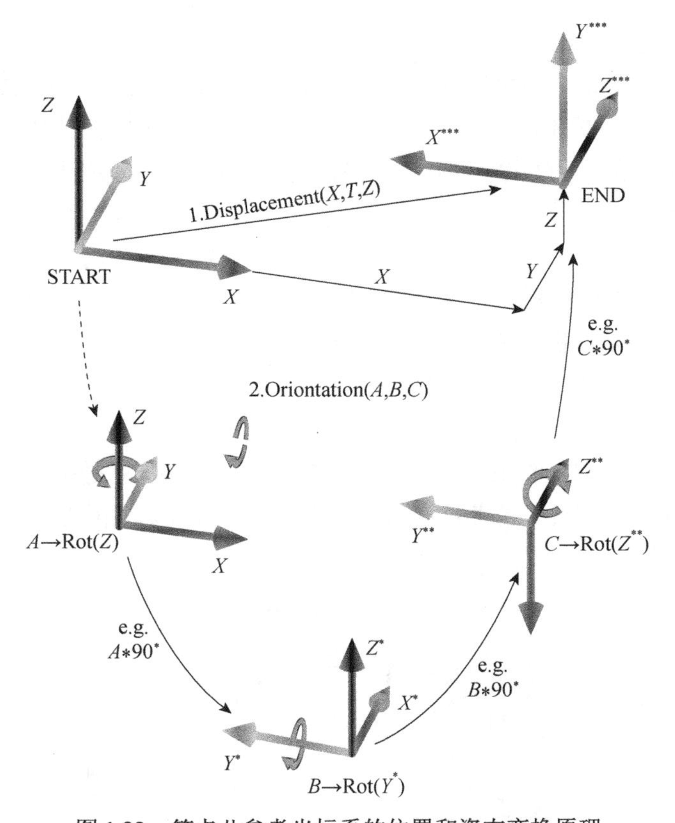

图 1.23　笛卡儿参考坐标系的位置和姿态变换原理

（六）工业机器人的插补运动

1. 关节插补

1）PTP（点到点）运动

机器人最简单的运动方式可以通过存储所有期望到达的机器人姿态的关节位置来实现。在重现运动时，机器人关节同时移动到存储的位置，此时，机器人的运动路径没有被定义，这种运动称为 PTP（Point To Point，点到点）运动。

2）关节插补

机器人在运动过程中，关节必须平稳移动，以免机器人的驱动器、齿轮和关节过载。因此，在机器人的起始位置和目标位置之间必须计算连续的中间位置，这种路径的中间位置值的计算称为插补。对于 PTP 运动而言，起始点和目标点之间的轴位置被插补，这种运动称为关节插补路径，或者简称关节插补。

3）同步插补和异步插补

机器人的运动控制可以通过各关节的驱动控制器以独立运动的方式来实现，各关节按照给定的速度和加速度移动到一个给定的位置。但是，这种方式的缺点是：各关节的运动不是同时开始和结束的，会出现非常突兀和不协调的运动。因此，机器人的运动控制方式可以改为所有关节同时运动，以最大速度到达指定位置用时最长的关节决定了运动所需的时间，其他关节则以尽可能快的速度同时运动到终点。此外，运动过程中也会调整开始和结束时的加速度和减速度。这种运动方式称为同步插补。

异步插补则是所有关节尽可能快地独立运动，每个关节的运动所需时间的不同导致了不协调和不受控制的路径。异步插补可以减少机器人的振动，关节的驱动器也无须加载到其极限速度。

图 1.24 展示了同步插补和异步插补的示例。图示是带有一个线性关节和一个旋转关节的机器人。线性关节是基座直线，旋转关节是在基座直线上的点。同步插补中，旋转关节比线性关节快；异步插补中，线性关节比旋转关节快。两种插补方式相比较，同步插补会生成更均匀协调的路径。

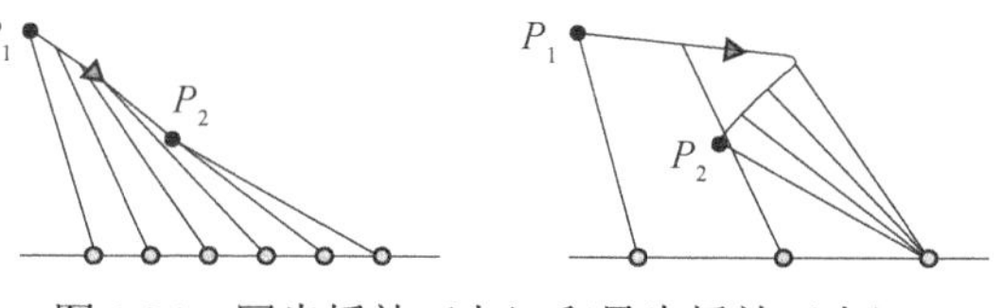

图 1.24　同步插补（左）和异步插补（右）

2. 笛卡儿路径插补

在关节插补的 PTP 运动中，机器人的运动路径没有被定义。机器人要在空间中被定义的路径上运动，机器人控制器就需要在空间坐标中插补路径，并根据所期望到达的 TCP 位置和姿态的坐标来计算出机器人关节的位置，这种运动规划称为笛卡儿路径插补。笛卡儿路径插补一般分为直线插补和圆弧插补。

3. 插补类型的比较

关节插补通常用于在开阔空间中快速定位，是 TCP 从起始点运动至目标点最快也是时间最优化的运动方式，但其路径无法精确预计，一般情况下也并不是最短的路径。

笛卡儿路径插补用于规划精确路径，通常情况下，笛卡儿路径插补会导致机器人关节不是匀速运动。

插补类型的比较如图 1.25 所示。

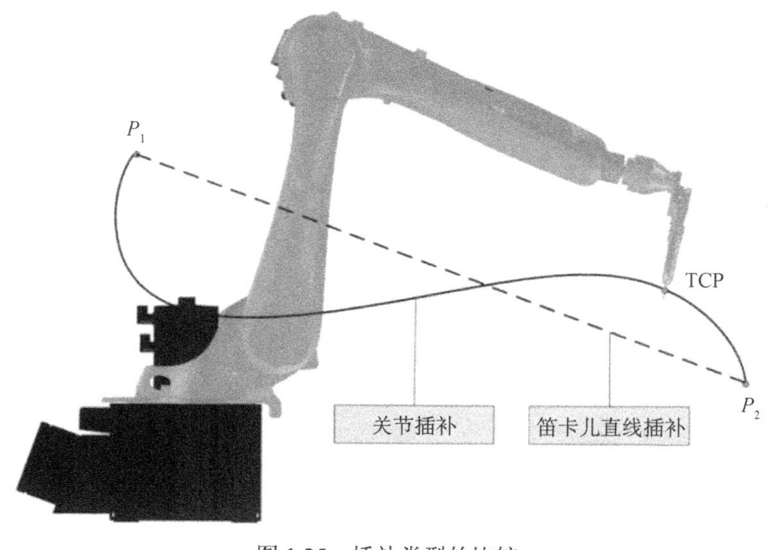

图 1.25　插补类型的比较

单元 2

KEBA 机器人控制系统常用硬件及连接

一、任务描述

本单元主要介绍 KEBA 控制系统常用硬件，练习控制系统硬件的接线操作以及相应的软件配置。

二、学习目标

知识目标：

了解 KEBA 控制系统的常用硬件；

技能目标：

1. 掌握 KEBA 控制系统硬件接线及软件配置；
2. 掌握 KEBA 控制器的基本操作。

三、知识储备

本部分主要介绍控制系统常用硬件。

1. 控制器

CP 088/X[①]系列控制器是针对工业机器的控制应用而研发的，典型的应用有工业机器人等机器的控制器。CP 088/X 系列控制器有 3 个不同的型号：CP 088/A、CP 088/B 和 CP 088/C。CP 088/A 型控制器正面接口如图 2.1 所示。

① CP：Central Processor（中央处理器）。

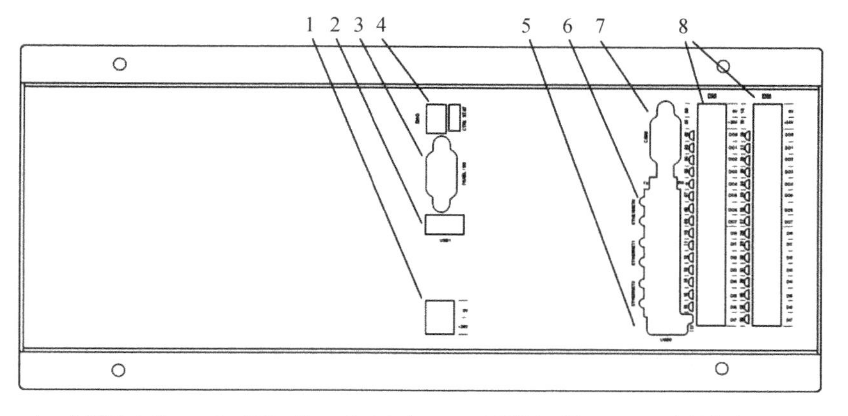

1—电源输入接口；2—USB 接口（USB1）；3—图形界面接口；4—诊断信息显示；
5—USB 接口 (USB0)；6—以太网接口；7—CAN 总线接口；8—数字 I/O 模块接口（DM）

图 2.1　CP 088/A 型控制器正面接口

1）控制器电源输入参数

控制器电源输入参数见表 2.1。

表 2.1　控制器电源输入参数

电源电压	24V DC
最大电流	10A
最大总功耗	95W

注：选择控制器供电电源时，供电电源的输出功率应大于控制器最大总功耗 95W。若供电电源同时为控制器主体和 I/O 模块供电，电源输出功率应大于所接设备的总功耗。否则，控制器会因电源输入功率不足而断电重启。

2）数字量 I/O 模块

CP 088/A 型控制器有 2 个数字量 I/O 模块（DM），如图 2.2 所示，每个数字量 I/O 模块有 8 个数字量输入（DI）和 8 个数字量输出（DO）接口。

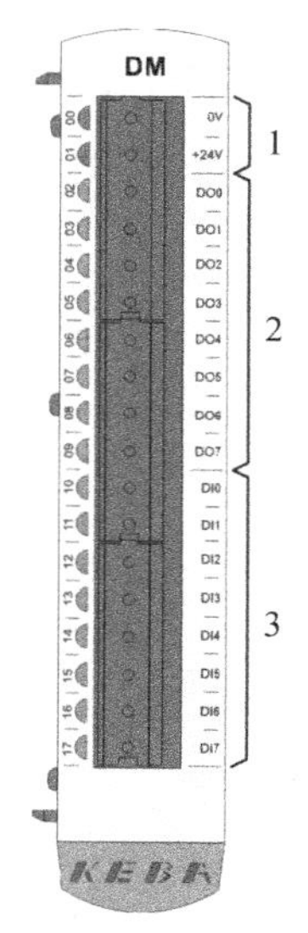

1—24V DC电源输入；2—8个数字量输入（DI0和DI1可中断）；
3—8个数字量输出

图 2.2　数字量 I/O 模块（DM）

3）控制器网络架构

控制器的 ETHERNET 以太网拓扑结构如图 2.3 所示。通常，控制系统的组件位于内部网络（机器网络）中，从外部无法访问，控制器提供额外的以太网接口来接入外部网络的控制设备（例如 PC）。

以太网接口 ETHERNET0 为外部接口，可用于连接 PC。该接口的 IP 地址由用户在 KeStudio 中进行配置。使用该接口与 PC 连接时，PC 以太网接口的 IP 地址须配置为静态地址并且与 ETHERNET0 口 IP 地址在同一网段。连接外部接口 ETHERNET0 的 PC 只能与控制器通信，不能与系统的其他组件通信。

以太网接口 ETHERNET1 为内部接口，示教器可直接连接该接口，无须额外的配置，表 2.2 所列为出厂默认地址。

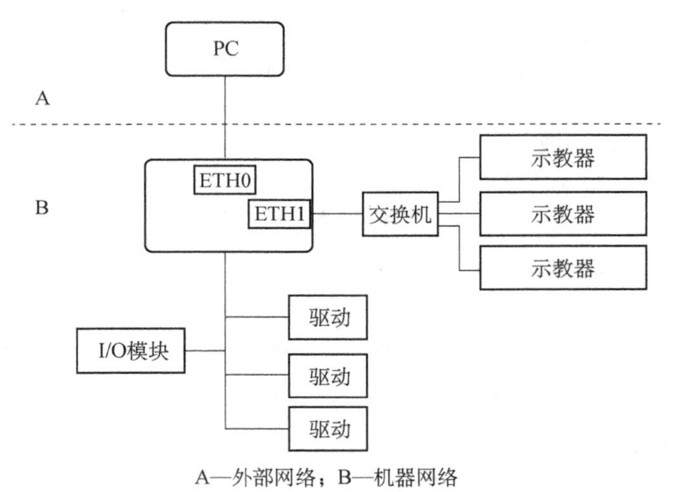

A—外部网络；B—机器网络

图 2.3　控制器的 ETHERNET 以太网拓扑结构

表 2.2　出厂默认地址

名称	地址
ETHERNET1	192.168.100.100
子网掩码	255.255.255.0
网关	192.168.100.1
示教器	192.168.100.101

4）诊断显示（DIAG）

如图 2.4 所示，控制器的正面有一个一位的 7 段数码管显示控制器的启动过程和工作模式。

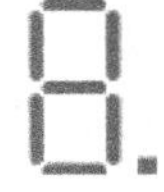

图 2.4　7 段显示数码管

① 以下是该显示的一般作用和意义：

- 在控制器启动过程中，显示的数字大于 0，代表启动的不同进程。
- 启动后的工作状态由显示的不同字符（例如：□，II，…）或者大写字母来表示。

● 小数点用来显示 CPU 的负载情况。小数点闪烁代表 CPU 的负载没有达到满负荷。

● 错误显示与状态显示是并行的。

● 错误信息通常与状态信息交替显示。错误信息为一组两个字符或三个字符按顺序显示来表示。例如，（“–，0，–，E，1，0”），每个字符显示 1 秒钟。

② 控制器启动期间（直到状态“3”时），可能会出现表 2.3 所列错误状态。

表 2.3　控制器错误状态

错误代码	提示信息
2–E32	硬件故障
3–E51	无 CF 存储卡

③ 控制器在运行时，可以在表 2.4 所列的几个工作状态之间切换。

表 2.4　控制器工作状态切换

状态	显示	描述
INIT		维护模式。控制器启动时由于严重的系统故障而停止启动。例如，硬件故障等。 在维护模式下，只可以执行某些动作。例如，清除 retain 型的变量（clear-retain）。正常情况下，启动过程会跳过这个状态。在维护模式下，系统运行程序不会被加载
STOP		在工作模式下，IEC 应用程序被加载。但是，IEC 应用程序不能循环执行。这是一个安全状态，在此状态下，应用程序（IEC 程序或机器人程序）不可以打开输出。因此，该状态不能通过编程工具远程退出，而必须通过前面板上的控制按键（CTRL）手动退出
RUN		在此状态下，应用程序可以运行。进程数据的交换取决于配置信息
EXCEPTION		控制器处于出错模式，必须删除应用程序

5）控制按键（CTRL）

控制按键（CTRL）在 7 段数码管的右侧。该控制键可以使 CP 088/X 型控制器切换不同的工作模式，并且可以通过该按键向控制器下达控制命令。

● 该按键有 3 种不同的操作模式：短按（<0.5s）、长按（>0.5s 且<10s）和超长按（>10s）。

● 不同的命令在 7 段数码管上闪烁显示时，通过短按控制按键可以在显示的几个命令中切换和选择。

● 长按控制按键用来执行一个命令并且进入一个新的控制器工作状态。

● 如果长按控制按键超过 10s，该控制器会重启。

6）状态指示 LED

控制器的正面，在控制按键（CTRL）的上方有一个多色显示的 LED。该 LED 的状态和提示信息见表 2.5。

表 2.5　LED 的状态和提示信息

LED 的状态	提示信息
不亮	无电源电压
绿色闪动	初始化阶段
绿色常亮	正常工作
红色闪动	控制器出错，例如过载、断线等
红色常亮	严重错误，控制器无法工作

2. CF 存储卡

CF（Compact Flash）存储卡（见图 2.5）用来保存相关应用的程序数据和固件信息。控制器必须插入相应的 CF 存储卡后才能运行相应的应用程序。在有些应用中，CF 储存卡也可以用来存储机器的数据。注意：由于卡内保存有系统程序，CF 存储卡不能作为移动存储媒介使用。

图 2.5　CF 存储卡

3. 示教器

在机器人的实际应用过程中，对机器人进行现场编程调试、运动控制等操作时都会使用手持式编程器，机器人手持式编程器常被称为示教器。KeMotion 控制系统使用的示教器称为 KETop[①]。KETop 是一款坚固耐用的可手持移动式的操作和显示设备，配备以太网的强大处理器使其在各种应用中的所有任务都可以使用图形界面在彩色显示屏上处理，KETop 触摸屏具有直观的用户界面。KETop 可根据不同的应用场景要求选用不同的型号。以下介绍 KETop T70Q 型示教器。

注：本书中关于示教器的使用进行了统一规定，示教器上实物按键统称为按键，触摸屏上的功能按键统称为按钮。

1）示教器的正面

KETop T70Q 型示教器的正面如图 2.6 所示。

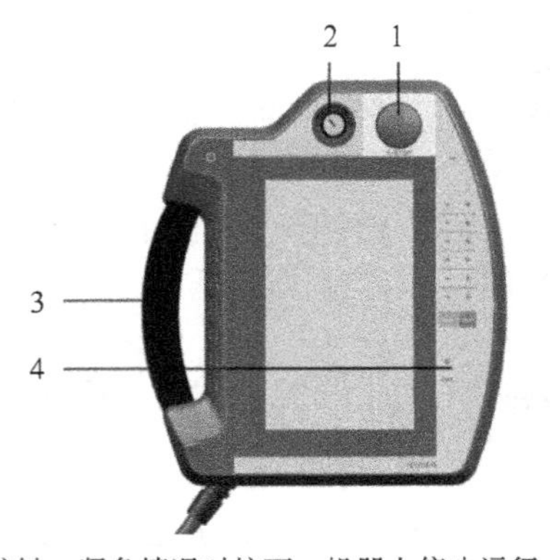

1—紧急停止按键，紧急情况时按下，机器人停止运行，按键自锁；
2—机器人运行模式选择开关（手动、自动、外部）；3—手带；
4—薄膜键盘

图 2.6　KETop T70Q 型示教器的正面

① KETop：KEBA Teach operating panel（KEBA 示教器的操作面板）。

2）示教器的背面

KETop T70Q 型示教器的背面如图 2.7 所示。

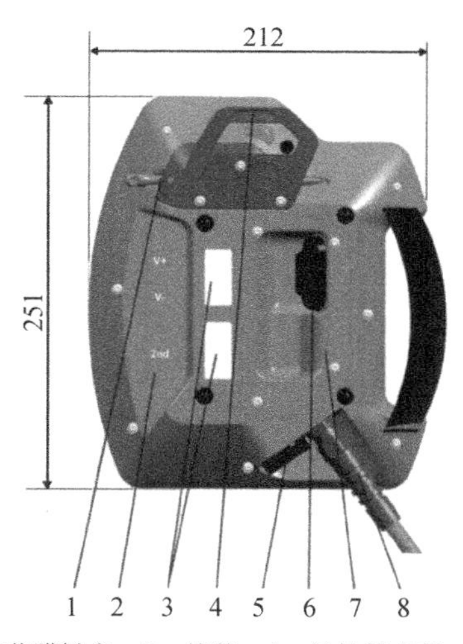

1—触控笔；2—薄膜键盘；3—铭牌；4—触控笔支架；5—USB接口；
6—使能按键；7—电缆保护盖板；8—连接电缆

图 2.7　KETop T70Q 型示教器的背面

3）示教器的侧面

KETop T70Q 型示教器的侧面如图 2.8 所示。

图 2.8　KETop T70Q 型示教器的侧面

4）薄膜键盘

KeTop T70Q 型示教器的薄膜键盘正面（见图 2.9）有 17 个按键和 1 个状态显示 LED 灯，背面（见图 2.10）有 3 个按键。使用时，请勿使用过大压力或锋利物体操作按键。

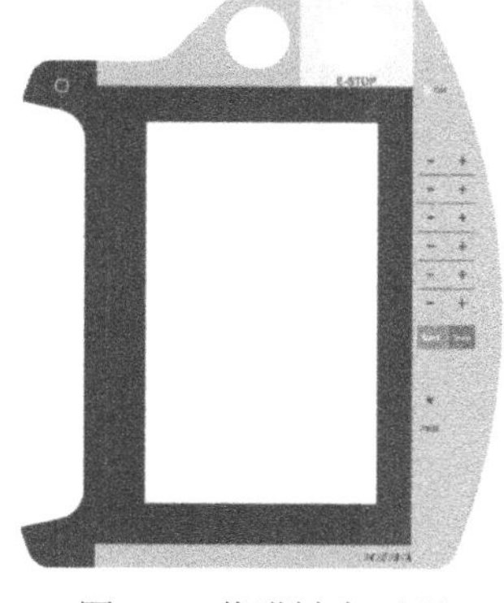

图 2.9　薄膜键盘正面

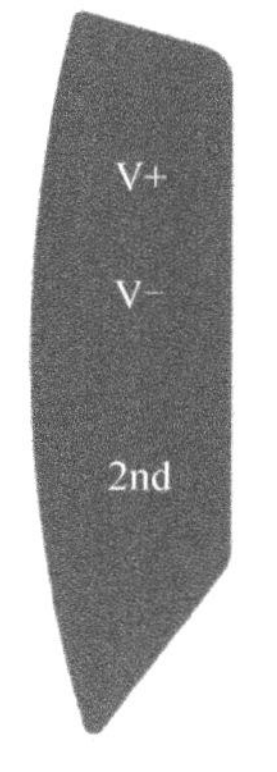

图 2.10　薄膜键盘背面

4. 接线设备

1）接线盒

接线盒 JB001[①]（其六视图如图 2.11 所示）用于将示教器和控制器通过以太网连接起来。接线盒 JB001 的接口如图 2.12 所示。

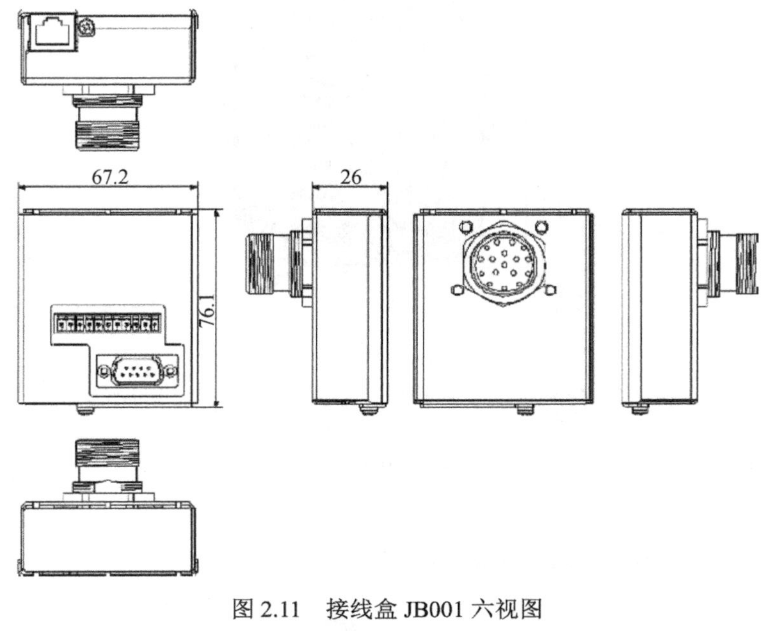

图 2.11 接线盒 JB001 六视图

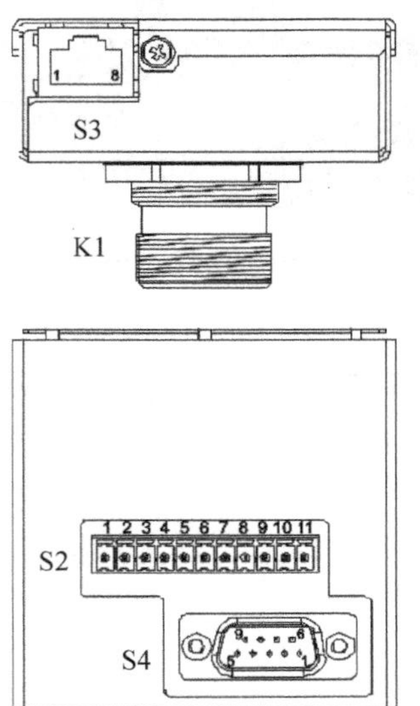

K1—KeTop连接电缆的17针圆形母头连接器；S2—用于供电和控制线（紧急停止按键，使能键）的11针端子模块，接线时，还须插上弹簧压紧端子；S3—连接到控制器的RJ-45母头连接器；S4—连接到CAN口的9针DSUB公头连接器

图 2.12 接线盒 JB001 的接口

① JB：Junction Box（接线盒）。

2）KETop 连接电缆

KETop 连接电缆（见图 2.13）用于连接示教器和接线盒。

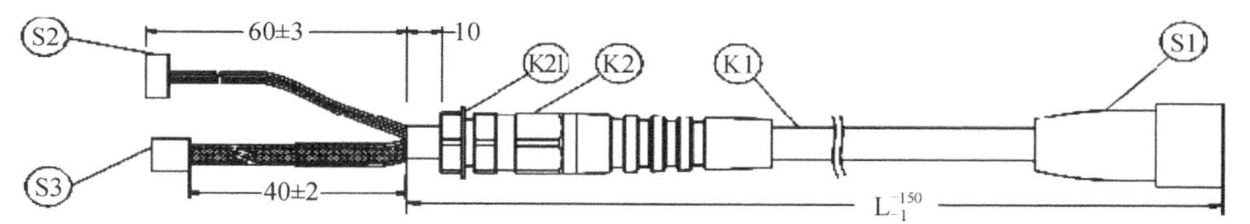

S1—17针圆形公头连接器；S2—12针母头连接器；S3—8针RJ-45插头；K1—连接电缆；K2—电缆套管；K21—电缆套管的安装螺母

图 2.13　KETop 连接电缆

3）弹簧压紧端子

弹簧压紧端子（见图 2.14）XT 050/A 用于连接控制器电源输入接口，XT 030/A 用于连接控制器数字量 I/O 模块接口，接线盒 S2 接口也有配套的弹簧压紧端子。

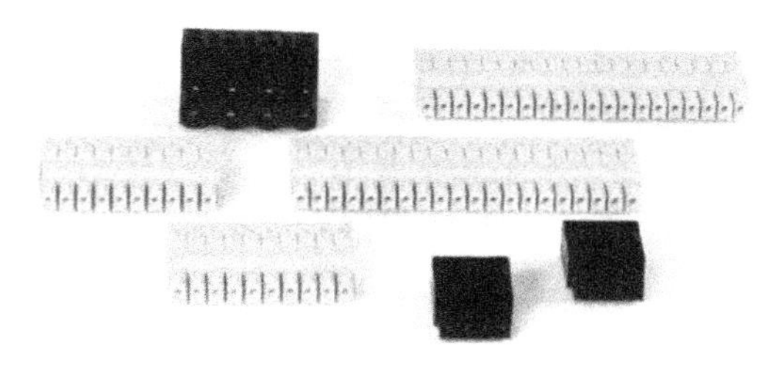

图 2.14　弹簧压紧端子

4）以太网线

以太网线（见图 2.15）用于控制器以太网接口与接线盒 S3 接口的连接。

图 2.15　以太网线

四、任务实施

（一）接线

1. 控制器电源接线

CP 088/X 型控制器使用 24V 直流电源供电。为了防止产生电位差问题，所有的 0V 接线都应接在接地排上，所有的屏蔽线的屏蔽层都应接在屏蔽层接线排上。接线时，控制器电源接口先安装上弹簧压紧端子，再连接电源线。

1）控制器主体和 I/O 模块分开供电

分开供电电源接线示意图如图 2.16 所示。

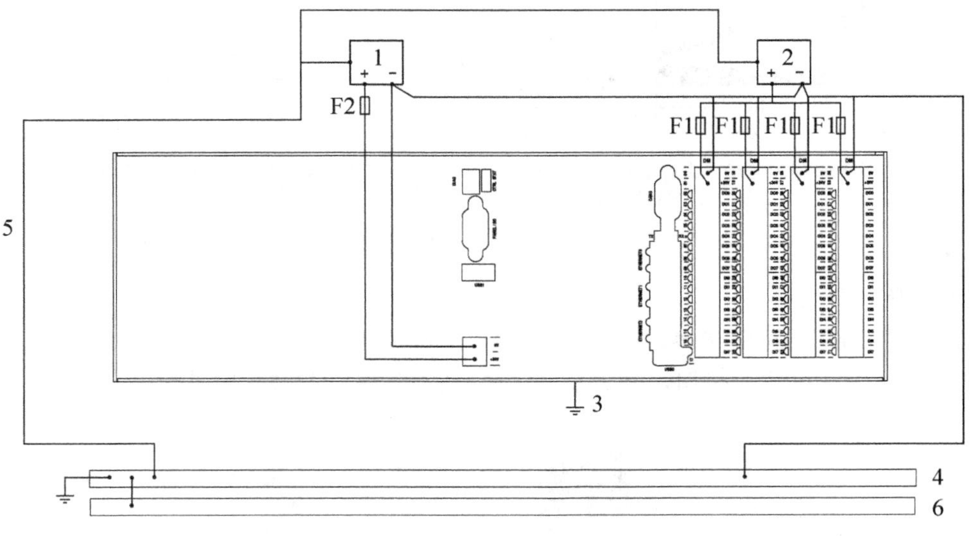

1—24V 电源（控制器主体）；2—24V 电源（I/O 模块）；3—控制器机壳接地点；4—接地排；5—黄绿接地线；6—屏蔽层接线排

图 2.16　分开供电电源接线示意图

2）控制器主体和 I/O 模块集中供电

集中供电电源接线示意图如图 2.17 所示。

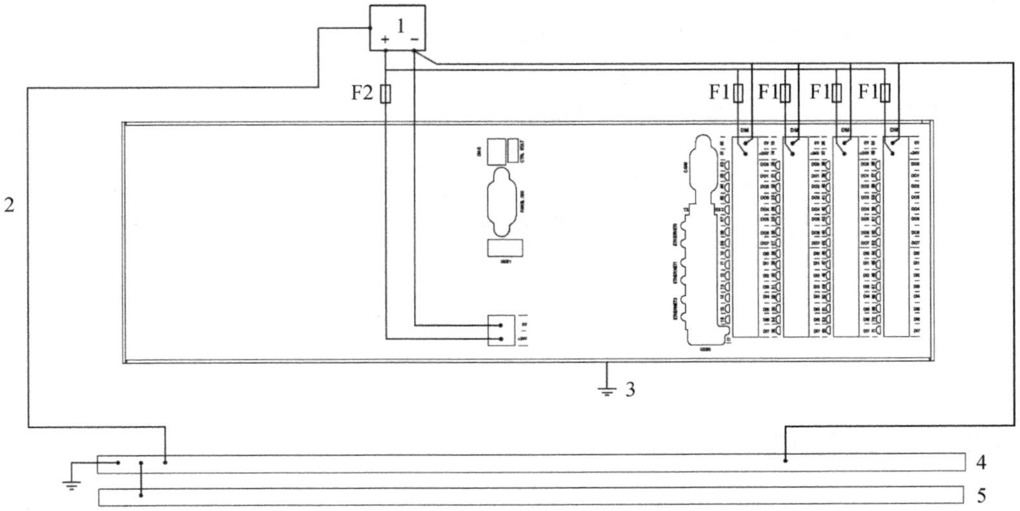

1—24V 电源；2—黄绿接地线；3—控制器机壳接地点；4—接地排；5—屏蔽层接线排

图 2.17　集中供电电源接线示意图

2. 控制器接地

控制器机壳接地点（见图 2.18）在控制器的下部，带有接地符号的一个 M4 规格的螺孔，使用镀锌压铆螺母连接地线。

图 2.18　控制器机壳接地点

3. 控制器连接 PC

使用网线连接控制器的以太网接口 ETHERNET0 和 PC 的以太网接口。

4. I/O 接线

I/O 接线时，控制器数字量 I/O 模块接口先安装上弹簧压紧端子，再连接 I/O 线。

1）数字输入接线

控制器所有输入通道都共地，高电平输入有效时，在该通道连接器左侧的绿色 LED 灯点亮，如图 2.19 所示。

2）数字输出接线

数字输出通道都是共地的，对数字输出负载的估算一般为每个输出通道 2A 负载，每个 I/O 模块同时带负载的概率为 50%。额定电源电压为直流 24V。输出有效时，在该通道连接器左侧的橙色 LED 灯点亮，如图 2.20 所示。

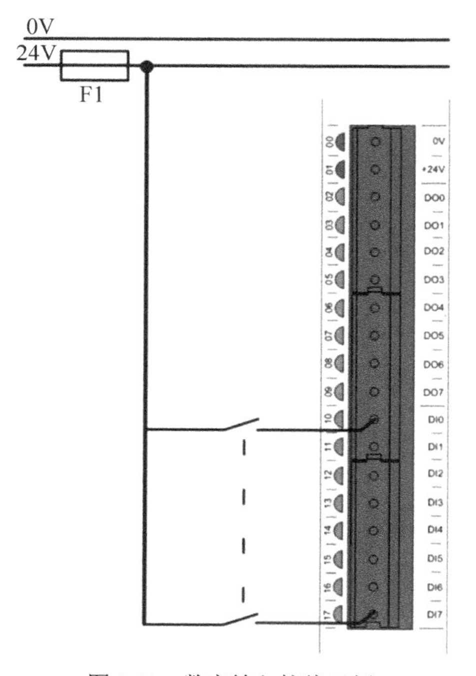

图 2.19　数字输入接线示例

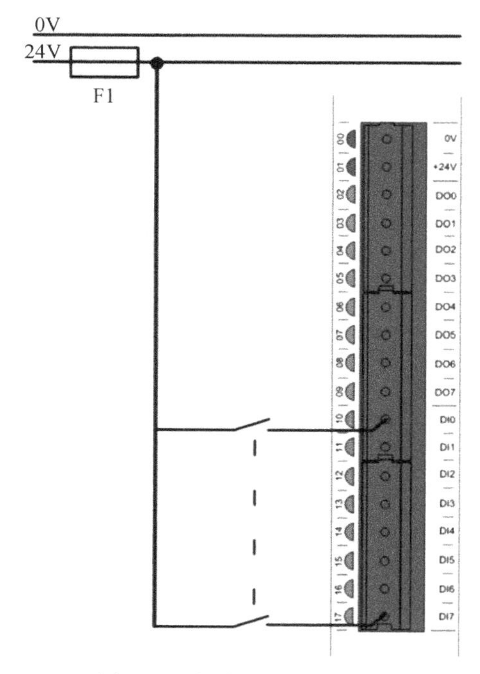

图 2.20　数字输出接线示例

5. 示教器接线

如图 2.21 所示为示教器电缆连接区域，将 KETop 连接电缆的 S3 插头连接至接口 1，S2 插头连接至接口 2。

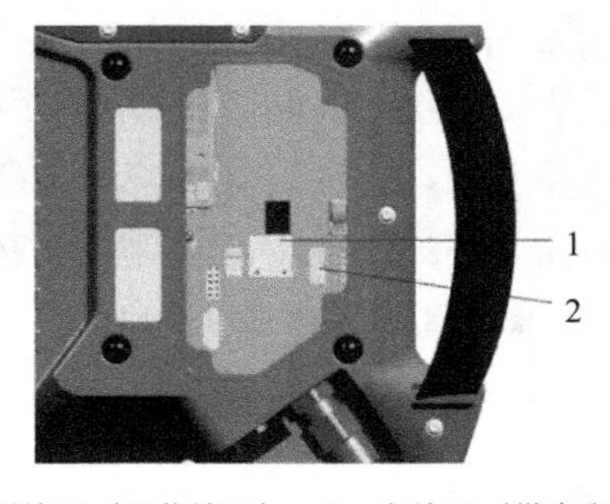

1—以太网接口（通信接口）；2—主接口（供电和控制线）

图 2.21 示教器电缆连接区域

接线步骤如下：

① 将 KeTop T70Q 型示教器的显示屏朝下放置在清洁平面上，使用 T10 螺丝刀拧松电缆保护盖板（其位置见图 2.22）四角的螺丝，将盖板小心取下，注意不要损坏盖板内已连接的线缆。

图 2.22 电缆保护盖板螺丝位置

② 松开连接电缆的灰色螺母和电缆套管（见图 2.23），之后将不再需要灰色螺母。

1—灰色螺母；2—电缆套管

图 2.23 KeTop 连接电缆

③ 如图 2.24 所示，将连接电缆插入示教器底部的开口，使用扳手将连接电缆的安装螺丝和套管固定在示教器上。

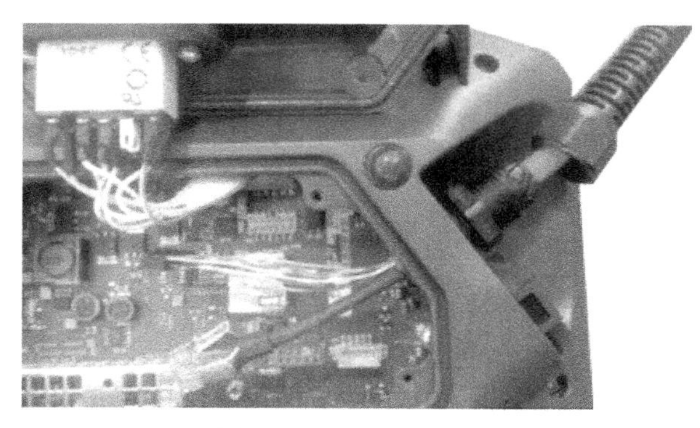

图 2.24　插入连接电缆

④ 将 KETop 连接电缆的 S3、S2 接口连接至示教器电缆连接区域中的以太网接口和主接口。注意：将主接口拔下时只能用手，不要使用尖锐物体；将以太网接口的 RJ-45 插头拔下时，按下锁定杆后再拔下，如图 2.25 所示。

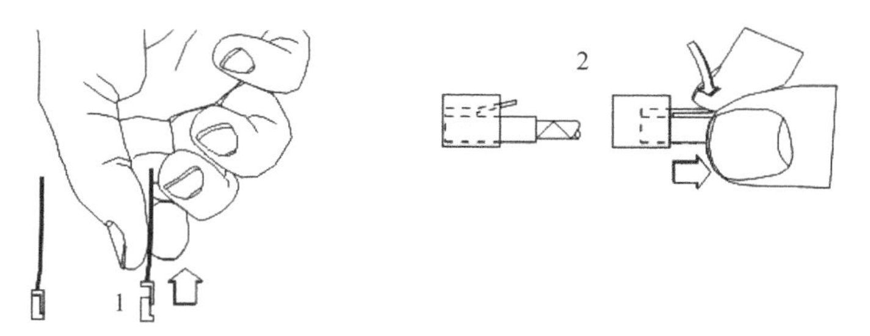

1—主接口；2—以太网接口

图 2.25　拔出主接口和以太网接口

⑤ 确保电缆连接紧固后，拧紧电缆保护盖板四角的螺丝，将盖板重新装上，示教器接线完成。

6. 接线盒接线

1）与示教器连接

将 KETop 连接电缆的 S1 接口连接至接线盒的 K1 接口，如图 2.26 所示。

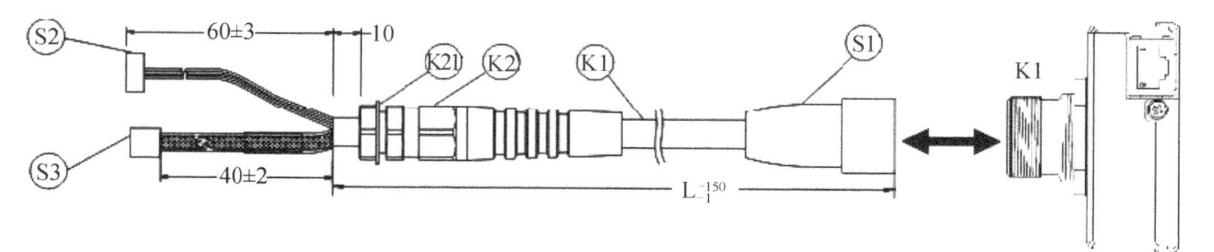

图 2.26　接线盒与示教器连接

2）与控制器连接

使用网线连接控制器的以太网接口 ETHERNET1 和接线盒的以太网接口 S3。

3）供电和控制线（紧急停止按键、使能键）的连接

如图 2.28 所示，接线盒的 S2 接口用于接线盒供电和控制线（示教器紧急停止按键、使能键）的连接。S2 接口的 1～2 脚为 DC 24V 供电用，3～6 脚为两组紧急停止按键线路，7～10 脚为两组使能键线路，11 脚不使用。接线时，只接一组紧急停止按键和使能键线路。表 2.6 所列为接线盒 S2 接口接线示例。

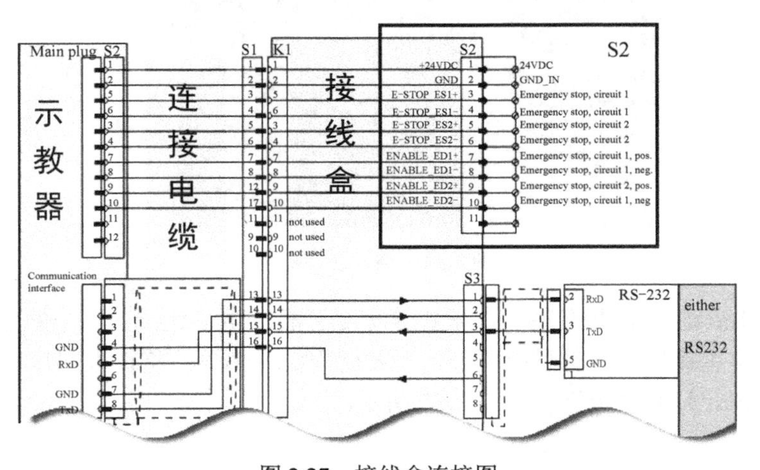

图 2.27　接线盒连接图

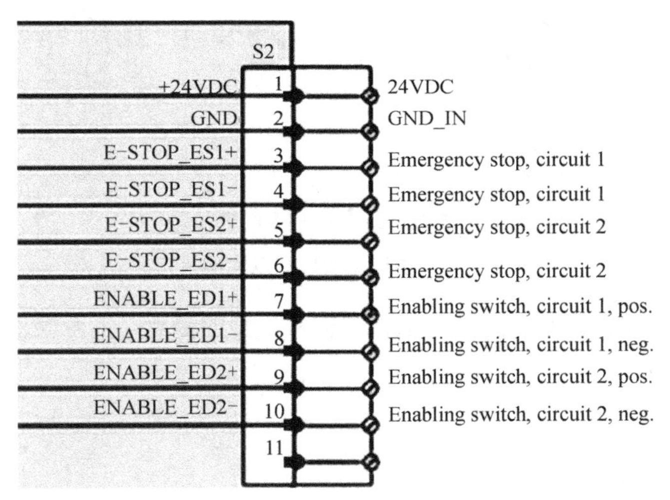

图 2.28　接线盒 S2 接口连接图

表 2.6　接线盒 S2 接口接线示例

接口	电线连接	接口
DC 24V 电源正极	⟺	接线盒 S2 接口 1 脚（+24V DC）
		接线盒 S2 接口 3 脚（E-STOP_ES1+）
		接线盒 S2 接口 7 脚（ENABLE_ED1+）
DC 24V 电源负极（接地）	⟺	接线盒 S2 接口 2 脚（GND）
控制器数字量 I/O 模块（DM1）10 脚（DI0）	⟺	接线盒 S2 接口 4 脚（E-STOP_ES1−）
控制器数字量 I/O 模块（DM1）11 脚（DI1）	⟺	接线盒 S2 接口 8 脚（ENABLE_ED1−）

（二）软件配置

I/O 连接好后，需要对系统固件进行相应配置，示教器上的紧急停止按键和使能键才能正常使用。

1. I/O 配置

I/O 配置操作见表 2.7。

表 2.7　I/O 配置操作

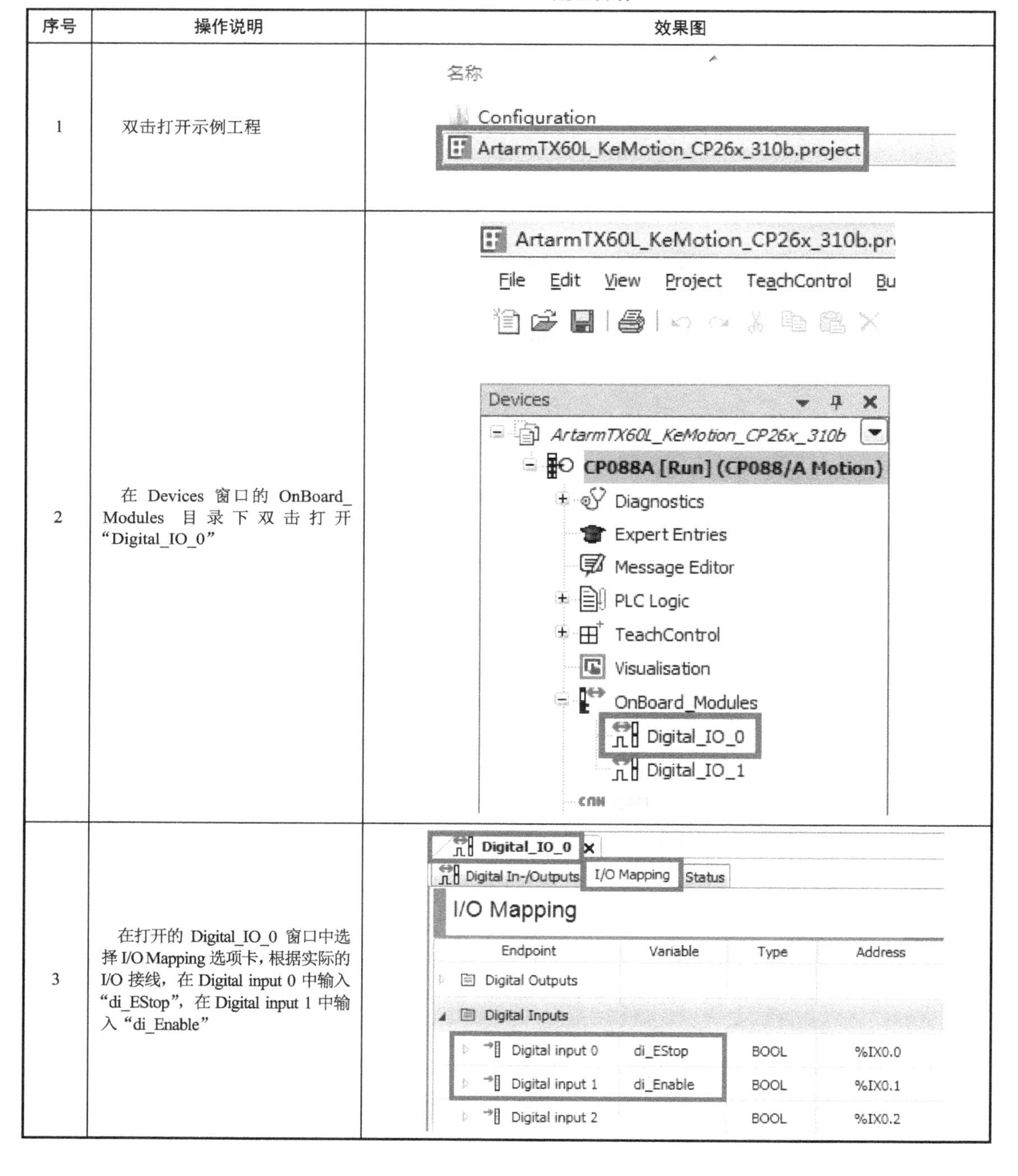

序号	操作说明	效果图
1	双击打开示例工程	
2	在 Devices 窗口的 OnBoard_Modules 目录下双击打开“Digital_IO_0”	
3	在打开的 Digital_IO_0 窗口中选择 I/O Mapping 选项卡，根据实际的 I/O 接线，在 Digital input 0 中输入“di_EStop”，在 Digital input 1 中输入“di_Enable”	

（续表）

序号	操作说明	效果图
4	在 Devices 窗口中找到程序“PRGGetSafetySignals”并双击打开	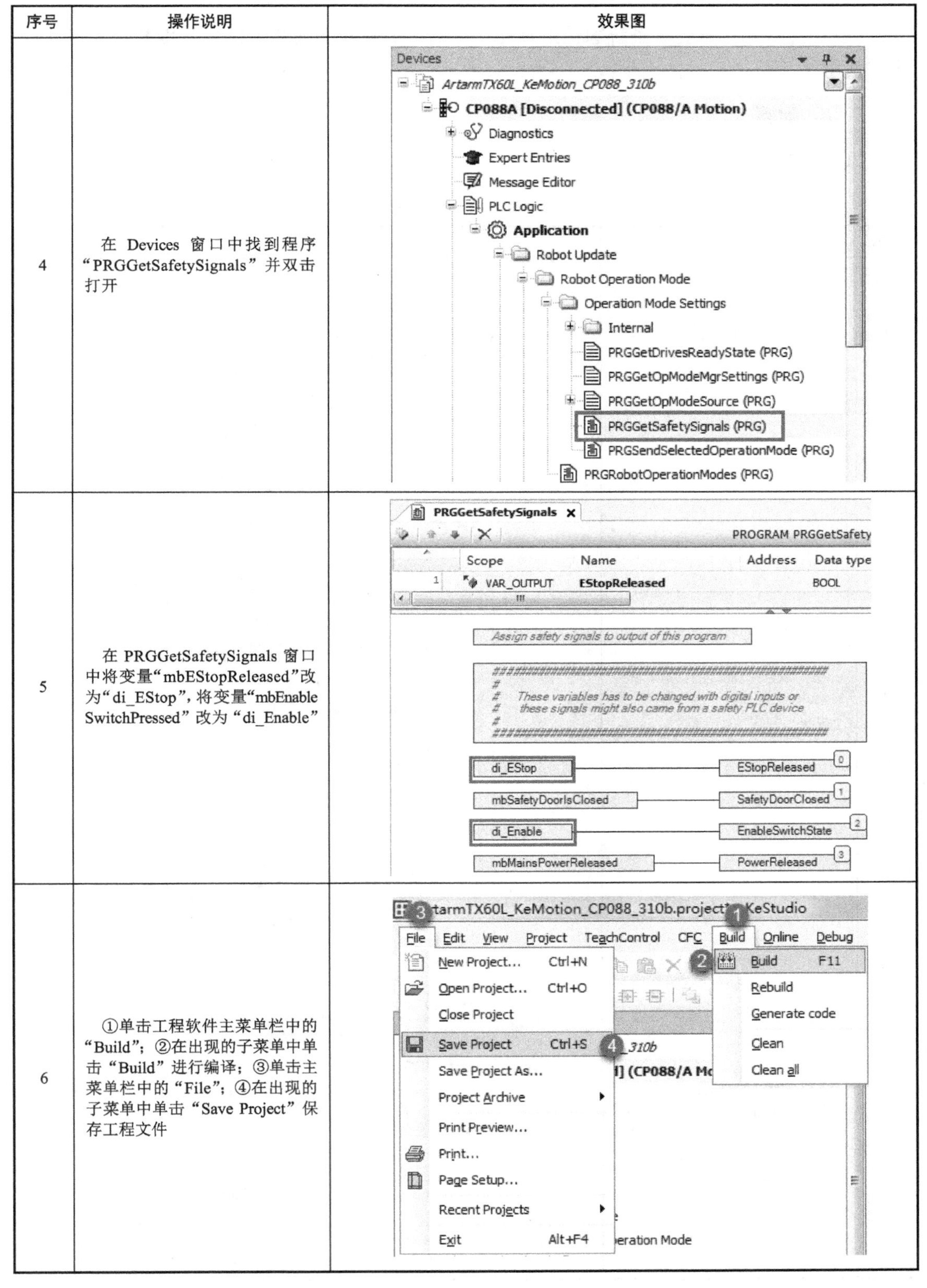
5	在 PRGGetSafetySignals 窗口中将变量“mbEStopReleased”改为“di_EStop”，将变量“mbEnableSwitchPressed”改为“di_Enable”	
6	①单击工程软件主菜单栏中的“Build”；②在出现的子菜单中单击“Build”进行编译；③单击主菜单栏中的“File”；④在出现的子菜单中单击“Save Project”保存工程文件	

2. 工程下载

工程下载操作见表 2.8。

表 2.8　工程下载操作

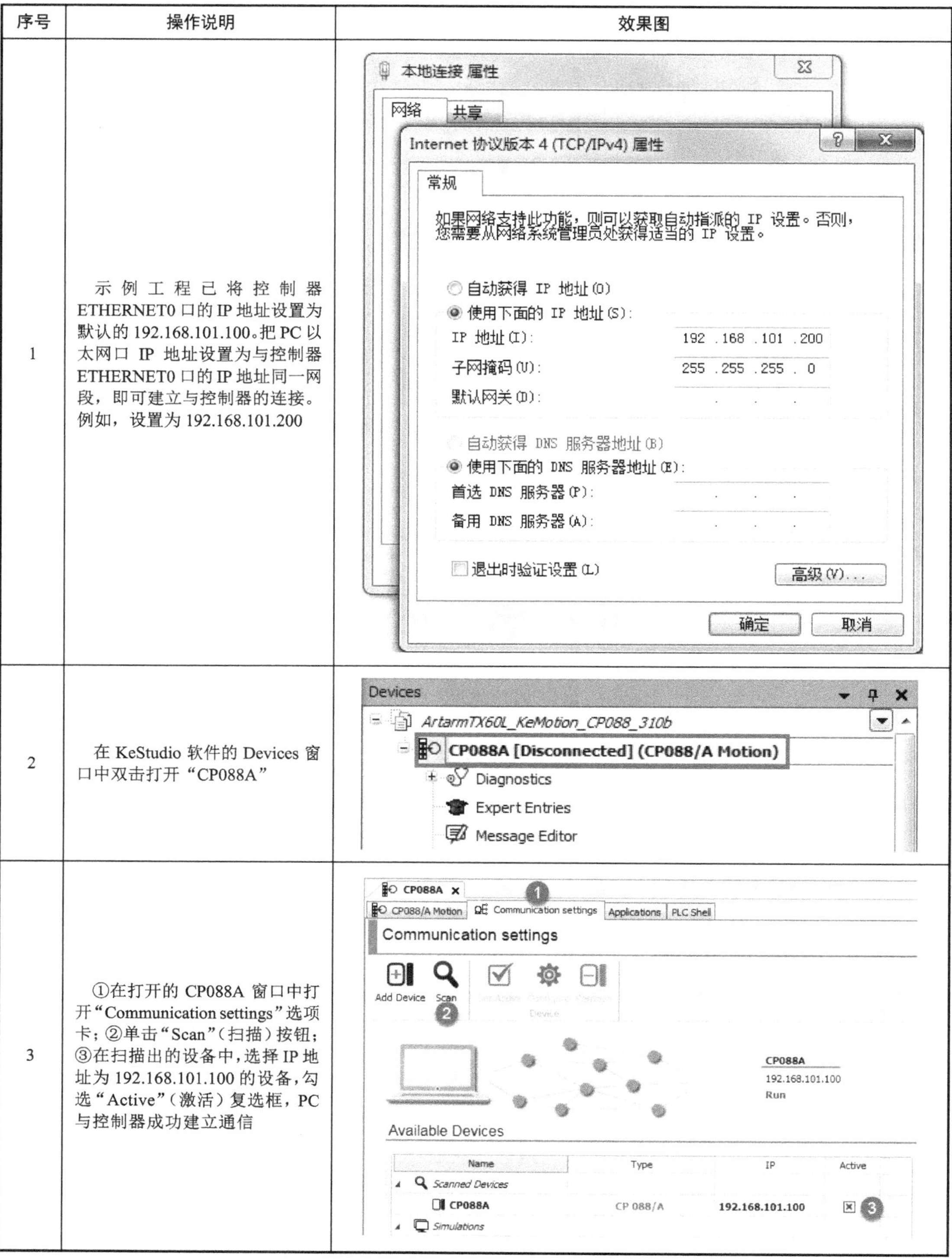

序号	操作说明	效果图
1	示例工程已将控制器 ETHERNET0 口的 IP 地址设置为默认的 192.168.101.100。把 PC 以太网口 IP 地址设置为与控制器 ETHERNET0 口的 IP 地址同一网段，即可建立与控制器的连接。例如，设置为 192.168.101.200	
2	在 KeStudio 软件的 Devices 窗口中双击打开“CP088A”	
3	①在打开的 CP088A 窗口中打开“Communication settings”选项卡；②单击“Scan”（扫描）按钮；③在扫描出的设备中，选择 IP 地址为 192.168.101.100 的设备，勾选“Active”（激活）复选框，PC 与控制器成功建立通信	

（续表）

序号	操作说明	效果图
4	①单击主菜单栏中的“Online”菜单；②单击“Selective Download to Device”命令，把更新设置的工程下载到控制器	
5	①在弹出的登录对话框中输入用户名“Administrator”和密码“pass”；②单击“OK”按钮登录控制器	
6	①把需要修改的配置复选框勾选上；②单击“OK”按钮，将工程下载到控制器	

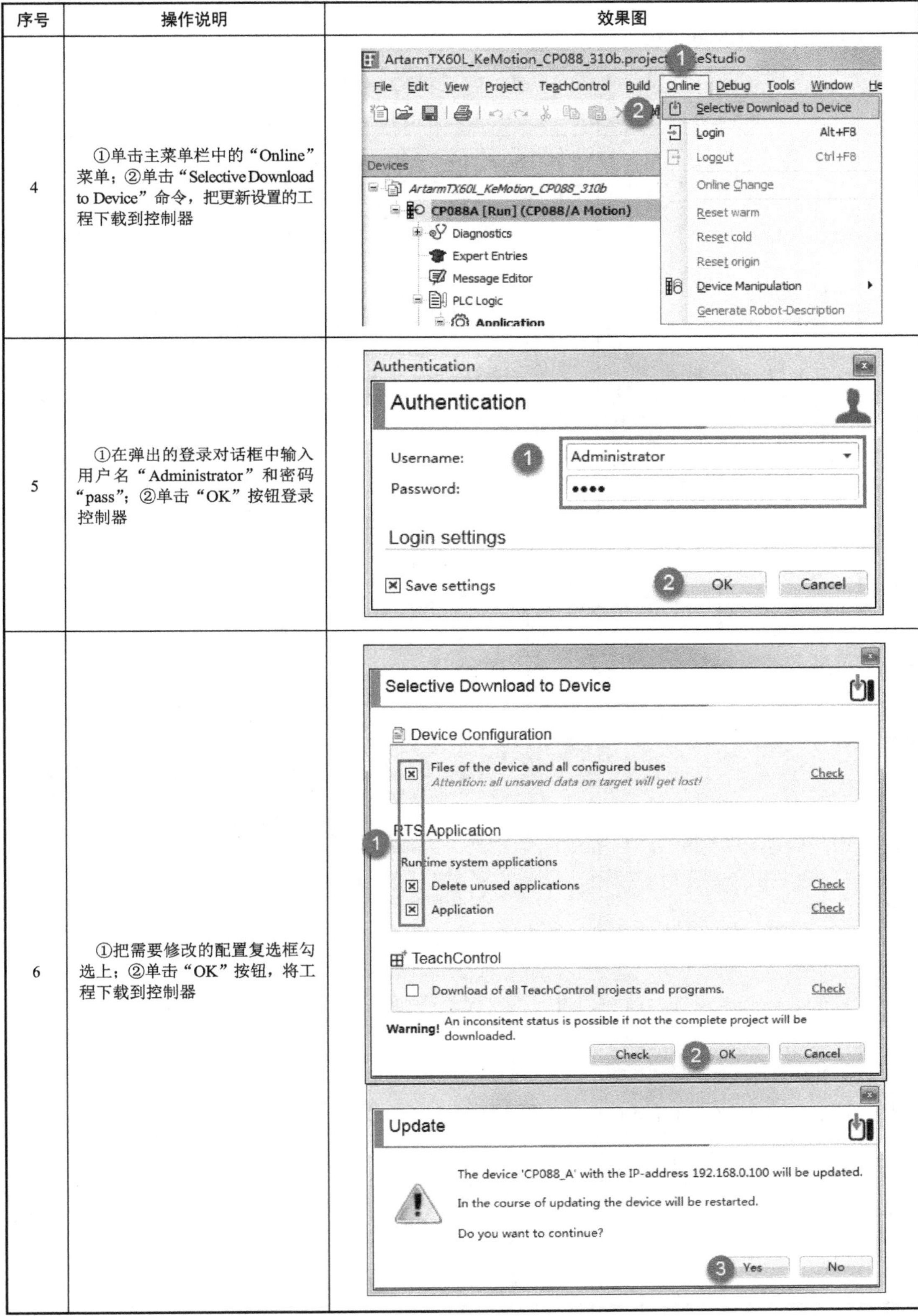

（续表）

序号	操作说明	效果图
7	控制器更新固件进行中，等待更新完成控制器重启后便可正常操作	Update Generating Packages　Updating Device　Restarting Device　Ready Updating device ... Cancel

（三）控制器的基本操作

1. 运行状态切换

用户可通过控制器前面板上的控制按键（CTRL）来切换控制器的各种运行状态。

1）INIT 状态

INIT 状态说明见表 2.9。

表 2.9　INIT 状态说明

状态显示	短按 CTRL 按键	长按 CTRL 按键
控制器处于 INIT 状态	接下来的动作： 加载应用	
加载应用	接下来的动作： 删除已保留数据	控制器将会进入 STOP 状态
删除已保留的数据并重新初始化	接下来的动作： 删除应用	保留的数据被删除，之后系统重新初始化
删除应用	接下来的动作： 创建状态报告	应用正在被删除
创建状态报告	接下来的动作： 触发重启	状态报告正在创建
触发重启	回到 INIT 状态	正在重启

2）STOP 状态

STOP 状态说明见表 2.10。

表 2.10　STOP 状态说明

状态显示	短按 CTRL 按键	长按 CTRL 按键
控制器处于 STOP 状态	接下来的动作： 启动应用	

（续表）

状态显示	短按 CTRL 按键	长按 CTRL 按键
启动应用	接下来的动作：卸载应用	控制器将进入 RUN 状态
卸载应用	接下来的动作：创建状态报告	控制器进入 INIT 状态
删除已保留的数据并重新初始化	接下来的动作：删除应用	保留的数据被删除，之后系统重新初始化
删除应用	接下来的动作：创建状态报告	应用正在被删除
创建状态报告	接下来的动作：触发重启	状态报告正在创建
触发重启	回到 STOP 状态	正在重启

3）RUN 状态

RUN 状态说明见表 2.11。

表 2.11　RUN 状态说明

状态显示	短按 CTRL 按键	长按 CTRL 按键
控制器处于 RUN 状态	接下来的动作：停止控制器	
停止控制器	接下来的动作：创建状态报告	控制器将进入 STOP 状态
创建状态报告	控制器进入 RUN 状态	状态报告正在创建

2. 创建状态报告

状态报告可以保存控制器的状态数据。用户可以在任意时刻直接通过控制器前面板上的 7 段显示器和按键来创建状态报告。状态报告存储在 CF 存储卡中，也可以把状态报告复制到 USB 存储器中。

创建状态报告的步骤如下：

① 如有需要，把 USB 存储器插在 CP 088/X 控制器上。

② 短按控制按键直到 7 段显示器显示。

③ 长按控制按键，创建状态报告。创建好的状态报告保存在 CF 存储卡的如下目录：/masterdisk/protocol/statusreport。

④ 如果要把状态报告复制到一个 USB 存储器上，先短按控制按键直到 7 段显示器上显示，再长按控制按键，状态报告便会被保存在 USB 存储器的根目录下。

3. 插拔 CF 存储卡

注意：

- 存储卡插槽有防呆设计，只能从一个方向把卡插入卡槽。
- 插拔存储卡时不要使用蛮力，正常插拔只需很小的力即可。
- 控制器对存储卡进行写入操作时，不能断电和拔卡。

1）插入 CF 存储卡

如图 2.29 所示，请按照如下步骤插入存储卡：

① 关闭控制器电源。

② 把存储卡插入卡槽，注意方向（存储卡台阶朝向控制器背面）。

2）拔出 CF 存储卡

如图 2.30 所示，请按照如下步骤拔出存储卡：

① 关闭控制器电源。

② 按下弹出按键。

③ 存储卡弹起后，拔出存储卡。

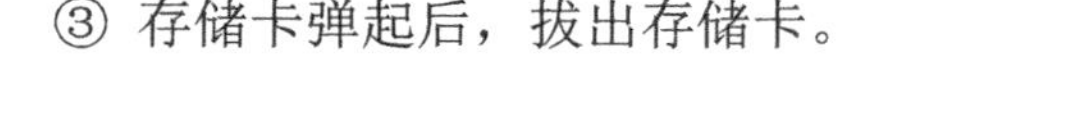

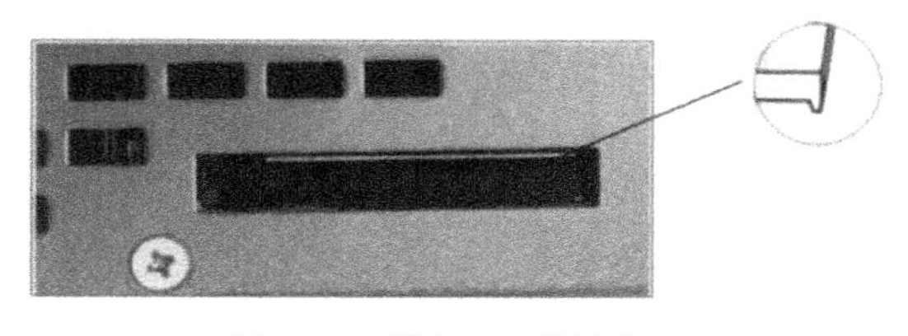

图 2.29　插入 CF 存储卡

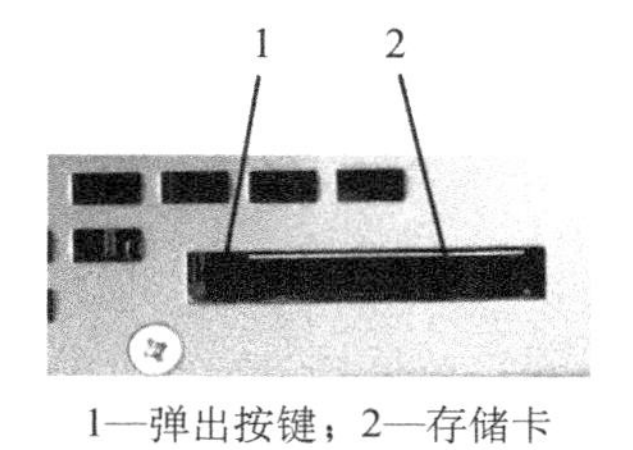

1—弹出按键；2—存储卡

图 2.30　拔出 CF 存储卡

4. 更换电池

1）电池参数

电池参数见表 2.12。

表 2.12　电池参数

电池类型	CR2032（Lithium-Mn，3V/220mAh）
电池工作寿命	最低 3 年，一般可使用 5 年

2）更换电池

注意：

- 更换电池前，应与 KEBA 公司售后联系，通过官方渠道购置电池。
- 插拔电池时不要使用蛮力。
- 不能用手直接接触新电池，以避免电池氧化造成接触故障。
- 在系统提示电池电量低时，如果不及时更换新电池，当控制器断电后，SRAM 存储的数据可能会丢失。

如图 2.31 所示为电池盒安装位置，按照如下步骤更换电池：

① 为了避免数据丢失，更换电池时，控制器的电源不能被关断。

② 取出电池盒。

③ 取出旧电池，换上新电池。注意电池极性！

④ 重新把电池盒插入控制器。

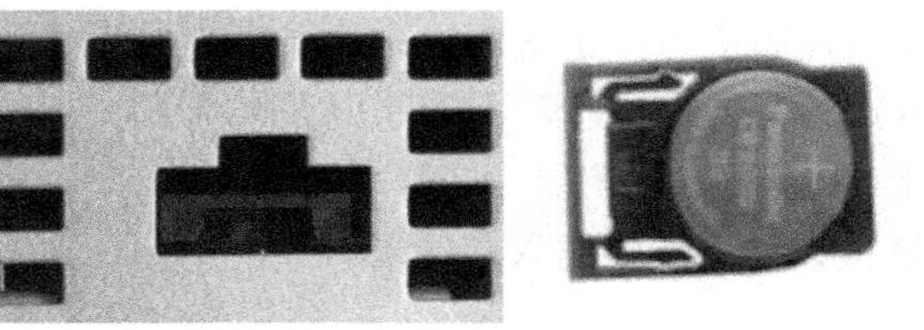

图 2.31 电池盒安装位置

单元 3

示教器基本操作

一、任务描述

本单元主要介绍 KETop T70Q 型示教器的硬件按键、开关等功能和使用方法，认识示教器触摸屏显示的各个菜单界面及其功能，练习操作和使用示教器。

二、学习目标

知识目标：

1. 了解示教器的硬件功能；
2. 了解示教器的界面划分及其功能。

技能目标：

1. 掌握示教器配置管理菜单的操作
2. 掌握示教器变量管理菜单的操作；
3. 掌握示教器项目管理菜单的操作；
4. 掌握示教器程序管理菜单的操作；
5. 掌握示教器坐标显示菜单的操作；
6. 掌握示教器信息报告管理菜单的操作。

三、知识储备

（一）示教器硬件

KETop T70Q 型示教器的硬件如图 3.1 所示，其中各组成部分的名称及功能说明见表 3.1。

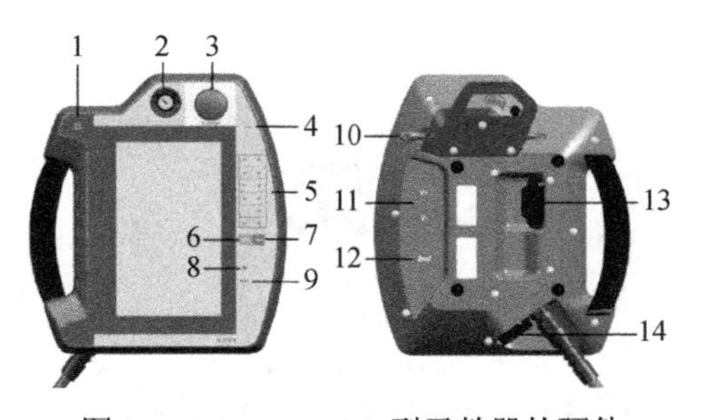

图 3.1　KETop T70Q 型示教器的硬件

表 3.1　KETop T70Q 型示教器的硬件组成及功能说明

序号	名称及功能说明
1	Menu 主菜单按键，按下后触摸屏中显示系统菜单
2	机器人运行模式选择开关，从左至右分别为手动、自动、外部挡，须插入专用钥匙操作
3	紧急停止按键，按下后机器人立即停止运行。按键按下后会自锁，需要拧转按键才能释放
4	ERR 指示灯，当示教器或机器人运行发生错误时，该指示灯会红色亮起
5	6 组“+”“−”按键，用于机器人在点动或编程时手动调节 TCP 的位置和姿态
6	Start 按键，按下后运行机器人程序。自动模式时短按、手动模式时长按，程序才能连续运行
7	Stop 按键，按下后停止运行机器人程序
8	★按键，此按键为多功能按键，可根据触摸屏内不同的选项实现不同的按键功能
9	PWR 按键，用于自动运行模式下机器人的上电和下电
10	触控笔，使用该笔进行触屏操作
11	V+、V−按键，用于调节机器人的运行速度
12	2nd 按键，按下可翻至下一页（如有附加轴页）
13	使能键，用于手动运行模式下机器人上、下电，按住上电，松开下电，连续运行须长按
14	USB 口，用于插入 U 盘，备份机器人程序或状态报告

（二）示教器界面及其功能

1. 主界面

示教器主界面可分为 4 个区域，如图 3.2 所示，分别为状态栏、主显示界面、点动坐标显示栏和多功能选择按钮、功能按钮。

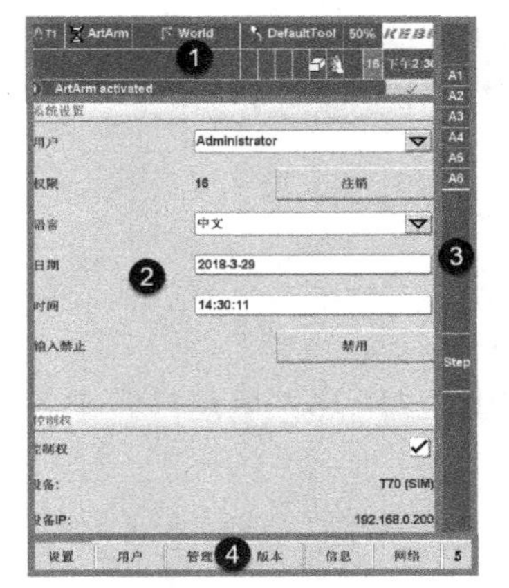

1—状态栏；2—主显示界面；3—点动坐标显示栏和多功能选择按钮；4—功能按钮

图 3.2　示教器主界面

1）状态栏

状态栏的组成如图 3.3 所示。

图 3.3　状态栏的组成

状态栏包含以下组成部分。

- 操作模式：手动、自动、外部自动。
- 机器人状态：显示机器人准备好移动、准备移动但驱动器关闭或未准备好移动。
- 机器人：显示机器人的名称。
- 参考坐标系：显示机器人当前使用的参考坐标系。
- 工具手：显示当前选择的工具。
- 机器人速度：显示当前机器人的运行速度。
- 项目和程序：显示当前加载的项目和程序，单击程序名称可以快速回到程序界面。
- 程序状态：程序正在运行、中断、停止或重新定位。
- 程序运行模式：程序处于正常（连续）、单步、运动单步模式。
- 用户自定义：可以显示用户自定义图标。
- 空间监控：监视工作区的状态。
- 安全状态：显示当前的安全状态。
- 用户级别和控制权限：显示当前登录用户的用户级别，如果用户有控制权限，背景将变为绿色。
- 信息栏：显示系统当前状态信息，为信息确认按钮。
- 双击 KEBA 图标会创建一个在示教器本地保存的屏幕截图。

2）主显示界面

主显示界面显示当前打开的系统菜单、功能页面、程序页面等，用户可对主显示界面中的内容进行选择、编辑等操作。

3）点动坐标显示栏和多功能选择按钮

该区域显示当前选择的点动坐标信息和当前选择的多功能选项，如图 3.4、图 3.5 所示，可显示 4 种点动坐标信息和 5 种多功能选项。

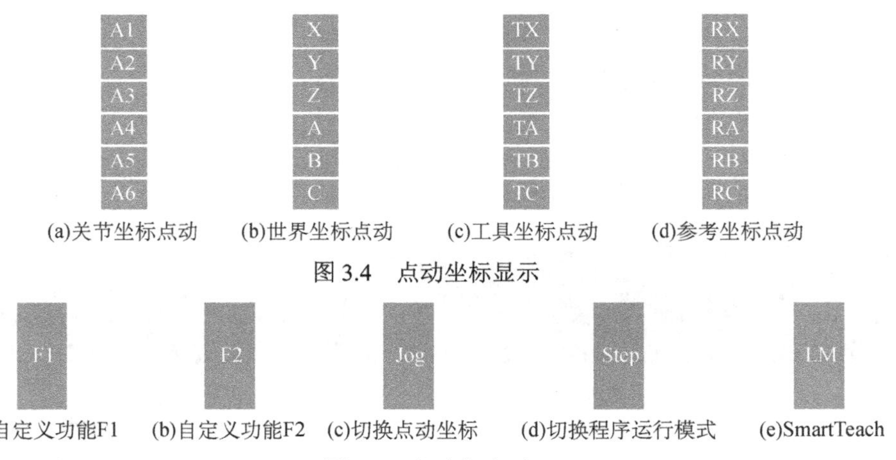

(a)关节坐标点动　(b)世界坐标点动　(c)工具坐标点动　(d)参考坐标点动

图 3.4　点动坐标显示

(a)自定义功能F1　(b)自定义功能F2　(c)切换点动坐标　(d)切换程序运行模式　(e)SmartTeach

图 3.5　多功能选项

4）功能按钮

功能按钮区域会根据打开的不同页面显示不同的功能按钮，用户可单击不同的功能按钮进行操作，如图 3.6 所示。单击 5 按钮可返回上一步。

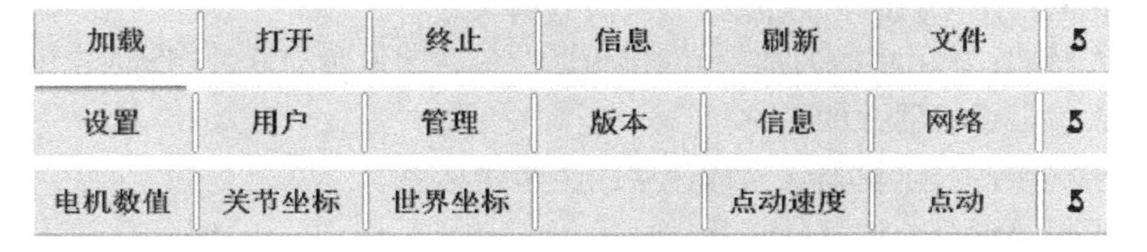

图 3.6　不同的功能按钮

2. 系统菜单界面

如图 3.7 所示，按下“Menu”按键，可以在显示屏中显示系统菜单界面，菜单有两级。

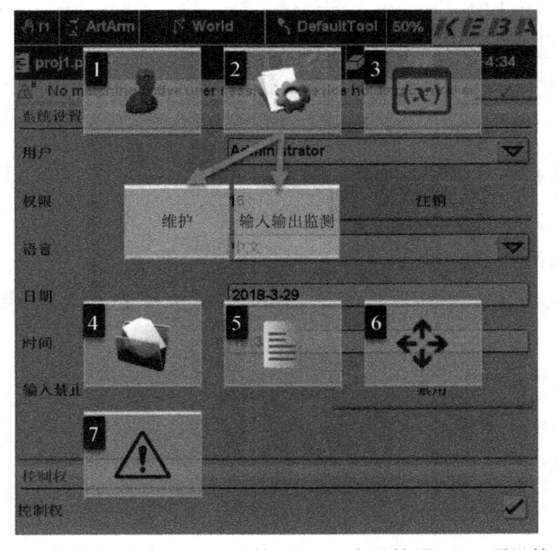

1—用户自定义界面；2—配置管理；3—变量管理；4—项目管理；
5—程序管理；6—坐标显示；7—信息报告管理

图 3.7　系统菜单界面

3. 多功能按钮及功能选择界面

如图 3.8 所示，单击★左边的多功能选择按钮（图 3.8 中框内的位置），可在屏幕中显示多功能选择界面，根据需要选择不同的功能选项。单击 F1 或 F2 功能选项，则在此状态下单击★多功能按钮可以切换为用户自定义的功能。单击 jog 功能选项，则在此状态下单击★多功能按钮可以切换不同的点动坐标。单击 step 功能选项，则在此状态下单击★多功能按钮可以切换不同的程序运行模式。单击 SmartTeach 功能选项，则在此状态下可以快速示教，详见单元 5 中的 SmartTeach 快速示教。

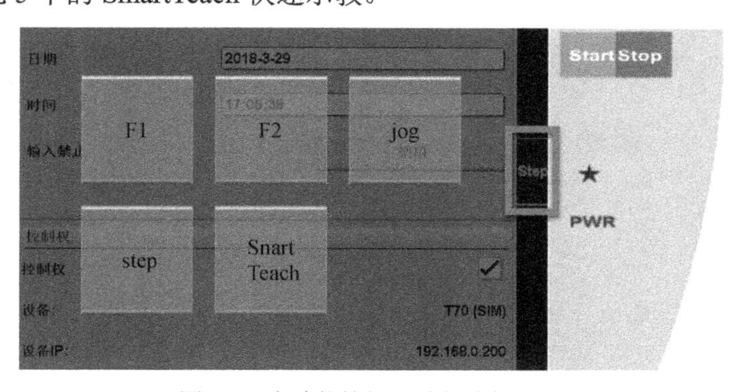

图 3.8　多功能按钮及功能选择界面

四、任务实施

（一）配置管理操作

配置管理菜单的基本操作内容介绍如下。

1. 维护

如图 3.9 所示，按下“Menu”按键→单击“配置管理”→单击“维护”，进入维护菜单界面。维护菜单如图 3.10 所示，单击下方的功能按钮可切换不同的界面。

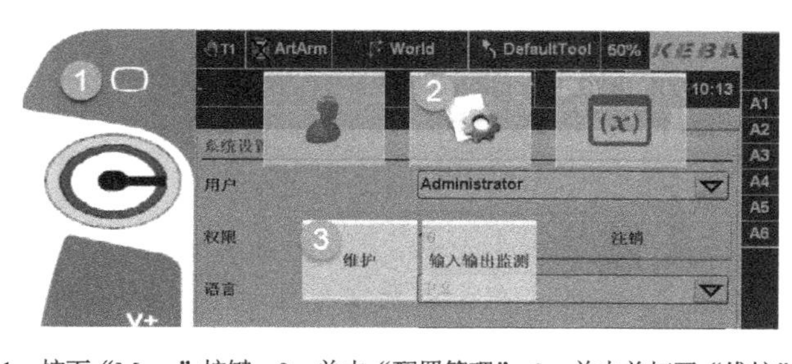

1—按下“Menu”按键；2—单击“配置管理”；3—单击并打开“维护”

图 3.9　进入维护菜单界面的操作

图 3.10　维护菜单

1）设置

系统设置界面主要操作有用户登录与退出、语言切换、日期和时间设定、锁屏、控制权设定。

（1）用户登录与退出

系统开机默认的用户为 Operator（操作员），权限等级最低，无法编辑程序。想要编辑程序和获取最高权限等级，需要把用户切换成 Administrator（管理员），输入默认密码 pass 即可登录成功，如图 3.11 所示。退出时单击“注销”按钮即可。

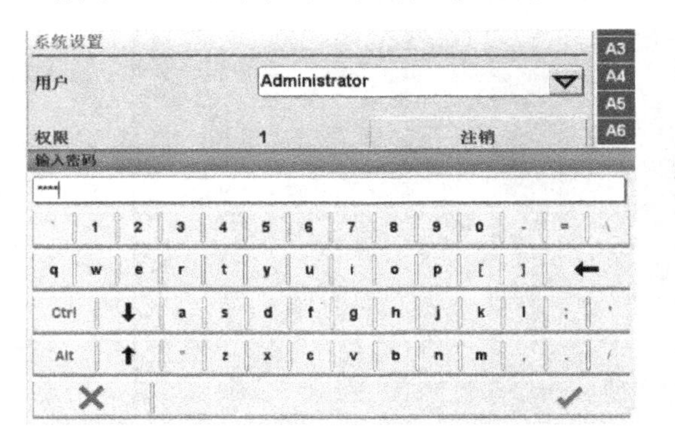

图 3.11　用户登录

（2）语言切换

如图 3.12 所示，系统开机默认语言为英文，单击语言栏切换成中文。

（3）日期和时间设定、锁屏

如图 3.13 所示，单击日期和时间栏设定日期和时间。单击“禁用”按钮锁屏，系统默认锁屏时间为 10s。在锁屏期间所有屏幕操作失效，主要作用是在锁屏期间进行触摸屏清洁工作，防止误操作。

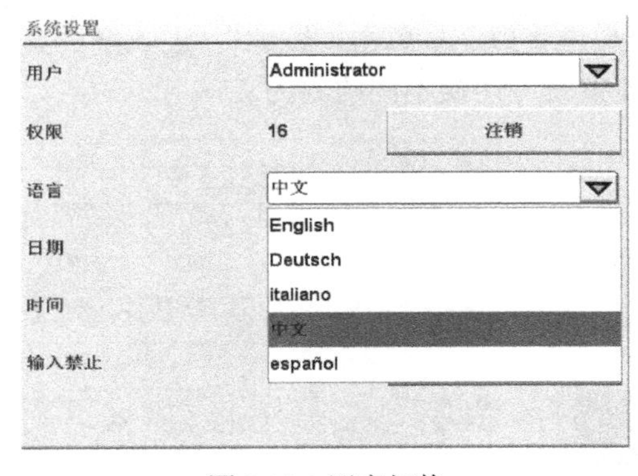

图 3.12　语言切换

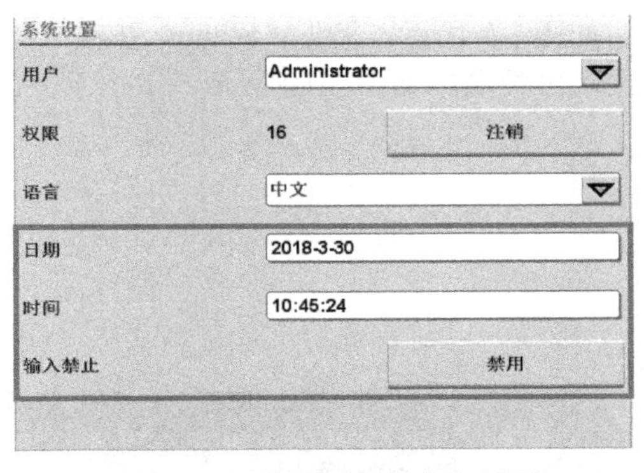

图 3.13　日期和时间设定、锁屏

（4）控制权设定

如图 3.14 所示，勾选控制权右侧的复选框，示教器获取控制权，可对机器人进行操作。系统仅允许一台设备获取控制权，如有多台设备（例如，控制器已连接了实体示教器和 PC，在 PC 中打开了虚拟示教器 KeMotion TeachView T70Q），切换控制权时要先取消勾选当前设备的控制权，才能在另一台设备上勾选控制权。如图 3.15 所示，设备 T70Q 为实体示教器，设备 T70（SIM）[①]为虚拟示教器，控制权由 T70Q 切换至 T70（SIM）时，先取消勾选 T70Q 的控制权，再勾选上 T70（SIM）的控制权。

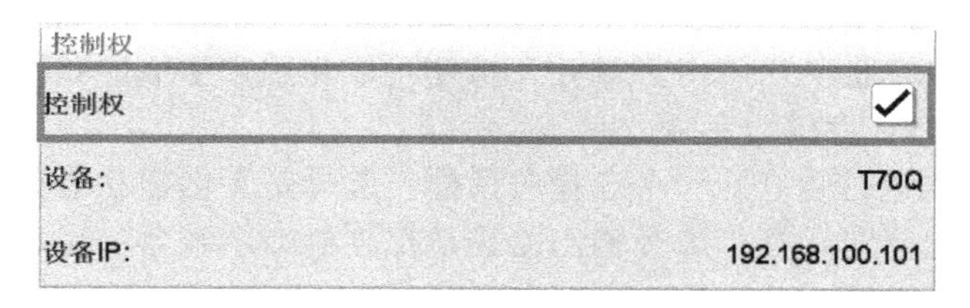

图 3.14　设置控制权

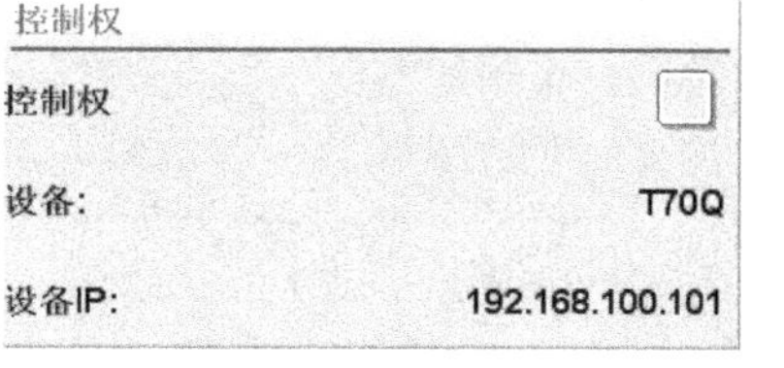

（a）取消勾选 T70Q 控制权

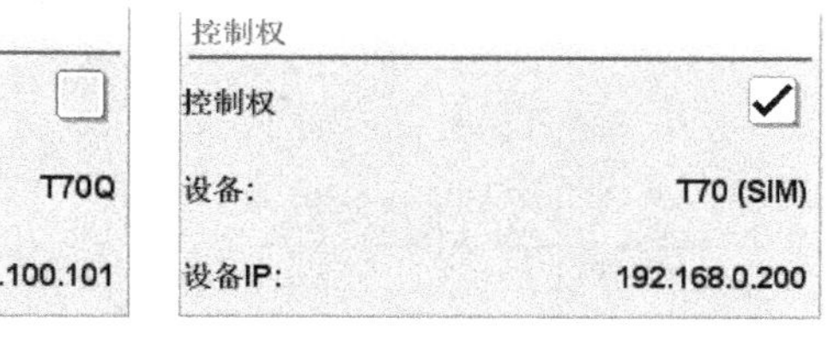

（b）勾选 T70（SIM）控制权

图 3.15　控制权切换

2）用户

如图 3.16 所示，用户界面显示当前连接的登录用户，包括其 IP 地址、等级和是否有写入权限。

3）管理

如图 3.17 所示，只有登录用户为管理员时才能打开管理界面，可以管理用户组，对用户进行创建、编辑和删除等操作。

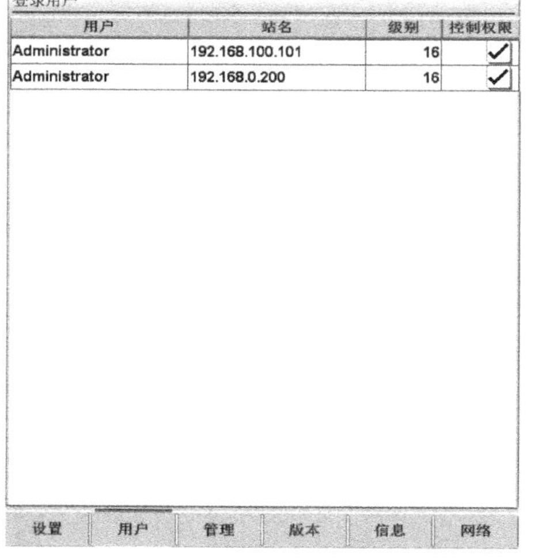

图 3.16　登录用户信息

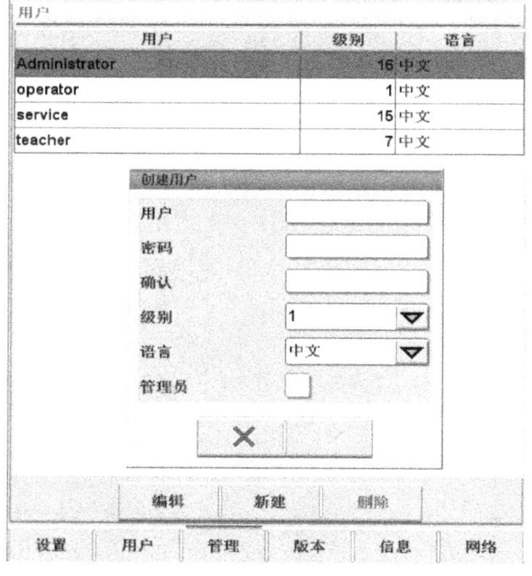

图 3.17　管理员用户

4）版本

如图 3.18 所示，版本界面显示控制器、手持设备和工具使用的版本信息。

① SIM：Simulated（仿真的）。

5）信息

如图 3.19 所示，在系统信息界面中单击“HMI 重启”按钮可重启示教器；单击“重启”按钮可重启控制系统；单击“生成”按钮可生成 PLC 状态报告（存储在 CF 卡中）和人机界面报告（存储在示教器中）；单击“输出”按钮可以将用户生成的状态报告输出到插在控制器或示教器上的 USB 存储设备中。

单击“生成”按钮时会打开一个选择对话框，选择是否创建状态报告；单击“输出”按钮时会打开一个选择对话框，选择输出路径是控制器或示教器；用户创建的截图可通过人机界面报告输出。

图 3.18　版本信息

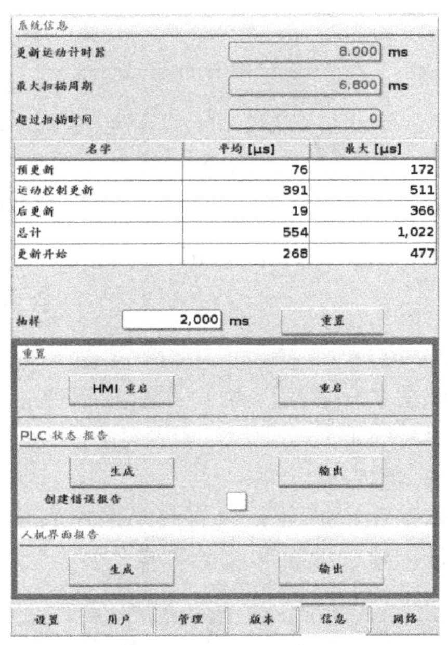

图 3.19　系统信息

6）网络

如图 3.20 所示，网络界面显示示教器和控制器的 IP 地址。

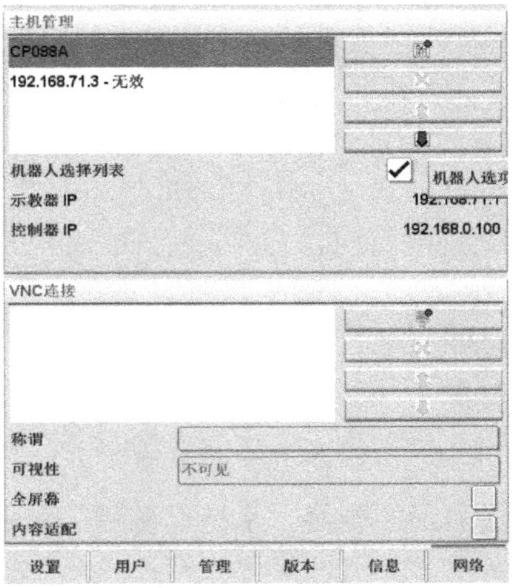

图 3.20　网络界面

2. 输入/输出监测

如图 3.21 所示，按下“Menu”按键→单击“配置管理”→单击“输入输出监测”，进入输入/输出监测菜单。

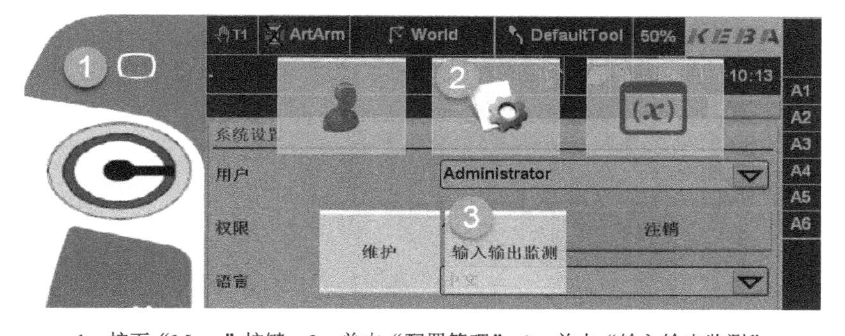

1—按下“Menu”按键；2—单击“配置管理”；3—单击“输入输出监测”

图 3.21　输入/输出监测菜单

如图 3.22 所示，输入/输出监测界面显示系统的硬件 I/O 配置以及 I/O 信号的状态。勾选想要查看的硬件，单击“详细”按钮即可查看到该硬件的 I/O 信号状态；在详细界面中单击 DO 信号还可对其进行强制使能输出操作，单击“概览”按钮即可返回硬件配置界面。

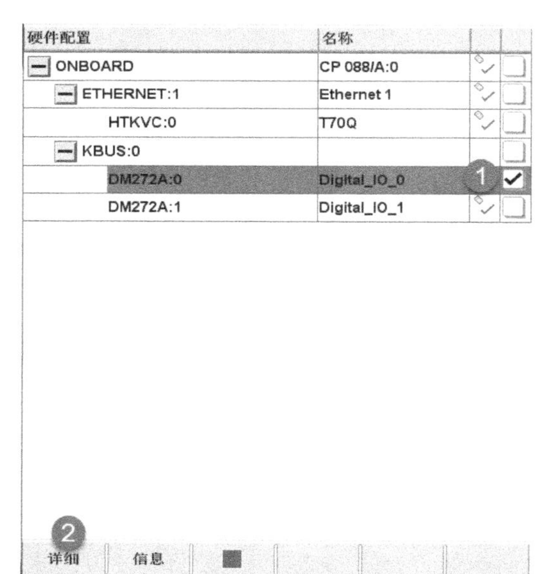

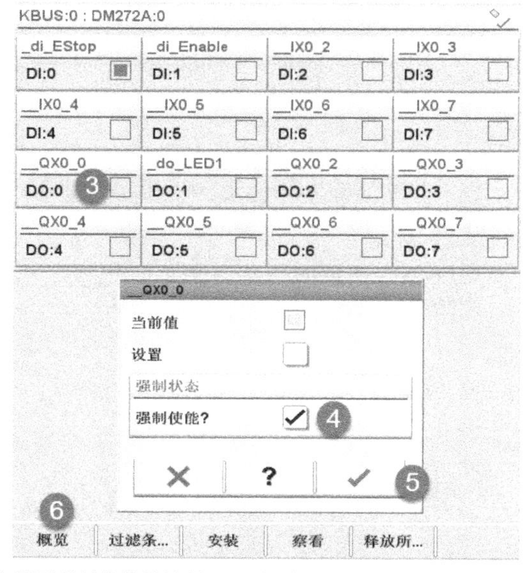

1—勾选想要查看的硬件；2—单击“详细”按钮；3—单击需要强制的信号编号；4—勾选“强制使能”复选框；5—单击“√”按钮确认；6—单击“概览”按钮

图 3.22　输入/输出监测界面

（二）变量管理操作

变量管理菜单的基本操作内容介绍如下。

1. 变量监测

如图 3.23 所示，按下“Menu”按键→单击“变量管理”→单击“变量监测”，进入变量监测菜单。

1—按下“Menu”按键；2—单击“变量管理”；3—单击“变量监测”

图 3.23　变量监测菜单

如图 3.24 所示，变量监测界面显示已存在的系统变量、机器（全局）变量以及项目变量，“+”可以展开显示，“−”可以收缩显示，底部有变量类型过滤器可供选择，选中“关闭”单选按钮，则显示所有变量。

如图 3.25 所示，单击“变量”按钮可对变量进行删除、粘贴、复制、剪切、重命名、新建等操作。

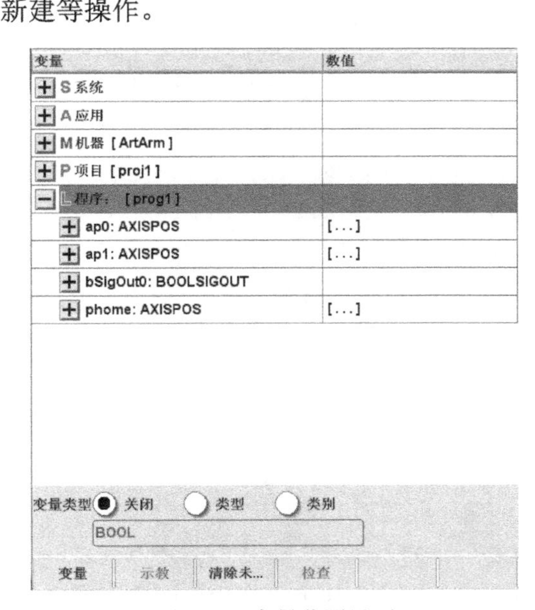

图 3.24　变量监测界面

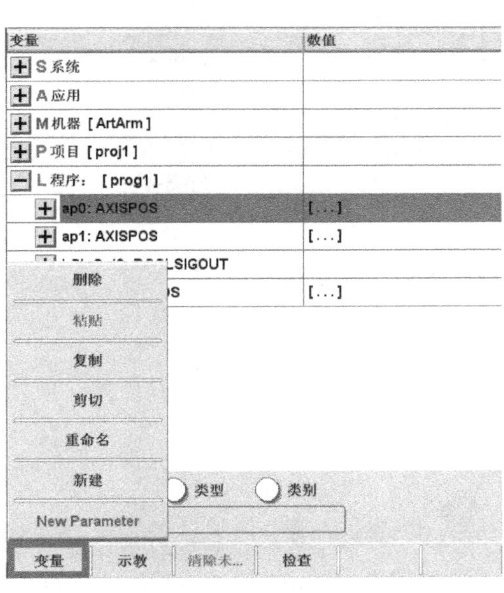

图 3.25　变量编辑

2. 位置

如图 3.26 所示，按下“Menu”按键→单击“变量管理”→单击“位置”，进入位置菜单。

1—按下“Menu”按键；2—单击“变量管理”；3—单击“位置”

图 3.26　位置菜单

（1）位置变量信息的显示和示教

如图 3.27 所示，位置界面可显示系统中创建的所有位置变量的信息。在“选择位置”的下拉列表中选择需要查看的位置变量，界面中便显示出该变量的待教导信息、位置点动信息和位置数据。在“位置数据”文本框中输入位置数据，或者手动操作机器人运动到需要到达的位置，然后单击“教导”按钮，就可以对所选的位置变量进行示教。

（2）点动到位置

单击位置界面底部的“帮助”按钮，打开帮助界面，如图 3.28 所示。点动到位置的具体操作方法：首先选择直线或者点到点的运动方式，然后在手动操作模式下按住使能键，单击屏幕底部的“允许”按键，此时，屏幕右侧的点动坐标显示区域会切换成“Go”。按住“Go”旁边的“+”按键可移动机器人到所选位置，按住“Go”旁边的“−”按键可移动机器人回到原始位置。

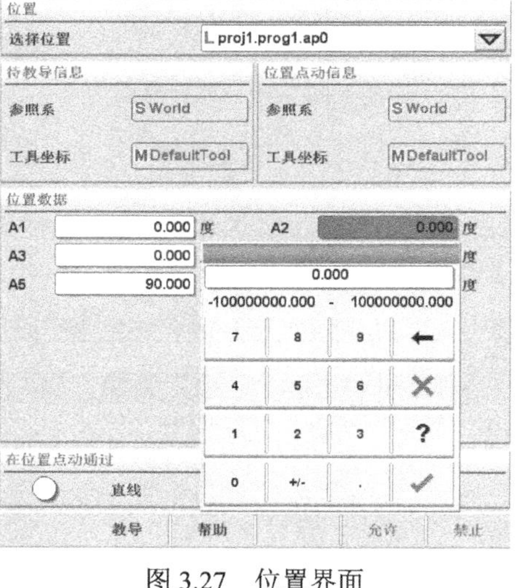

图 3.27　位置界面

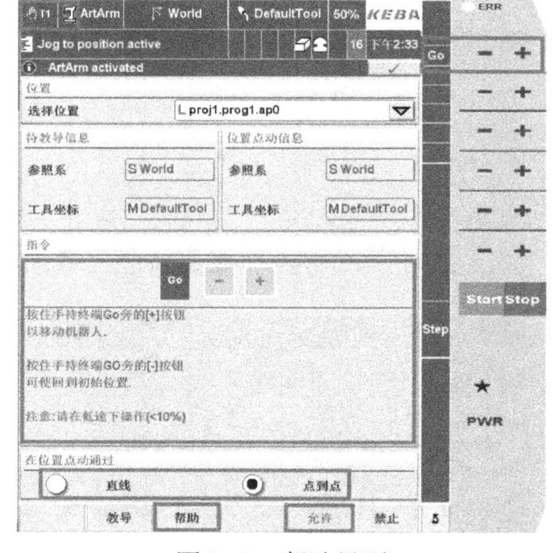

图 3.28　帮助界面

（三）项目管理操作

项目管理菜单的基本操作内容介绍如下。

1. 项目

如图 3.29 所示，按下“Menu”按键→单击“项目管理”→单击“项目”，进入项目界面。

如图 3.30 所示，项目界面显示系统中的项目和程序，单击“+”按钮可展开项目列表，每个项目下可包含多个程序。选中一个程序后，单击底部的“加载”按钮，加载程序；单击“打开”按钮，可打开已被加载的程序；单击“终止”按钮，可退出程序的加载状态。需要注意的是，程序在被加载的状态下打开才可以示教、编程和运行；在未被加载的状态下打开只能浏览。在同一项目中可加载多个程序，但不同项目中的程序不能同时加载。

“信息”按钮可显示当前选中程序的名称、创建日期和修改日期。“刷新”按钮可对项目和程序进行相关的更新。“文件”按钮可对项目或程序进行新建、删除、重命名、剪切、复制、输入、输出等操作。

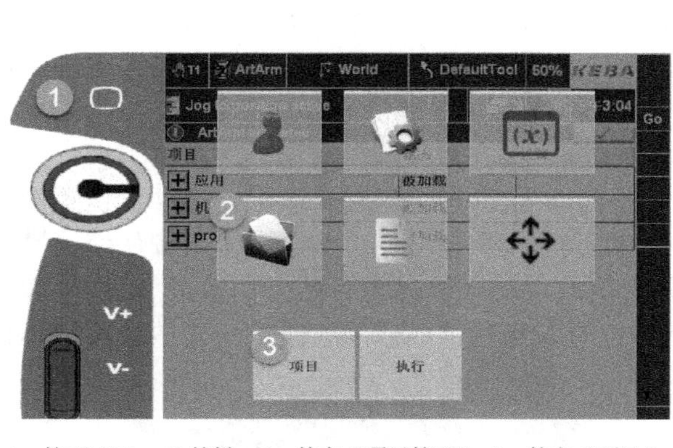

1—按下“Menu”按键；2—单击“项目管理”；3—单击“项目”

图 3.29　项目菜单

项目	状态	设置
+ 应用	被加载	
+ 机器	被加载	
− proj1	---	
prog1	---	

重命名 / 删除 / 粘贴 / 复制 / 新建程序 / 新建功能 / 新建项目 / 输入 / 输出

加载 / 打开 / 终止 / 信息 / 刷新 / 文件

图 3.30　项目界面

2. 执行

如图 3.31 所示，按下“Menu”按键→单击“项目管理”→单击“执行”，进入执行界面。如图 3.32 所示，执行界面显示已被加载的程序的运行状态和运行模式。

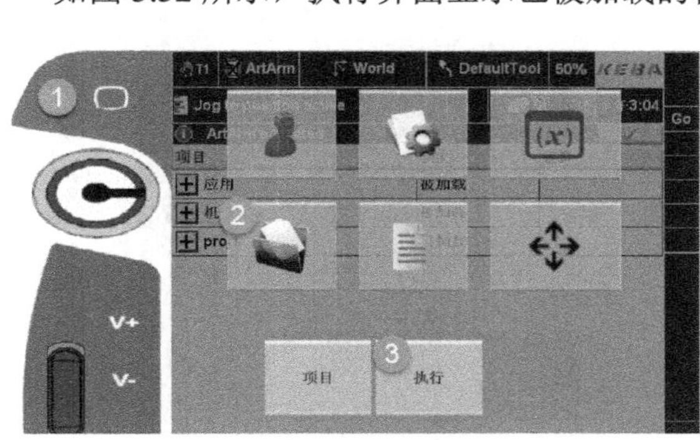

1—按下“Menu”按键；2—单击选择“项目管理”；3—单击打开“执行”

图 3.31　执行菜单

项目	类型	主运行	预运行	状态	模式	程序	选择
+ 全局							
− proj1							
prog1	主程序	2	2	停止	CONT		

显示 / 结束

图 3.32　执行界面

（四）程序管理操作

如图 3.33 所示，按下“Menu”按键→单击“程序管理”，进入程序界面。

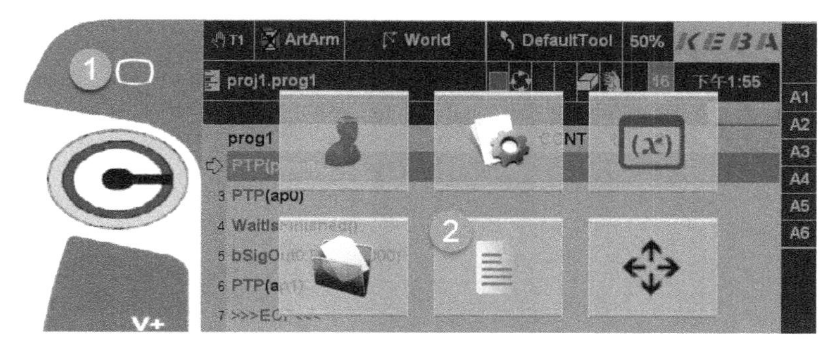

1—按下“Menu”按键；2—单击“程序管理”

图 3.33　程序菜单

1. 程序界面

如图 3.34 所示，程序界面显示打开的程序，用户可在此界面中进行指令编程和运行。当程序在已被加载的状态下打开时，此界面背景为白色；当程序在未被加载的状态下打开时，此界面背景为灰色。

单击底部的第一个“编辑”按钮，可对光标选中指令进行参数编辑；单击“新建”按钮，可新建指令；单击“设置 PC”按钮，可将程序指针指向光标位置，并且下一个指令从光标处开始，该按钮只有在程序被加载的时候激活；单击第二个“编辑”按钮，可对指令进行剪切、复制、删除等操作；单击“高级”按钮，可弹出键盘、添加注释等。

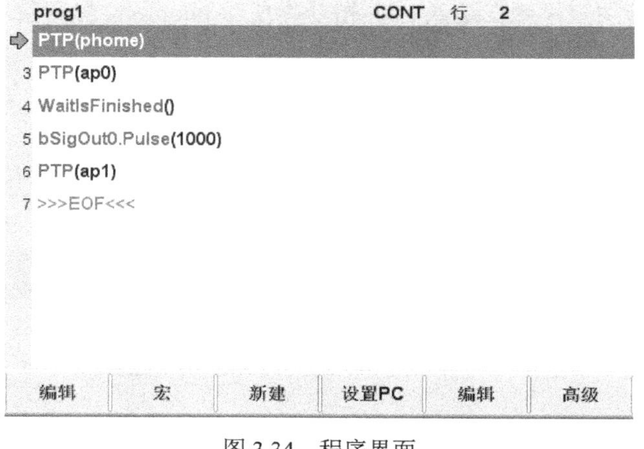

图 3.34　程序界面

2. 新建指令

如图 3.35 所示，将光标移动至需要添加指令的位置，单击底部的“新建”按钮，在打开的指令库中选择需要添加的指令。

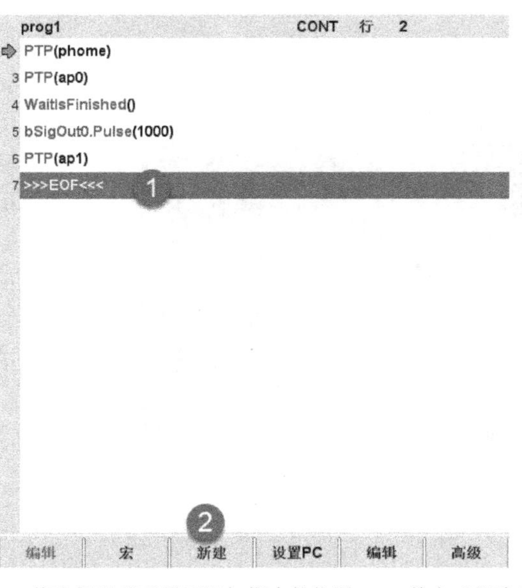

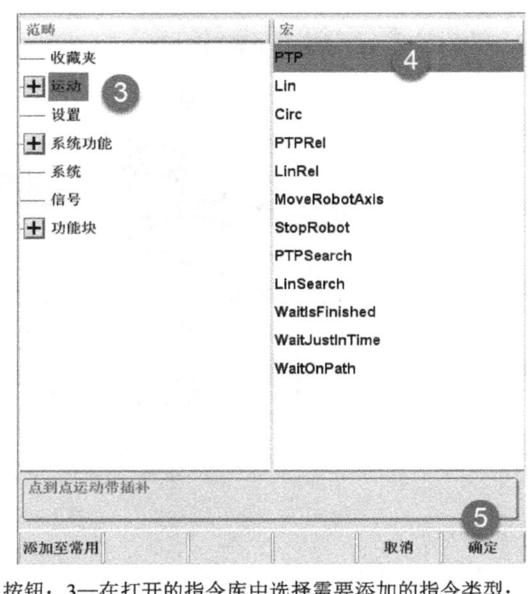

1—将光标移动至需要添加指令的位置；2—单击“新建”按钮；3—在打开的指令库中选择需要添加的指令类型；4—选择需要添加的指令；5—单击“确定”按钮添加完成

图 3.35　新建指令

3. 指令编辑和示教

如图 3.36 所示，光标所指的第一行是一条 PTP 运动指令，单击底部的第一个“编辑”按钮，在打开的指令编辑页面中编辑指令参数或示教位置。phome 是这条 PTP 运动指令使用到的位置变量，单击“+” 按钮展开该位置变量的参数，用户可直接输入 a1 至 a6 的参数，或者把机器人移动到期望到达的位置后单击底部的“示教”按钮，a1 至 a6 便会自动记录当前位置参数。若用户不想在这条 PTP 指令中使用 phome 位置变量，可单击底部的“变量”按钮新建一个位置变量。

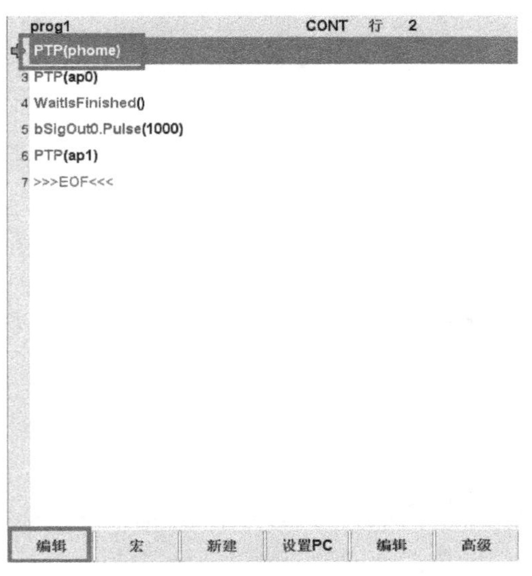

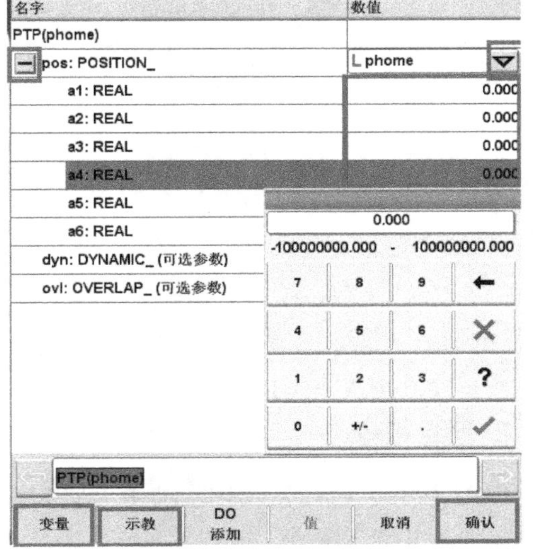

图 3.36　指令编辑和示教

4. SmartTeach 快速示教

具体内容见单元 5 中的 SmartTeach 快速示教。

（五）坐标显示操作

坐标显示菜单的基本操作内容介绍如下。

1. 位置

如图 3.37 所示，按下“Menu”按键→单击“坐标显示”→单击“位置”，进入位置界面。

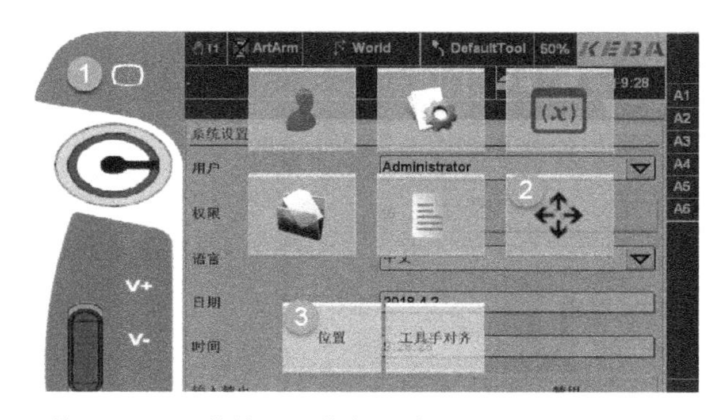

1—按下“Menu”按键；2—单击“坐标显示”；3—单击“位置”

图 3.37　位置菜单

1）坐标显示切换

如图 3.38、图 3.39、图 3.40、图 3.41 所示，单击底部的“电机数值”“关节坐标”“世界坐标”“crs0”　按钮，可切换坐标显示的模式。

电机数值

名称	数值	单位	状态
Axis1	0.000	度	关闭
Axis2	0.000	度	关闭
Axis3	0.000	度	关闭
Axis4	0.000	度	关闭
Axis5	0.000	度	关闭
Axis6	0.000	度	关闭

名称　S ArtArm
坐标系　S World
工具坐标　M DefaultTool
速度:　0.0 毫米/秒
模式:　34
点动速度:　50.0%

电机数值　关节坐标　世界坐标　点动速度　点动

图 3.38　显示电机数值

关节坐标

名称	数值	单位	状态
A1	0.000	度	仿真
A2	0.000	度	仿真
A3	0.000	度	仿真
A4	0.000	度	仿真
A5	0.000	度	仿真
A6	0.000	度	仿真

名称　S ArtArm
坐标系　S World
工具坐标　M DefaultTool
速度:　0.0 毫米/秒
模式:　34
点动速度:　50.0%

电机数值　关节坐标　世界坐标　点动速度　点动

图 3.39　显示关节坐标

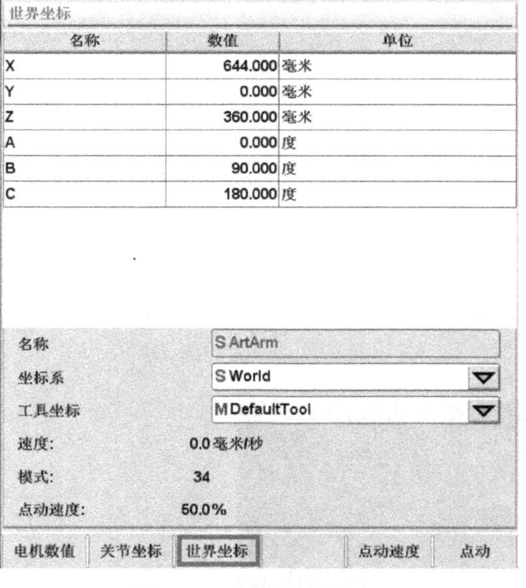

图 3.40　显示世界坐标

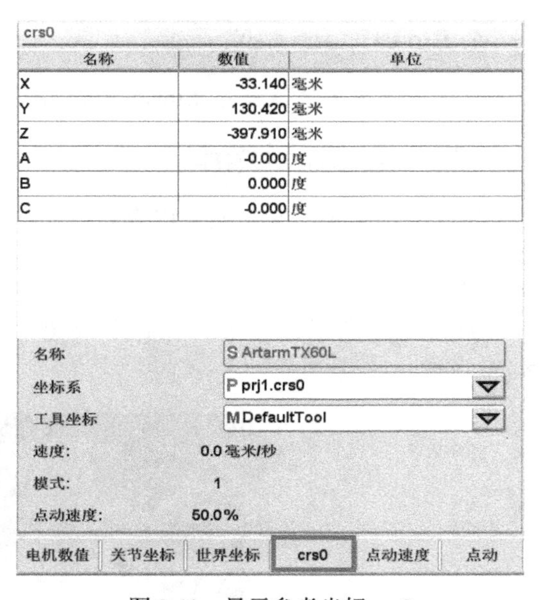

图 3.41　显示参考坐标 crs0

2）点动速度切换

如图 3.42 所示，单击底部的“点动速度”按钮可选择不同的点动速度，或者通过按住示教器背面的“V+”“V−”按键调节点动速度。当选择点动速度为“1.0Inc”或“0.1Inc”时，机器人点动到达的坐标值为 1.0 或 0.1 的整数倍，并且再点动一次坐标值会增加 1.0 或 0.1，可持续累加。例如，当前关节坐标值 A1 为 6.666°，以 1.0Inc 速度点动，则关节坐标值 A1 点动至 7.000°，如果继续点动一次，则 A1 的坐标值点动至 8.000°；以 0.1Inc 速度点动，则关节坐标值 A1 点动至 6.700°，如果继续点动一次，则 A1 的坐标值点动至 6.800°。

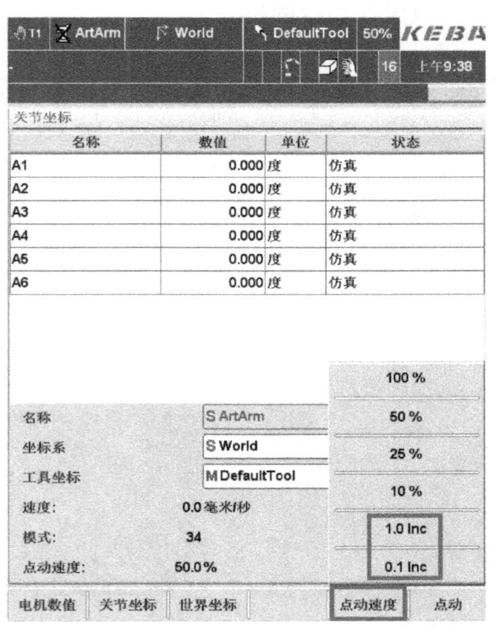

图 3.42　显示点动速度

3）点动模式切换

① 如图 3.43、图 3.44、图 3.45、图 3.46 所示，单击底部的“点动”按钮，可切换点动模式为“关节坐标”“世界坐标”“工具坐标”“参考坐标”；同时，右侧的区域也会显示对应的点动坐标。注意，点动坐标中的 $A—B—C$ 分别代表绕 $X—Y—Z$ 轴旋转，并非欧拉角 $Z—Y—Z$ 轴变换。

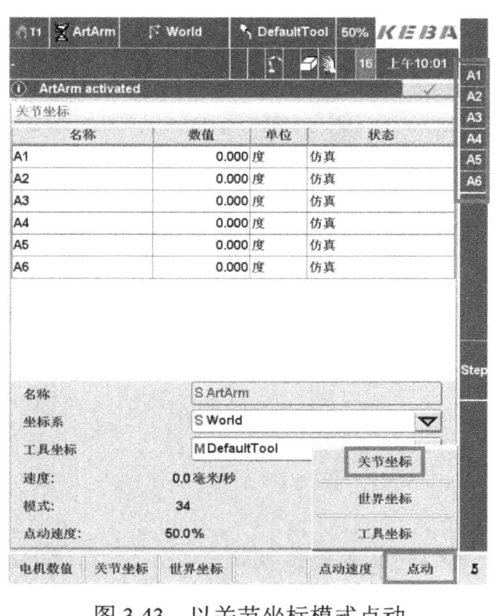

图 3.43　以关节坐标模式点动

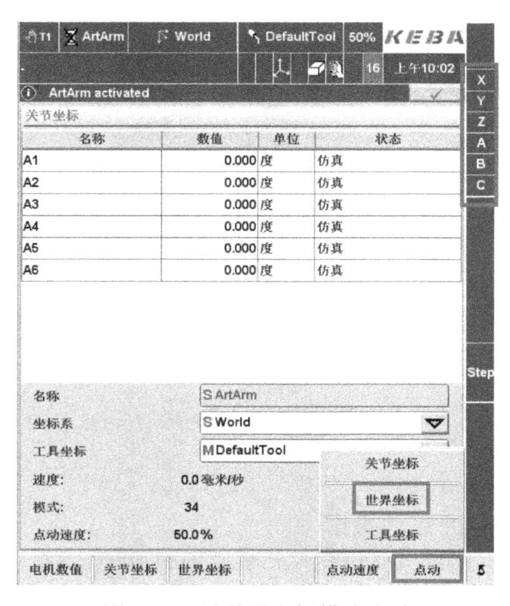

图 3.44　以世界坐标模式点动

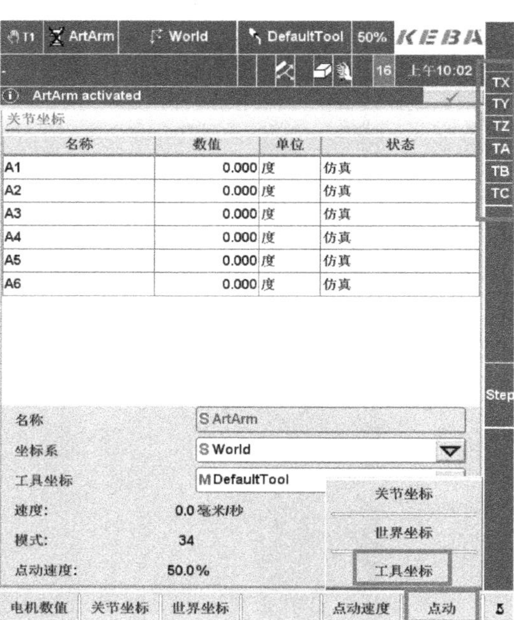

图 3.45　以工具坐标模式点动

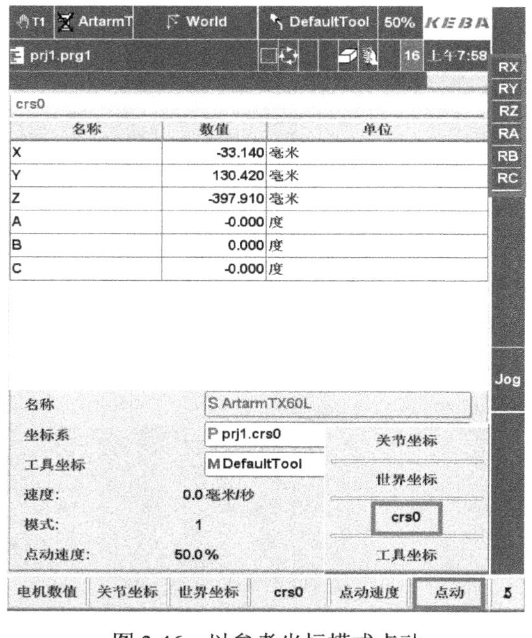

图 3.46　以参考坐标模式点动

② 如图 3.47 所示，还可以通过多功能选择按钮切换为“jog”多功能选项，然后按下★多功能按键来切换点动模式。

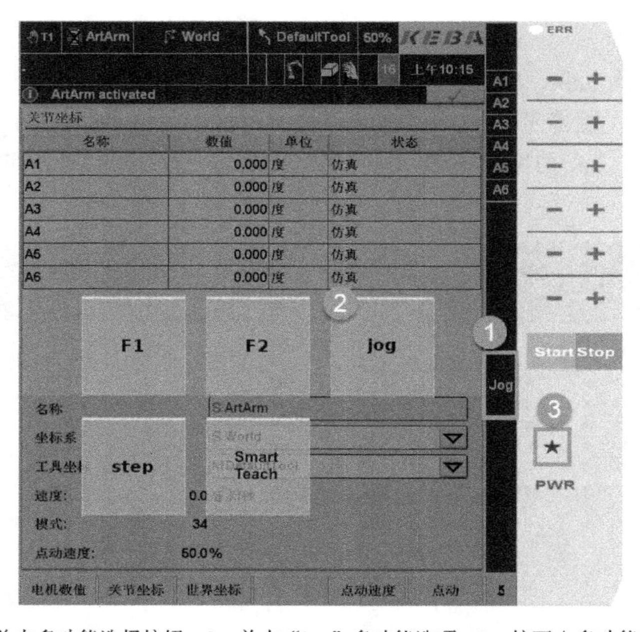

1—单击多功能选择按钮；2—单击“jog”多功能选项；3—按下★多功能按键

图 3.47　用多功能按键切换点动模式

4）点动操作

如图 3.48 所示，在手动操作模式下，选择好点动速度和点动模式后，按下使能键，确认机器人上电后，按动机器人示教器界面右侧的六组“+”“−”按键便可点动机器人。

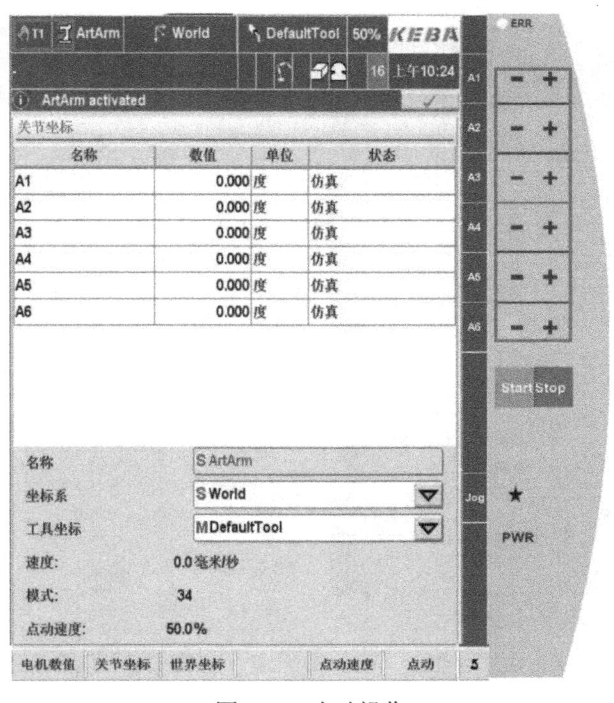

图 3.48　点动操作

2. 工具手对齐

如图 3.49 所示，按下“Menu”按键→单击“坐标显示”→单击“工具手对齐”，进入工具手对齐操作界面。

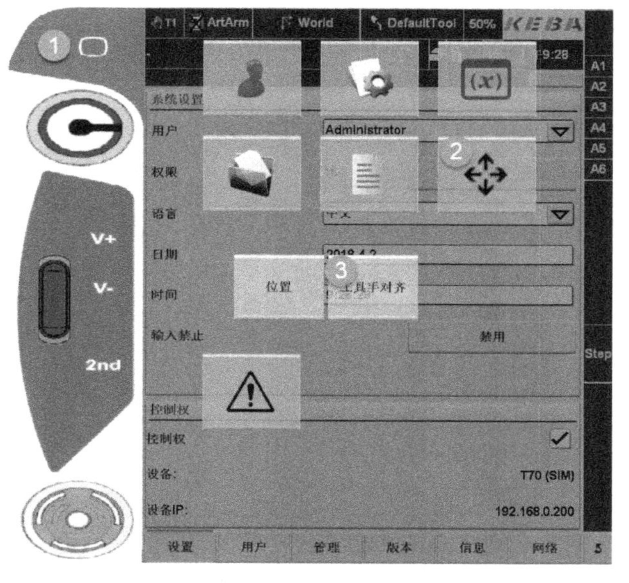

1—按下“Menu”按键；2—单击“坐标显示”；3—单击“工具手对齐”

图 3.49　工具手对齐菜单

如图 3.50 所示，在手动操作模式下，选择工具手对齐方式，按住使能键，单击底部的“启动”按钮，点动坐标显示区域显示“Go”，按住 Go 旁的“+”按键使工具手对齐，按住 Go 旁的“−”按键使机器人回到初始位置。

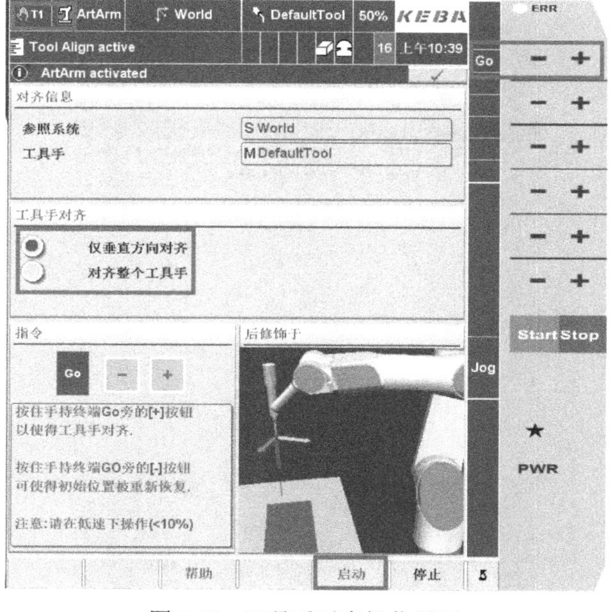

图 3.50　工具手对齐操作界面

（六）信息报告管理操作

信息报告管理菜单的基本操作内容介绍如下。

1. 报警

如图 3.51 所示，按下“Menu”菜单按键→单击“信息报告管理”→单击“报警”，进入报警界面。

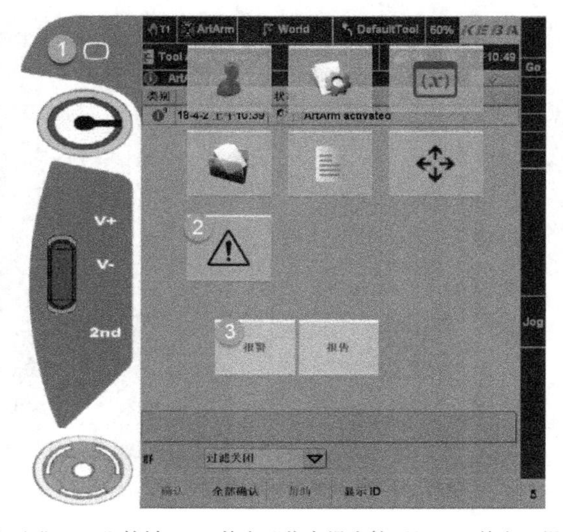

1—按下“Menu”按键；2—单击“信息报告管理”；3—单击“报警”

图 3.51　报警菜单

如图 3.52 所示，单击想要查看的报警信息即可查看详细描述，单击底部的“确认”按钮或者信息栏右边的“√”按钮可逐条确认报警信息，单击底部的“全部确认”按钮可全部确认报警信息。

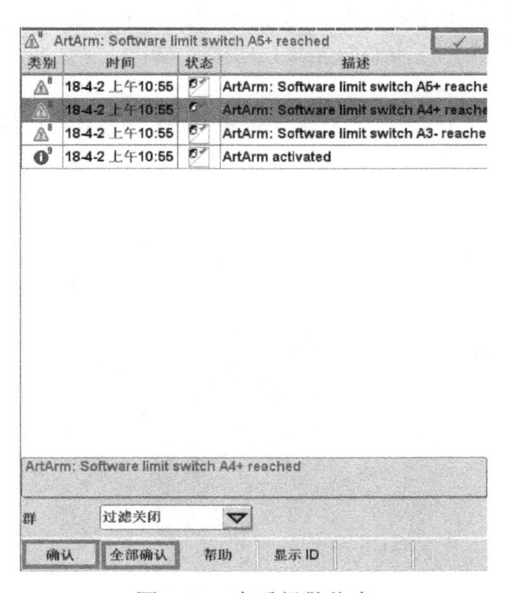

图 3.52　查看报警信息

2. 报告

如图 3.53 所示，按下“Menu”按键→单击“信息报告管理”→单击“报告”，进入报告界面。

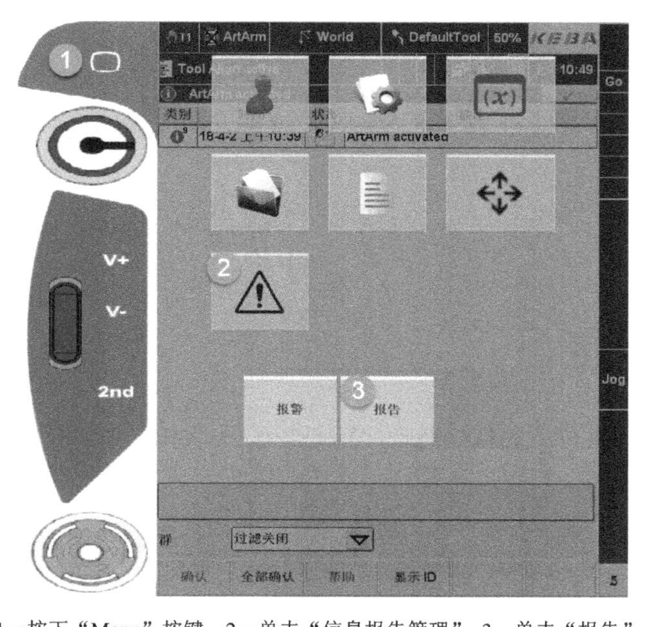

1—按下“Menu”按键；2—单击“信息报告管理”；3—单击“报告”

图 3.53　报告菜单

如图 3.54 所示，报告界面显示当前机器人系统的运行历史状态报告。

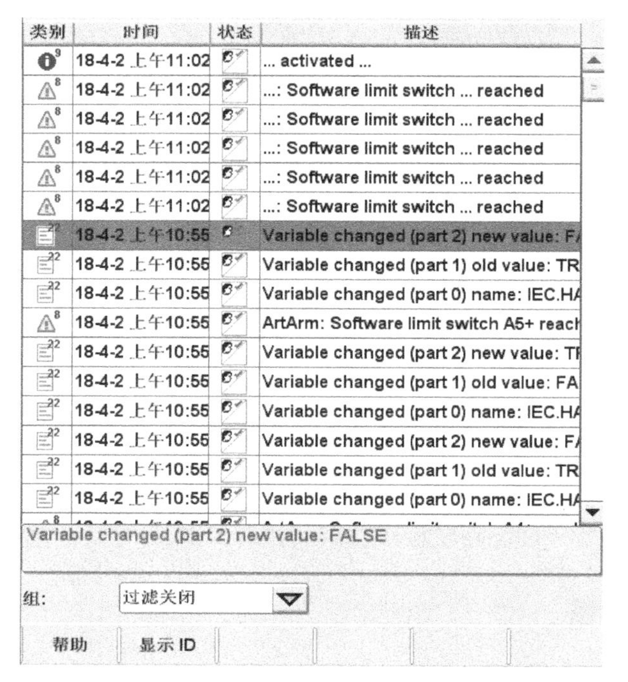

图 3.54　报告界面

单元 4

直线及相关运动编程

一、任务描述

本单元主要介绍机器人的直线运动编程。在了解基本的运动指令和系统功能指令后，使用示教器进行直线运动编程，在仿真环境中查看程序运行效果，如图 4.1 所示。

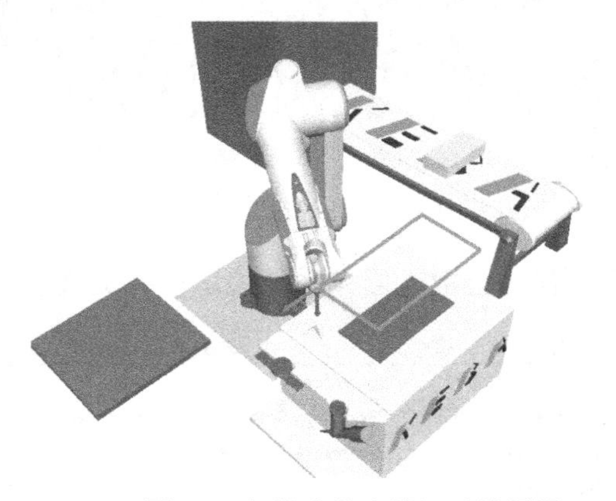

图 4.1　机器人的直线运动效果图

二、学习目标

知识目标：

了解运动指令组。

技能目标：

1. 掌握机器人 3D 模型的创建和工程下载；
2. 掌握系统仿真的连接及仿真运行；
3. 掌握直线运动程序的编写及程序调试运行。

三、知识储备

运动指令决定机器人的运动方式，运动指令有：

- PTP　点到点的运动指令；
- Lin　直线运动指令；
- Circ　圆弧运动指令；
- PTPRel　相对点到点运动指令；
- LinRel　相对直线运动指令；
- MoveRobotAxis　机器人轴运动指令；
- StopRobot　停止机器人运动指令；
- PTPSearch　点到点插补搜索运动指令；
- LinSearch　线性插值搜索运动指令；
- WaitIsFinished　同步指令；
- WaitJustInTime　同步指令；
- WaitOnPath　暂停机器人指令。

1. PTP

该指令表示机器人 TCP 将进行点到点的运动（Point To Point），执行这条指令时所有的轴会同时插补运动到目标点。在程序中新建指令 PTP，确认后弹出如图 4.2 所示窗口。

PTP(ap0)	
+ pos: POSITION_	└ ap0
dyn: DYNAMIC_ (OPT)	no Value
ovl: OVERLAP_ (OPT)	no Value

图 4.2　PTP 指令参数窗口

PTP 指令共有三个参数可配置，分别是 pos、dyn、ovl（在整个 PTP 指令中，dyn 和 ovl 参数是可选的，根据实际工艺进行选择）。

1）pos 参数

pos 表示关节点的位置的参数，即执行 PTP 指令之后，TCP 会运动到 ap0 点，其内部参数如图 4.3 所示。a1～a6 表示轴的位置，6 轴机器人有 6 个轴的位置，如果只有 3 个轴的话，只显示到 a3，其他的以此类推。后面的值表示轴相对于零点的位置，如果是旋转轴的话，单位是度，如果是直线轴的话，单位是 mm。

Name	Value
PTP(ap0,d0,or0)	
− pos: POSITION_	└ ap0
a1: REAL	0.00
a2: REAL	0.00
a3: REAL	90.00
a4: REAL	0.00
a5: REAL	90.00
a6: REAL	0.00
+ dyn: DYNAMIC_ (OPT)	└ d0
+ ovl: OVERLAP_ (OPT)	└ or0

图 4.3　pos 参数设置

2）dyn 参数

dyn 表示执行这条指令过程中机器人的动态参数，其中又包括 12 个参数，具体如图 4.4 所示。

Name	Value
dyn: DYNAMIC_ (OPT)	d0
velAxis: PERCENT	93
accAxis: PERCENT	94
decAxis: PERCENT	94
jerkAxis: PERCENT	94
vel: REAL	1,500.00
acc: REAL	6,000.00
dec: REAL	6,000.00
jerk: REAL	1,000,000.00
velOri: REAL	90.00
accOri: REAL	180.00
decOri: REAL	180.00
jerkOri: REAL	1,000,000.00

PTP(ap0, d0, or0)

图 4.4　dyn 参数设置

（1）其中，velAxis、accAxis、decAxis、jerkAxis 分别表示在自动运行模式下运动时的轴速度、轴加速度和轴减速度、轴的加加速度，其值是一个相对于最大值的百分比，值的范围是 0%～100%。系统的默认值如图 4.4 所示，在 PLC 配置中可以设置，但是有时候默认值和 PLC 配置值会有略微偏差，具体如图 4.5 所示。

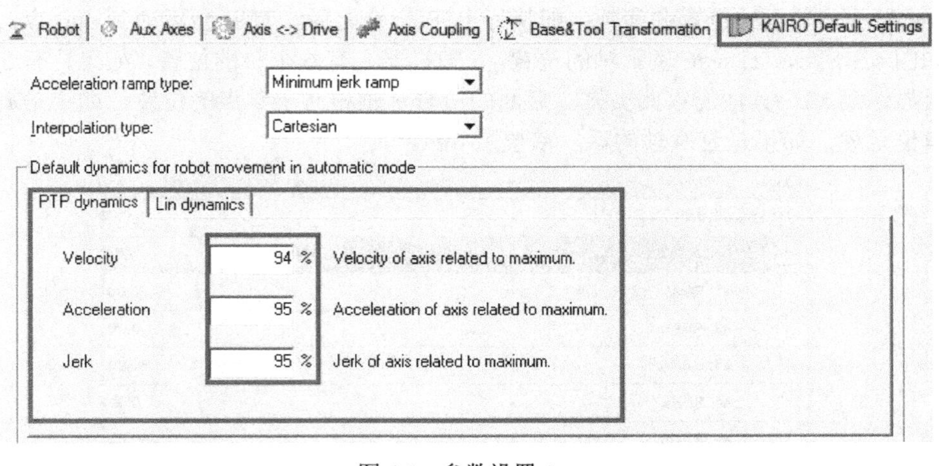

图 4.5　参数设置 1

（2）另外 4 个参数 vel、acc、dec、jerk 分别表示在自动运行模式下运动时 TCP 的速度、加速度、减速度和加加速度，在 PLC 配置时可以设置，具体如图 4.6 所示。

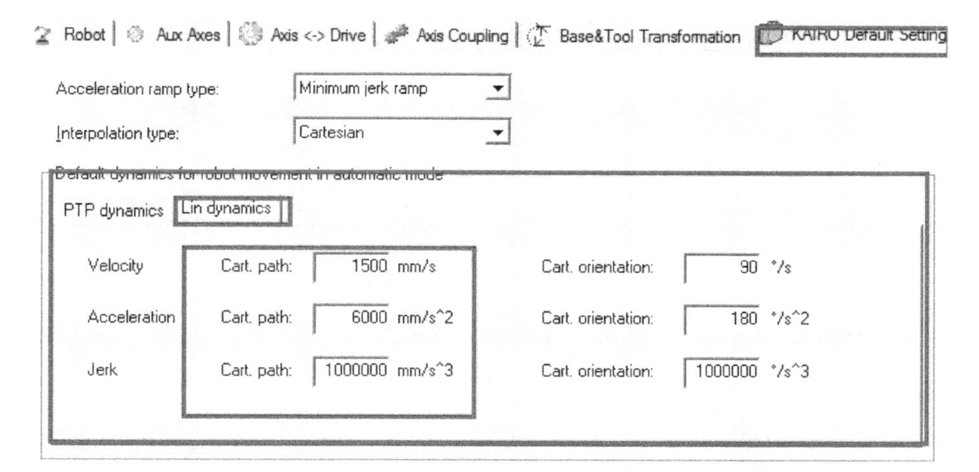

图 4.6　参数设置 2

（3）4 个参数 velOri、accOri、decOri、jerkOri 分别表示在自动运行模式下运动时 TCP 姿态变化的速度、加速度、减速度和加加速度，在 PLC 配置时可以设置，具体如图 4.7 所示。

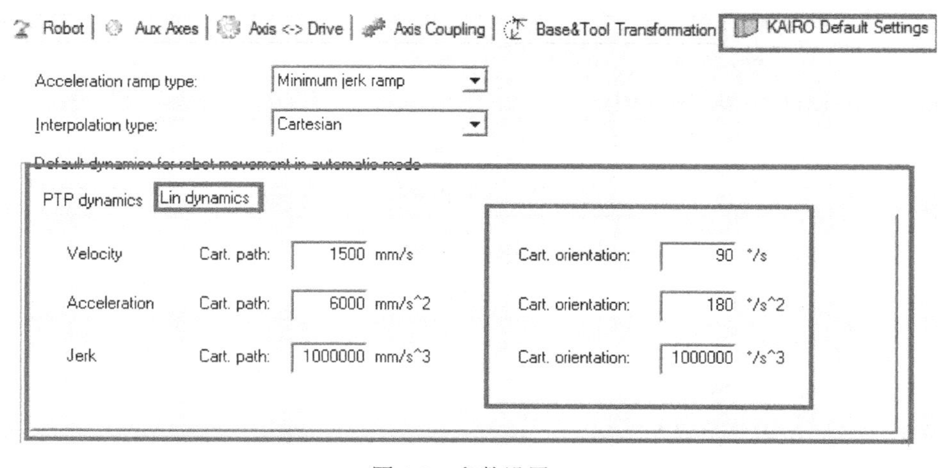

图 4.7　参数设置 3

3）ovl 参数

ovl 参数设置的方法详见单元 5。

4）PTP 指令中配置不同参数

（1）PTP 指令中只配置了 pos 参数，没有配置 dyn 和 ovl 参数，如图 4.8 所示。

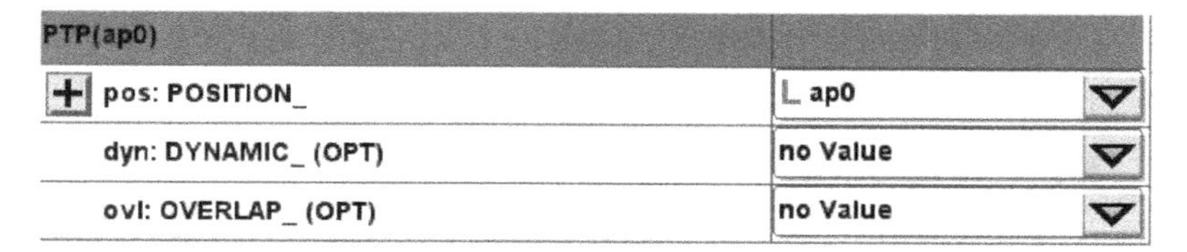

图 4.8　PTP 指令配置 1

（2）PTP 指令中只配置了 pos 和 dyn 参数，没有配置 ovl 参数，如图 4.9 所示。

PTP(ap0,d0)	
pos: POSITION_	ap0
dyn: DYNAMIC_ (OPT)	d0
ovl: OVERLAP_ (OPT)	no Value

图 4.9　PTP 指令配置 2

（3）PTP 指令中只配置了 pos 和 ovl 参数，没有配置 dyn 参数，如图 4.10 所示。

PTP(ap0,,or0)	
pos: POSITION_	ap0
dyn: DYNAMIC_ (OPT)	no Value
ovl: OVERLAP_ (OPT)	or0

图 4.10　PTP 指令配置 3

（4）PTP 指令中配置了 pos、ovl 和 dyn 参数，如图 4.11 所示。

PTP(ap0,d0,or0)	
pos: POSITION_	ap0
dyn: DYNAMIC_ (OPT)	d0
ovl: OVERLAP_ (OPT)	or0

图 4.11　PTP 指令配置 4

综上所述，四种情况配置出的指令如图 4.12 所示。

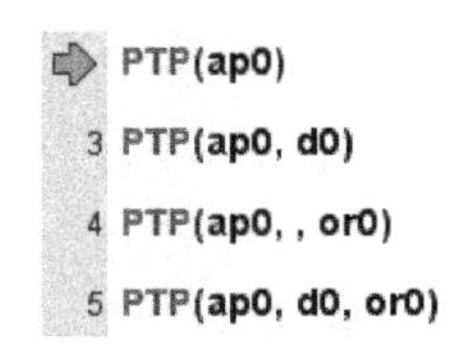

图 4.12　PTP 指令的四种配置

2. Lin

Lin 指令为一种线性的运动命令，通过该指令可以使机器人 TCP 以设定的速度直线移动到目标位置，指令参数设置如图 4.13 所示。假如直线运动的起点与目标点的 TCP 姿态不同，那么 TCP 从起点位置直线运动到目标位置的同时，TCP 姿态会通过姿态连续插补的方式从起点姿态过渡到目标点姿态。

Lin(cp0)	
pos: POSITION_	cp0
dyn: DYNAMIC_ (OPT)	no Value
ovl: OVERLAP_ (OPT)	no Value

图 4.13　Lin 指令参数设置

1）pos 参数

Lin 指令中的 pos 参数是 TCP 在空间坐标系中的位置，即执行 Lin 指令之后，TCP 会运动到 cp0 点，其内部参数如图 4.14 所示（x、y、z 分别表示 TCP 在参考坐标系三个轴上的位置，a、b、c 表示 TCP 姿态，mode 表示机器人运行工程中的插补模式，在指令执行过程中，轨迹姿态插补过程中插补模式不能更改）。

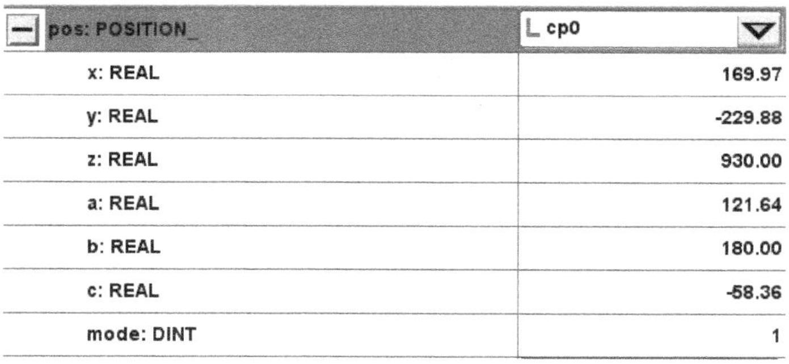

pos: POSITION_	cp0
x: REAL	169.97
y: REAL	-229.88
z: REAL	930.00
a: REAL	121.64
b: REAL	180.00
c: REAL	-58.36
mode: DINT	1

图 4.14　pos 参数

2）dyn 参数

dyn 参数与 PTP 指令中的 dyn 参数一致。

3）ovl 参数

ovl 参数与 PTP 指令中的 ovl 参数一致。

4）Lin 指令中配置不同参数

（1）Lin 指令中只配置了 pos 参数，没有配置 dyn 和 ovl 参数，如图 4.15 所示。

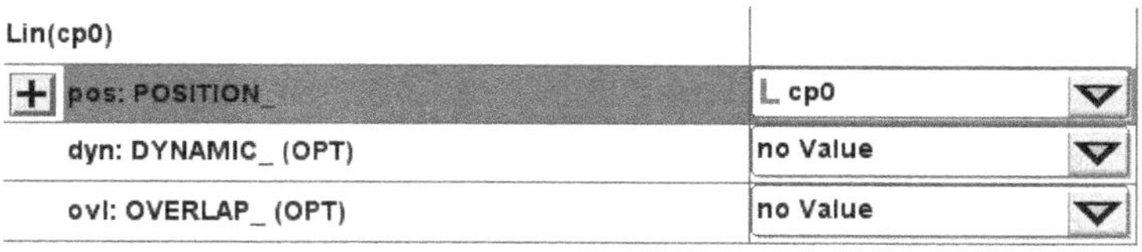

Lin(cp0)	
pos: POSITION_	cp0
dyn: DYNAMIC_ (OPT)	no Value
ovl: OVERLAP_ (OPT)	no Value

图 4.15　Lin 指令配置 1

（2）Lin 指令中只配置了 pos 和 dyn 参数，没有配置 ovl 参数，如图 4.16 所示。

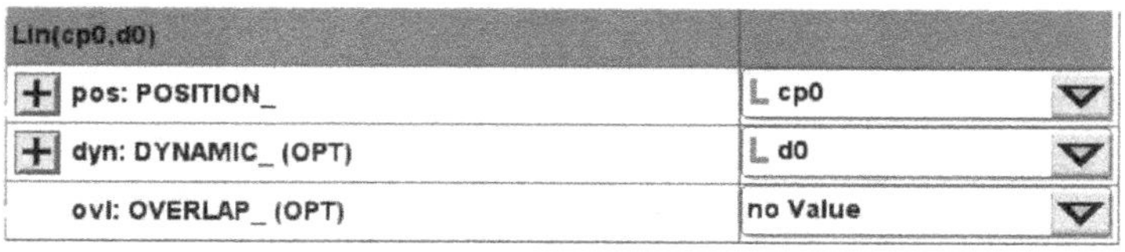

Lin(cp0,d0)	
pos: POSITION_	cp0
dyn: DYNAMIC_ (OPT)	d0
ovl: OVERLAP_ (OPT)	no Value

图 4.16　Lin 指令配置 2

（3）Lin 指令中只配置了 pos 和 ovl 参数，没有配置 dyn 参数，如图 4.17 所示。

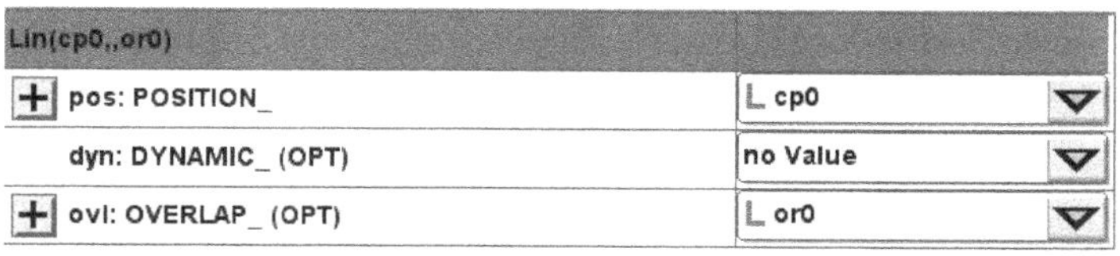

Lin(cp0,,or0)	
pos: POSITION_	cp0
dyn: DYNAMIC_ (OPT)	no Value
ovl: OVERLAP_ (OPT)	or0

图 4.17　Lin 指令配置 3

（4）Lin 指令中配置了 pos、ovl 和 dyn 参数，如图 4.18 所示。

Lin(cp0,d0,or0)	
+ pos: POSITION_	L cp0
+ dyn: DYNAMIC_ (OPT)	L d0
+ ovl: OVERLAP_ (OPT)	L or0

图 4.18　Lin 指令配置 4

综上所述，四种情况配置出的指令如图 4.19 所示。

```
7 Lin(cp0)
8 Lin(cp0, d0)
9 Lin(cp0, , or0)
10 Lin(cp0, d0, or0)
```

图 4.19　Lin 指令的四种配置

3. PTPRel

该指令为 PTP 插补相对偏移指令，该指令的相对偏移可以是位移也可以是角度。该指令总是以当前机器人位置或者上一步运动指令的目标位置为起点位置，然后机器人相对移动位移偏移或者角度偏移。PTPRel 指令中还可以设置 dyn 和 ovl 参数，如图 4.20 所示。

PTPRel(ad0)	
− dist: DISTANCE_	L ad0
da1: REAL	30.00
da2: REAL	0.00
da3: REAL	0.00
da4: REAL	0.00
da5: REAL	0.00
da6: REAL	0.00
dyn: DYNAMIC_ (OPT)	no Value
ovl: OVERLAP_ (OPT)	no Value

图 4.20　PTPRel 参数设置

例如，生成指令 PTP（ap0）和 PTPRel（ad0），机器人首先执行 PTP（ap0）指令，然后执行 PTPRel（ad0）指令。当执行 PTPRel 指令时则相对于 PTP 指令的目标点 ap0 做偏移运动，假如在 PTPRel 中设置了 da1:real 的值为 30，那么 PTPRel 指令运行时相对于 ap0 点向 A1 的正方向转动了 30°，其他轴无转动。

参数 dist 中的 da1、da2、da3、da4、da5、da6 表示各个轴相对的偏移量，如果是旋转轴，单位是度，如果是直线轴的话，单位是 mm。该例使用的是六轴关节机器人，所以这里有六个参数，单位都是度。如果是三轴的直线坐标系，则只有三个参数，单位是 mm，其他的以此类推。另外两个参数，动态参数与动态逼近参数与 PTP 指令中的一样。

4. LinRel

该指令为线性插补相对运动指令，该指令的相对偏移是位移或是机器人的姿态。该指令总是以当前机器人位置或者上一步运动指令的目标位置为起点位置，然后机器人相对移动位移偏移或者姿态偏移。LinRel 指令中还可以设置 Dyn 和 Ovl 参数，与 PTPRel 指令类似，其设置如图 4.21 所示。

LinRel(cd0)	
dist: DISTANCE_	cd0
dx: REAL	0.00
dy: REAL	0.00
dz: REAL	0.00
da: REAL	0.00
db: REAL	0.00
dc: REAL	0.00
dyn: DYNAMIC_ (OPT)	no Value
ovl: OVERLAP_ (OPT)	no Value

图 4.21　LinRel 参数设置

参数 dist 中的 dx、dy、dz 表示在空间坐标系下在 x、y、z 三个方向上的相对偏移，单位是 mm；da、db、dc 表示机器人的姿态相对偏移，单位是度；另外两个参数，动态参数与动态逼近参数与 PTP 指令中的一样。

5. StopRobot

该指令是用来停止机器人运动并且丢弃已计算好的插补路径。

StopRobot 指令停止的是机器人运动，而不是程序，因此机器人执行该指令后将以机器人停止的位置作为运动起点位置，然后重新计算插补路径以及执行后续的运动指令。

6. MoveRobotAxis

该指令是机器人轴运动指令，运行该指令时只有给定的轴进行移动，其他机器人轴保持原位，指令参数设置如图 4.22 所示。

MoveRobotAxis(A1,0.0)	
axis: ROBOTAXIS	A1
pos: REAL	0.000
dyn: DYNAMIC_ (可选参数)	无数值
ovl: OVERLAP_ (可选参数)	无数值

图 4.22　MoveRobotAxis 参数设置

7. PTPSearch

该指令为点到点插补搜索运动指令。通过指令一旦设置了触发信号，就可以停止移动并存储触发位置。指令参数设置如图 4.23 所示。

PTPSearch(cp1)	
targetPos: POSITION_ (新建)	cp1
x: REAL	0.000
y: REAL	0.000
z: REAL	0.000
a: REAL	0.000
b: REAL	0.000
c: REAL	0.000
mode: DINT	-1
triggerSignal: ANY	
dyn: DYNAMIC (可选参数)	无数值
trigger: EDGETYPE (可选参数)	无数值
triggeredPos: POSITION_ (可选参数)	无数值
stopRobot: BOOL (可选参数)	无数值
stopMode: STOPMODE (可选参数)	无数值

图 4.23　PTPSearch 参数设置

如果接收到数字信号，PTPSearch 指令反馈信号为真。PTPSearch 指令的参数说明见表 4.1。

表 4.1　PTPSearch 指令的参数说明

参数	说明
targetPos	搜索移动的目标位置。如果触发信号没有收到，直到到达这个位置，指令返回 false
triggerSignal	等待数字信号。如果信号设置在开始处，则设置错误
dyn	动态参数
trigger	等待触发信号的上升沿或下降沿（默认值：RISINGEDGE）
triggeredPos	机器人在触发信号时的位置
stopRobot	接收到触发信号后机器人停止（默认值：TRUE）
stopMode	机器人停止移动的方法（默认值：CONTINUETRACKING）

8. LinSearch

该指令为线性插值搜索运动指令。该指令一旦设置了触发信号，且接收到触发信号后，机器人将会停止移动并存储触发信号时的位置，指令参数设置如图 4.24 所示。

9. WaitIsFinished

该指令用于同步机器人的运动以及程序执行。因为在程序当中，有的是多线程多任务，有的是标志位高，无法控制一些指令运行的先后进程。使用该指令可以控制进程的先后顺序，使一些进程在指定等待参数之前被中断，直到该参数被激活后进程再持续执行。

LinSearch(cp1)	
targetPos: POSITION_ (新建)	cp1
x: REAL	0.000
y: REAL	0.000
z: REAL	0.000
a: REAL	0.000
b: REAL	0.000
c: REAL	0.000
mode: DINT	-1
triggerSignal: ANY	
dyn: DYNAMIC (可选参数)	无数值
trigger: EDGETYPE (可选参数)	无数值
triggeredPos: POSITION_ (可选参数)	无数值
stopRobot: BOOL (可选参数)	无数值
stopMode: STOPMODE (可选参数)	无数值

图 4.24　LinSearch 参数设置

10. WaitJustInTime

该指令类似于同步指令，但是执行该指令时不会影响到机器人的动态参数。

11. WaitOnPath

运行该指令会暂停机器人一段时间，但程序执行没有延迟。

举例：

```
Lin(pos1) // 机器人直线运动到 pos1 的位置
WaitOnPath(100) //等待 100ms 而不延迟程序执行
Lin(pos2) //机器人直线运动到 pos2 的位置
i := i + 1 // i 的变量值加 1
// pos1 or it is waiting on the path (机器人可能在 pos1 的位置等待)
```

四、任务实施

（一）工程下载到控制器

将配置好紧急停止按键和使能键 I/O 的示例工程下载到控制器，详细操作步骤请参照单元 2 中的工程下载操作，此处略。

（二）连接系统仿真

创建系统仿真环境的操作步骤见表 4.2。

表 4.2　创建系统仿真环境的操作步骤

序号	操作说明	效果图
1	双击并打开“KeStudio Scope”软件	templates Documentation KBusCalculator KeMotion TeachView T55R TeachVie... KeMotion TeachView T70Q TeachVie... KeMotion TeachView T70R TeachVie... KeStudio CppEdit 2.2c KeStudio LX - KeMotion 03.10b KeStudio Scope KeStudio UosDiagnostics KeStudio ViewEdit 3.12a ReleaseNotes
2	在“Target”菜单中单击“Connect to Target”，与控制器建立通信连接	KeStudio Scope - New1.scpx [disconnected] File Edit View Target Window Help Connect to Target... Ctrl+K Disconnect from Target... Ctrl+I
3	在“Hostname”文本框中输入控制器 ETHERNET0 口的 IP 地址“192.168.101.100”，其他选项默认，单击“OK”按钮，进行控制器的连接	Connect to target Hostname: 192.168.101.100 Port number: 1222 Connection: SWO use available configuration OK Cancel
4	在“View”菜单中单击“New 3D-View”，添加 3D 模型	KeStudio Scope - New1.scpx [connected to 192.168.101.100:1222] File Edit View Target Window Help Toolbars and Docking Windows New Variable Monitor Ctrl+Shift+V New YT Chart Ctrl+Shift+Y New XY Chart Ctrl+Shift+X New Logic Chart Ctrl+Shift+L New Calculations Chart Ctrl+Shift+F New Math Signals Chart Ctrl+Shift+M New Event Monitor Ctrl+Shift+E New 3D-View Ctrl+Shift+D 3D-View Settings...
5	选择 3D 模型的存储路径，单击“打开”按钮。路径为：V3_DemoPro310b_ArtarmTX60L_ForBigBox\scopeFiles	打开 « V3_DemoPro31... › scopeFiles › 搜索 scopeFiles 组织 ▾ 新建文件夹 名称 _Common ArtarmTX60L movie WorkingArea ArtarmTX60L.wrl 文件名(N): ArtarmTX60L.wrl VRML files (*.wrl) 打开(O) 取消

（续表）

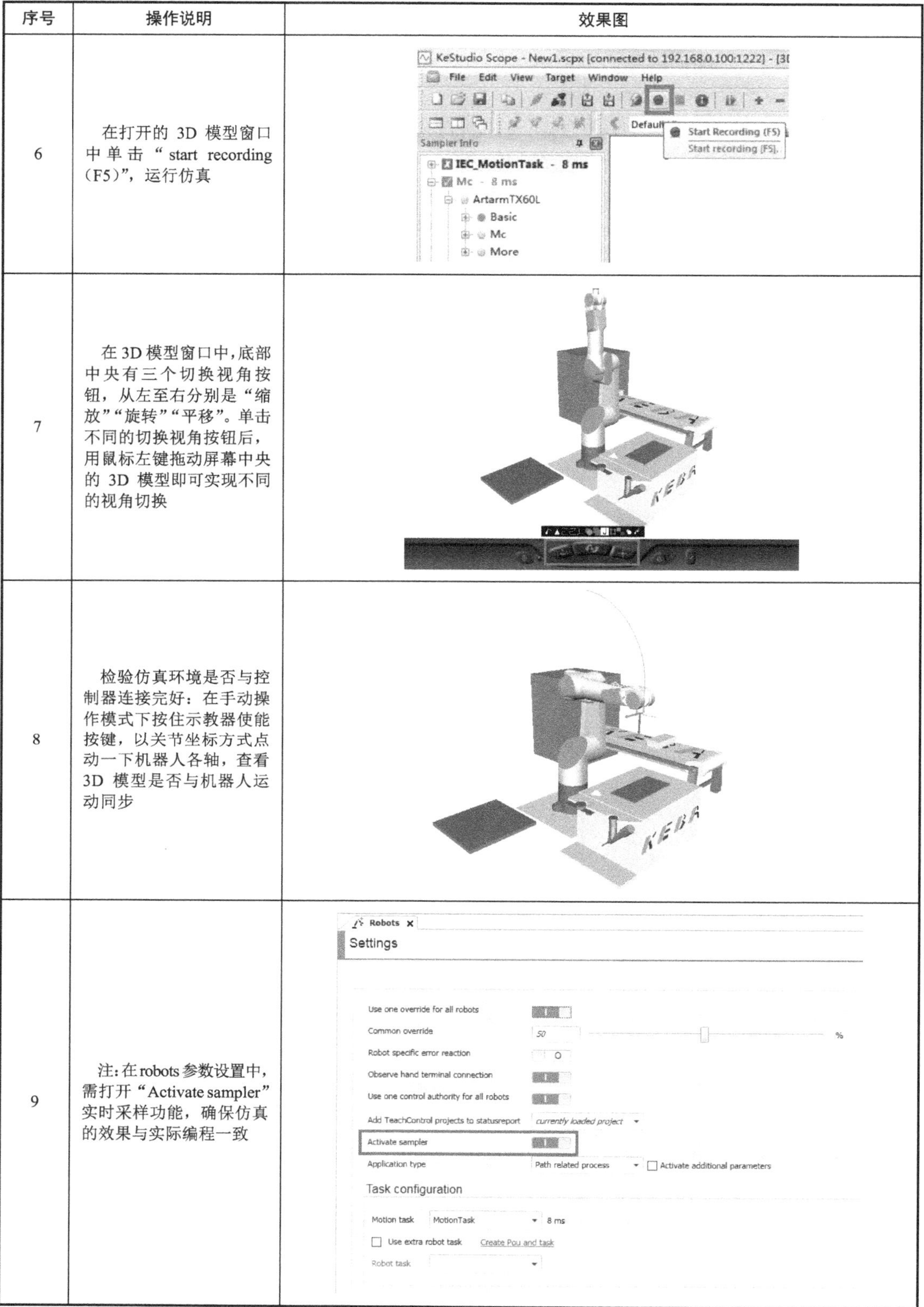

序号	操作说明	效果图
6	在打开的 3D 模型窗口中单击“start recording（F5）”，运行仿真	
7	在 3D 模型窗口中，底部中央有三个切换视角按钮，从左至右分别是“缩放”“旋转”“平移”。单击不同的切换视角按钮后，用鼠标左键拖动屏幕中央的 3D 模型即可实现不同的视角切换	
8	检验仿真环境是否与控制器连接完好：在手动操作模式下按住示教器使能按键，以关节坐标方式点动一下机器人各轴，查看 3D 模型是否与机器人运动同步	
9	注：在 robots 参数设置中，需打开“Activate sampler”实时采样功能，确保仿真的效果与实际编程一致	

（三）直线运动编程

1. 创建程序文件

创建程序文件的操作见表 4.3。

表 4.3　创建程序文件的操作

序号	操作说明	效果图
1	①按下“Menu”按键；②单击“项目管理”；③单击“项目”	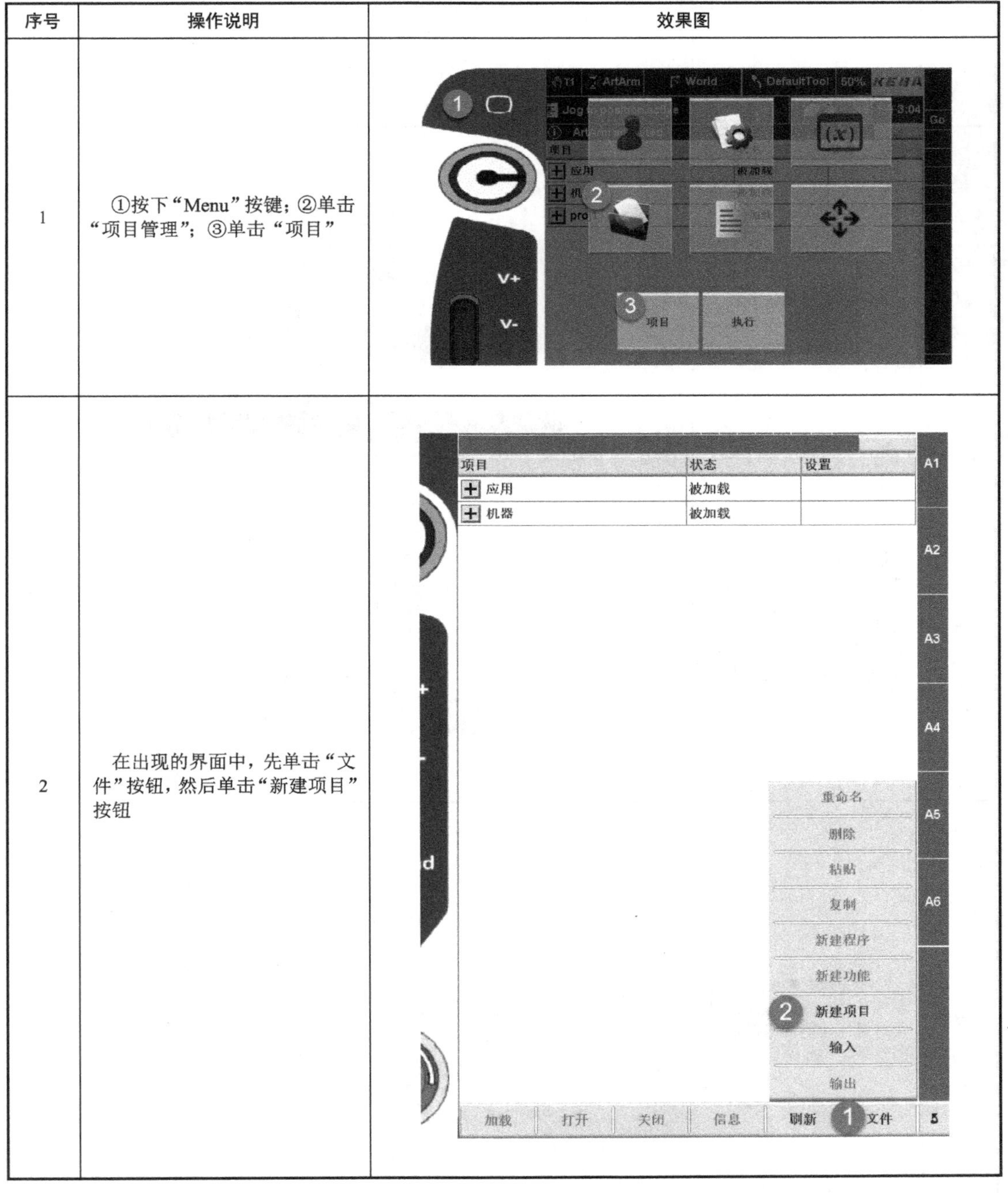
2	在出现的界面中，先单击“文件”按钮，然后单击“新建项目”按钮	

（续表）

序号	操作说明	效果图
3	在出现的对话框中，单击“项目名称”右边的文本框，则会出现一个虚拟键盘，可以通过虚拟键盘来命名项目名称和程序名称，并单击“√”按钮完成命名 注：①虚拟键盘上的向上箭头↑，表示切换字母大小写；②虚拟键盘上的向下箭头↓，表示切换键盘中第一行的数字为符号	
4	命名完成后，新建的项目（Linear_Motio）和程序（linear）会出现界面中，选中程序名称“linear”，单击“加载”按钮	
5	加载程序 linear，在程序编辑界面添加程序指令，添加指令的介绍详见单元 3	

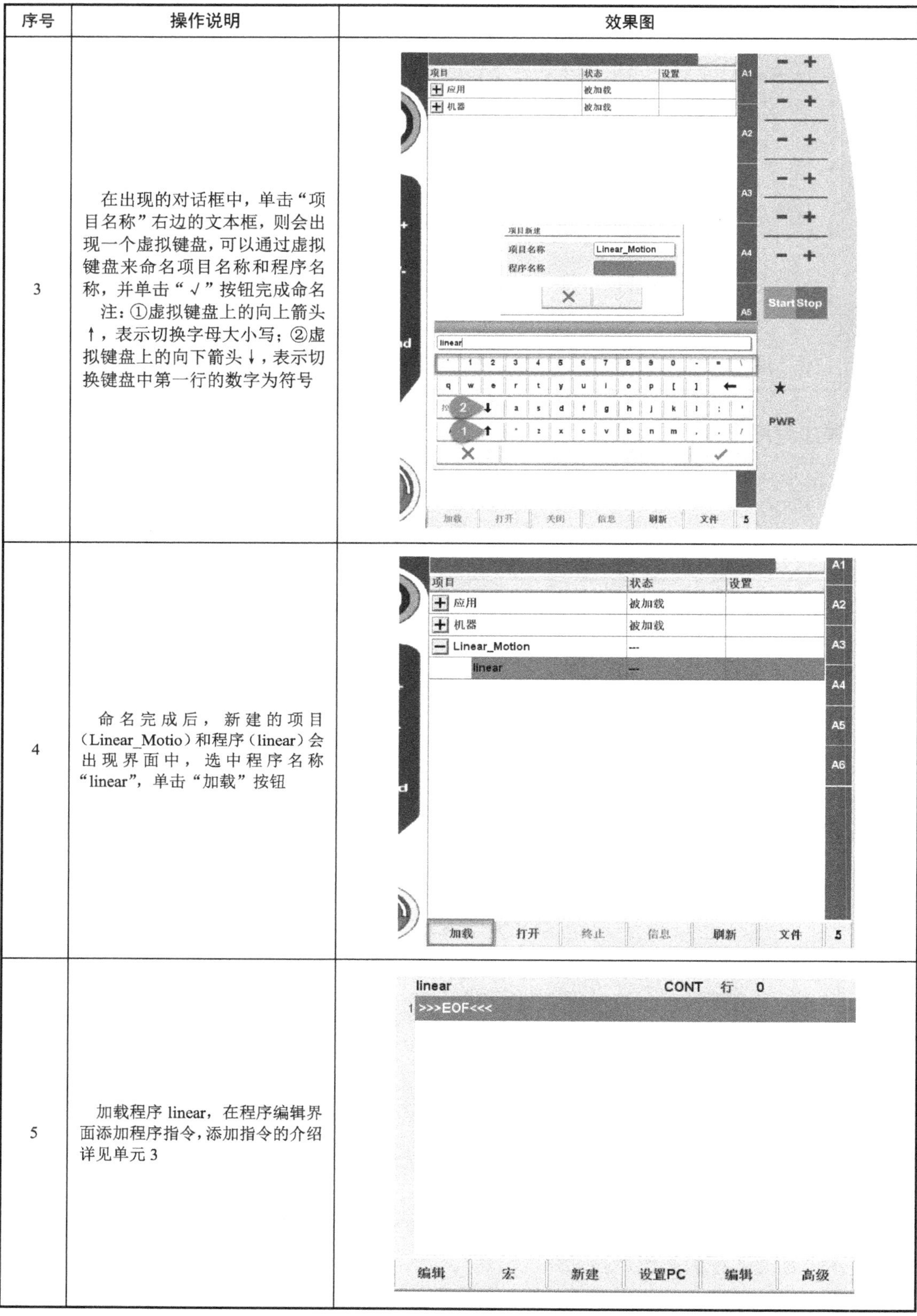

（续表）

序号	操作说明	效果图
6	编写好的 linear 程序	linear STEP 行 2 (3) PTP(phome) 3 PTPRel(ad0) 4 Lin(cp0) 5 LinRel(cd0) 6 Lin(cp1) 7 LinRel(cd1) 8 Lin(cp0) 9 >>>EOF<<< 编辑 Lin 新建 设置PC 编辑 高级

2. 添加程序指令

程序指令及说明见表 4.4。

表 4.4　程序指令及说明

序号	程序指令	说明/效果图
2	PTP(phome)	机器人回到 phome 点
3	PTPRel(ad0)	机器人通过 PTPRel 指令运行 ad0 点的相对偏移
4	Lin(cp0)	机器人走直线到达 cp0 点
5	LinRel(cd0)	机器人通过 LinRel 指令运行 cd0 点的相对偏移
6	Lin(cp1)	机器人走直线到达 cp1 点
7	LinRel(cd1)	机器人通过 LinRel 指令运行 cd1 点的相对偏移
8	Lin(cp0)	机器人走直线回到 cp0 点

3. 示教点坐标

示教点及对应坐标见表 4.5。

表 4.5　示教点及对应坐标

序号	示教点	坐标
1	phome	(a3:=90, a5:=90)
2	ad0	(da1:=-30, da6:=-30)
3	cp0	(x:=400, y:=-200, z:=500, a:=-180, b:=180, mode:=1)
4	cd0	(dy:=400)
5	cp1	(x:=600, y:=200, z:=500, a:=180, b:=180, mode:=1)
6	cd1	(dy:=-400)

4. 程序调试及运行

程序调试及运行的操作步骤见表 4.6。

表 4.6　程序调试及运行的操作步骤

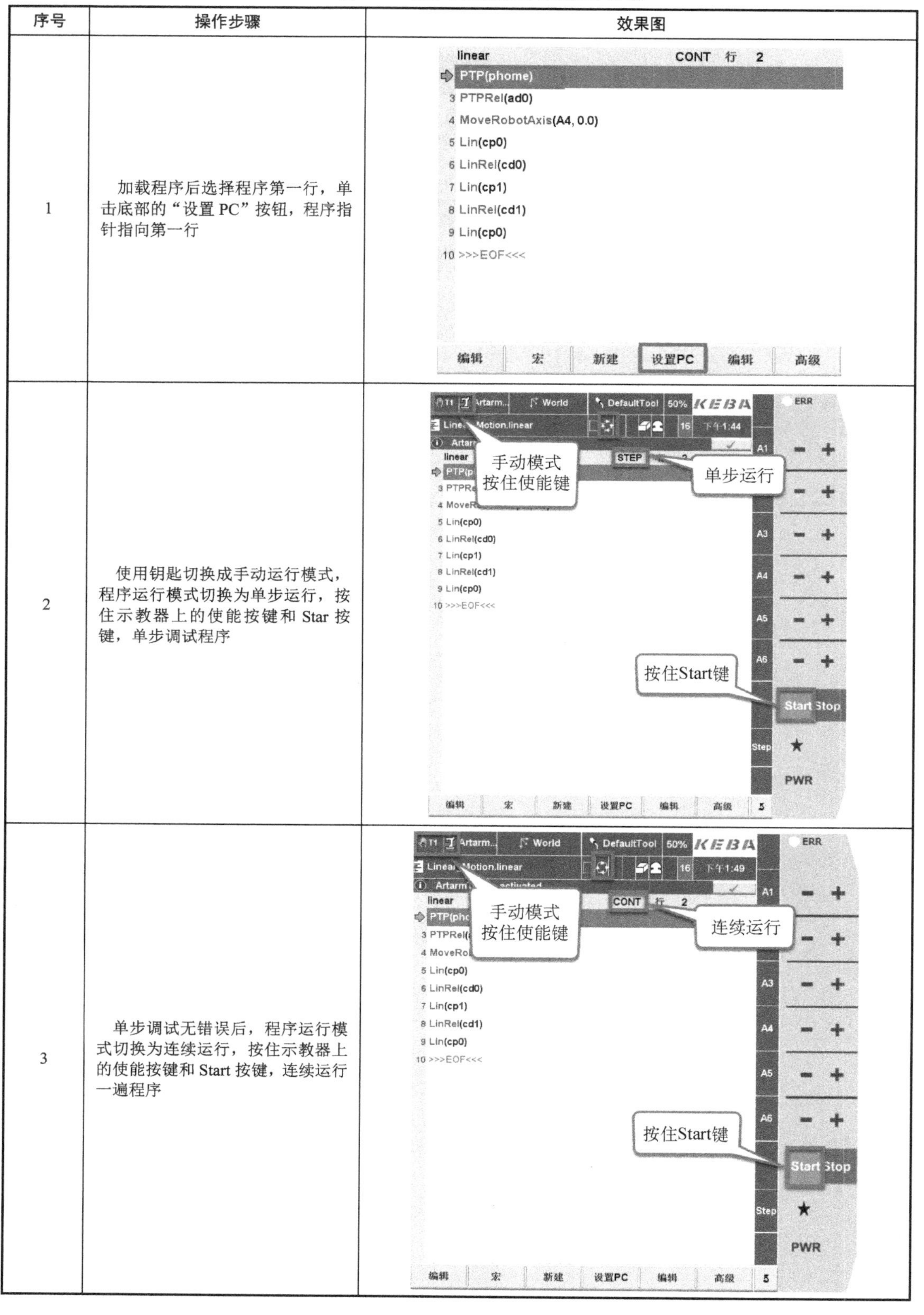

序号	操作步骤	效果图
1	加载程序后选择程序第一行，单击底部的“设置 PC”按钮，程序指针指向第一行	
2	使用钥匙切换成手动运行模式，程序运行模式切换为单步运行，按住示教器上的使能按键和 Star 按键，单步调试程序	
3	单步调试无错误后，程序运行模式切换为连续运行，按住示教器上的使能按键和 Start 按键，连续运行一遍程序	

（续表）

序号	操作步骤	效果图
4	手动连续运行无误后，可切换为自动连续运行模式，按下示教器上的 PWR 按键，再按下 Start 按键，程序自动运行。需要停止程序运行时按下 Stop 按键；紧急情况下需要立即停止机器人运行时按下紧急停止按键	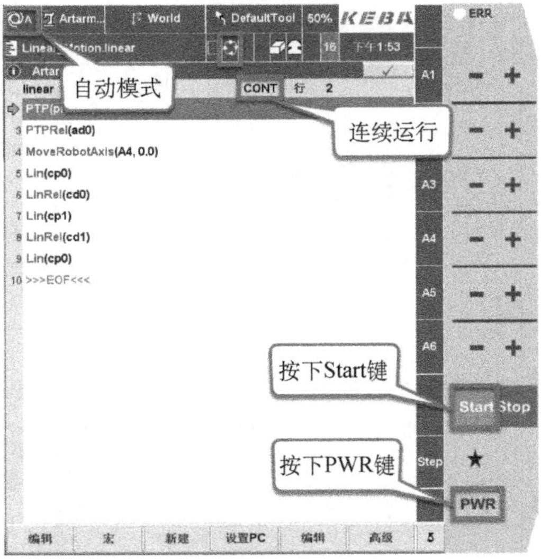

单元 5

圆弧及相关运动编程

一、任务描述

本单元主要介绍机器人的圆弧运动编程。了解圆弧运动指令，使用示教器进行圆弧运动编程，在仿真环境中查看程序运行效果，效果如图 5.1 所示。

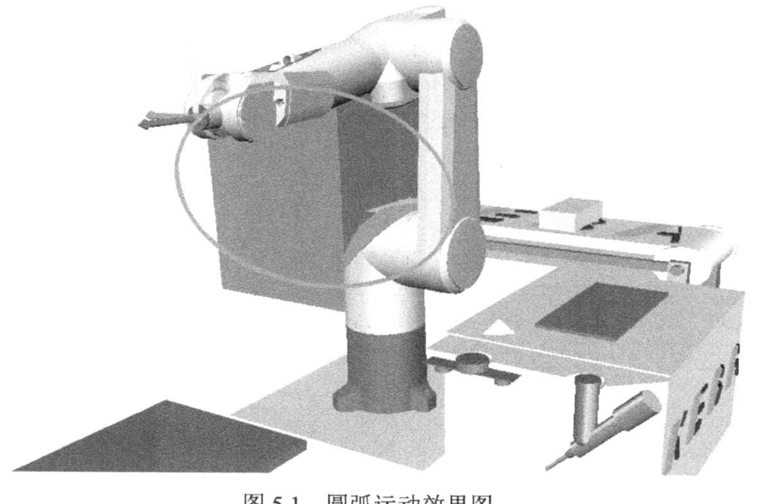

图 5.1　圆弧运动效果图

二、学习目标

知识目标：

了解运动指令组（圆弧、回零）、设置指令组、系统功能指令组、系统指令组的指令及功能。

技能目标：

1. 掌握系统仿真的连接及仿真运行；
2. 掌握圆弧运动程序的编写及程序运行。

三、知识储备

（一）运动指令组

1. Circ

Circ 为圆弧指令，其功能是使机器人 TCP 从起点、过辅助点到目标点做圆弧运动，其运动原理如图 5.2 所示。

辅助点
目标点
起始点
CIRC

图 5.2　圆弧运动原理

该指令必须遵循以下规定：

① 机器人 TCP 做整圆运动，必须执行两个圆弧运动指令。

② 圆弧指令中，起始位置、辅助位置以及目标位置必须能够明显地被区分开。

注意：起始位置是上一个运动指令的目标位置或者当前机器人 TCP 位置。

另外两个参数——动态参数、动态逼近参数与 PTP 指令中的一样。圆弧指令参数设置如图 5.3 所示。

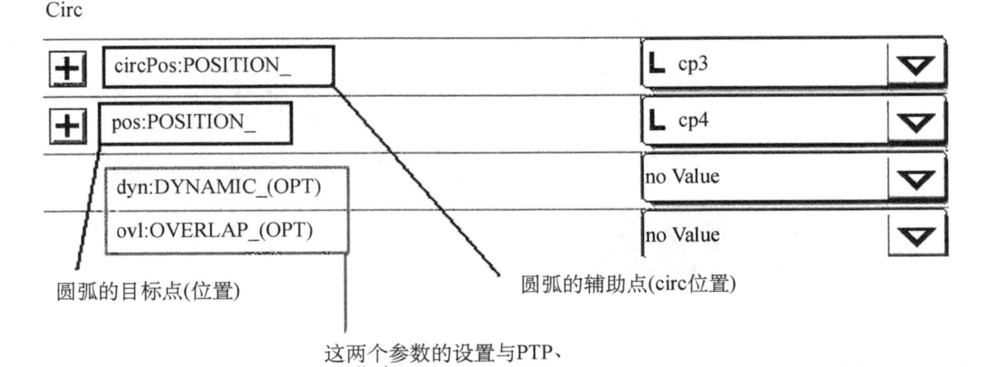

图 5.3　圆弧指令参数设置

2. 回零指令

1）RefRobotAxis

该指令用于标定零点位置，可以单步运行，执行后机器人根据配置中的回零方式运动，当机器人到达零点后，保存当前机器人轴位置作为该轴的零位。轴在回零后要运动一个设定的目标值，如果该值没有设定，则只回零到零点。RefRobotAxis 指令参数如图 5.4 所示。

Name	Value
RefRobotAxis(A1,100)	要回零的轴
axis: ROBOTAXIS	A1
addMoveTarget: REAL (OPT)	回零后轴要运动到的位置 100.00
dyn: DYNAMIC_ (OPT)	no Value

Name	Value
RefRobotAxis(A1)	
axis: ROBOTAXIS	A1
addMoveTarget: REAL (OPT)	no Value
dyn: DYNAMIC_ (OPT)	no Value

图 5.4　RefRobotAxis 指令参数

2）RefRobotAxisAsync

该指令允许多轴同时回零。这个指令等待机器人回零动作结束。为了能够知道是否完成回零，要配合使用 WaitRefFinished 指令。

3）WaitRefFinished

该指令等待所有异步回零运动完成或在某回零程序中出现错误。假如回零已成功完成，那么就会返回 TRUE，否则就会返回 FALSE。

（二）设置指令组

设置指令组针对轴及 TCP 的速度、加速度、加加速度进行设置。

运动逼近指令参数影响编程位置附近的路径行为。参考坐标系参数和工具坐标系参数对路径几何有影响，姿态插补参数用于设置机器人姿态插补的类型。

设置指令组的相关指令如下。

- Dyn：设置 TCP 和轴的速度、加速度及加加速度的动态参数；
- DynOvr：设置动态倍率参数；
- 0vl：设置运动逼近参数；
- Ramp：设置加速度的加速类型参数；
- RefSys：设置参考坐标系指令；
- ExternalTCP：设置外部 TCP 参数；
- Tool：设置工具坐标系参数；
- OriMode：设置姿态插补参数；
- Workpiece：设置工件坐标参数。

1. Dyn

该指令用于设置机器人运动的动态参数。在 PTP 指令中设置轴速度的百分比，笛卡儿动态参数使用绝对值参数，执行 Dyn 指令后，在自动模式下机器人以设定的动态参数运动，直到动态参数被修改。Dyn 指令应用如图 5.5 所示。

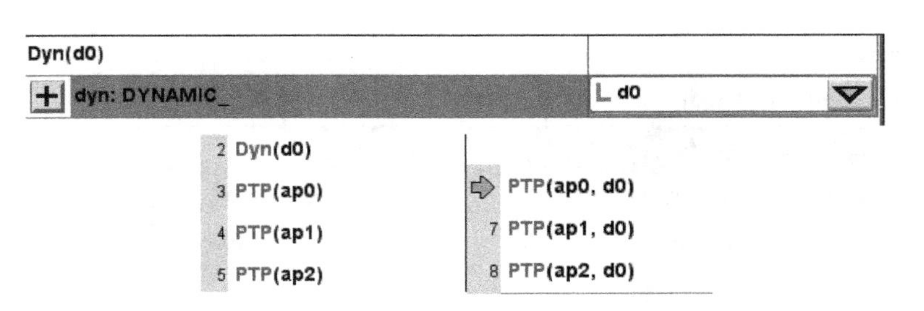

图 5.5　Dyn 指令应用

2. Dynovr

Dynovr 指令用于设置机器人运动的动态倍率参数。执行该指令后可以按照设置的百分比降低机器人动态参数。示教器上的 V+、V−按键用于设置倍率参数。

Dynovr 指令会对移动速度参数整体产生影响。此指令不仅同运动指令一样可以变更移动速度，同时该指令中设置的倍率还会对加速度、减速度进行限制。

如图 5.6 所示，机器人在运行的时候，是按照倍率参数的 50%乘以动态倍率参数的 50%的速度来运行轨迹的（25%）。

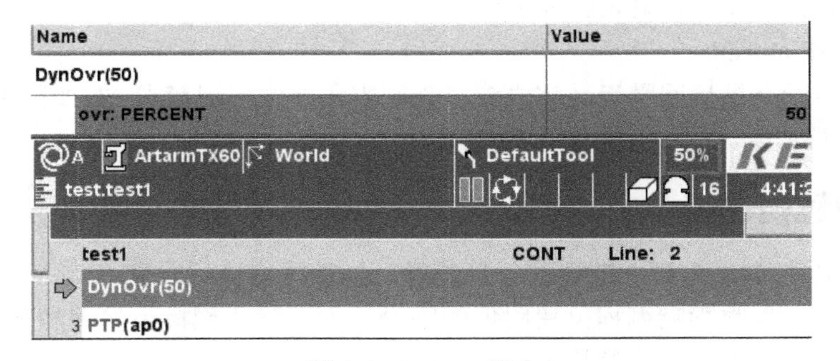

图 5.6　Dynovr 指令

3. Ovl

该指令用于设置机器人运动逼近参数，参数分为相对逼近参数和绝对逼近参数。

1）绝对逼近参数

绝对逼近参数用于，由上一个移动指令向下一个移动指令过渡时的切换时间通过距离目标位置的长度进行指定，指定范围即为设置中的允许范围。绝对逼近参数运动原理如图 5.7 所示。

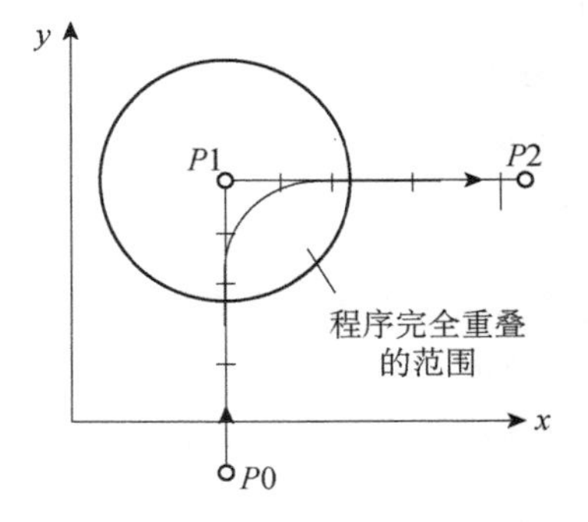

图 5.7　绝对逼近参数运动原理

绝对逼近参数（OVLABS）定义了机器人运动逼近可以允许的最大偏差，如图 5.8 所示。

ovl: OVERLAP_ (OPT)	oa0
posDist: REAL	0.00
oriDist: REAL	360.00
linAxDist: REAL	10,000.00
rotAxDist: REAL	360.00
vConst: BOOL	

图 5.8　OVLABS 参数设置

posDist 表示当 TCP 的位置距离目标位置的最大值，即当 TCP 距离目标位置的值等于 posDist 时，机器人轨迹开始动态逼近。

oriDist 表示当 TCP 的姿态距离目标位置的姿态的最大值，即当 TCP 的姿态与目标位置的姿态相差的大小等于 oriDist 时，机器人轨迹开始动态逼近。

linAxDist 与 rotAxDist 表示的是附加轴的动态逼近参数。

机器人使用绝对逼近参数运行的轨迹效果如图 5.9 所示。

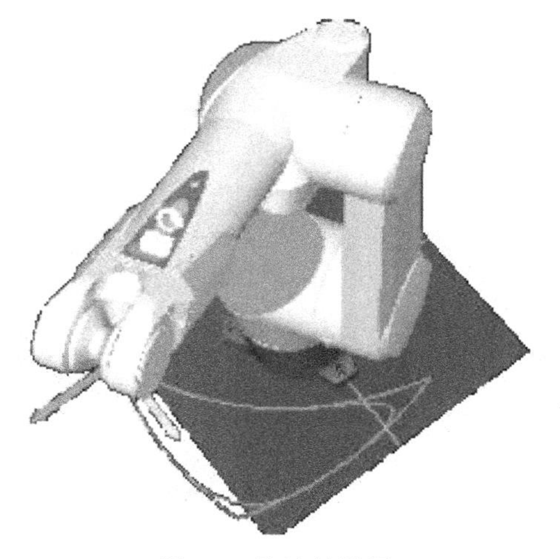

图 5.9　轨迹效果图

图 5.9 中靠内部较圆滑的轨迹的绝对逼近参数设置如图 5.10 所示。

ovl: OVERLAP_ (OPT)	oa0
posDist: REAL	0.00
oriDist: REAL	360.00
linAxDist: REAL	10,000.00
rotAxDist: REAL	360.00
vConst: BOOL	

图 5.10　内部轨迹的绝对逼近参数设置

图 5.9 中靠外部的轨迹的参数设置如图 5.11 所示。

ovl: OVERLAP_ (OPT)	oa0
posDist: REAL	0.00
oriDist: REAL	0.00
linAxDist: REAL	10,000.00
rotAxDist: REAL	0.00
vConst: BOOL	✓

图 5.11 外部轨迹的参数设置

2）相对逼近参数

相对逼近参数（OVLREL）用于对由上一个移动指令向下一个移动指令过渡时的切换时间所进行的设置。相对逼近参数能够将上一个移动指令从开始运行到运行结束的时间进行重叠。在相对逼近参数中，规定上一个移动指令从开始运行到停止运行的时间为 100%，若无重叠则为 0%。相对逼近参数运动原理如图 5.12 所示。

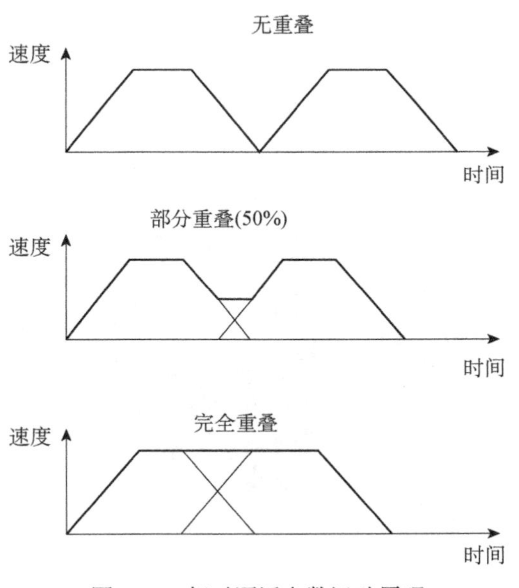

图 5.12 相对逼近参数运动原理

OVLREL 参数设置如图 5.13 所示，其值是百分比，值的范围是 0～200，当等于 0 时，相当于没有使用逼近参数，默认值为 100。

ovl: OVERLAP_ (OPT)	or0
ovl: PERC200	100

图 5.13 OVLREL 参数设置

机器人使用相对逼近参数运行的轨迹效果如图 5.14 所示。

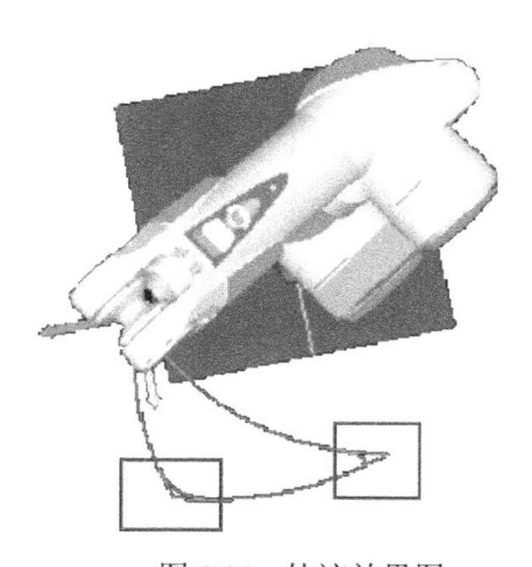

图 5.14　轨迹效果图

图 5.14 中靠内部较圆滑的轨迹相对逼近参数值是 50，外面轨迹的参数值是 0（如果值越大，其效果就会越明显，具体数值根据工艺需求而定）。

4. Ramp

Ramp 指令用于设置加速度的加速类型。可设置的类型有梯形倾斜、正弦波倾斜、正弦波平方倾斜、最小加加速度倾斜，分别如图 5.15 所示，另外还有一个时间最优化方式倾斜。图 5.16 所示为加速度的加速类型选择。

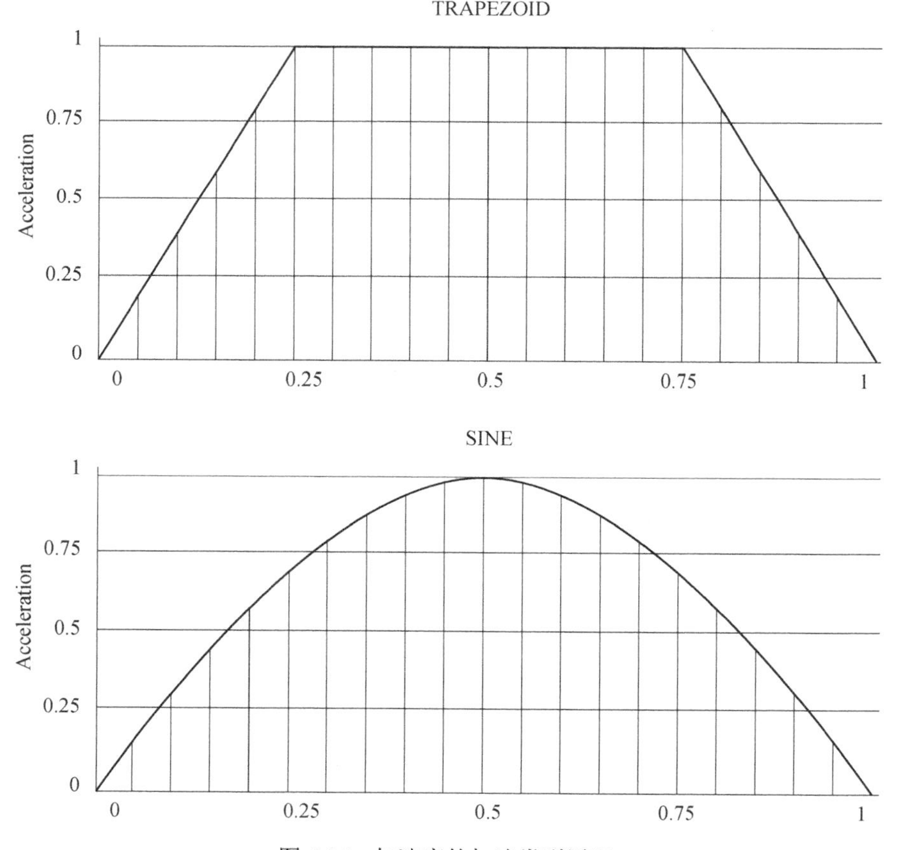

图 5.15　加速度的加速类型原理

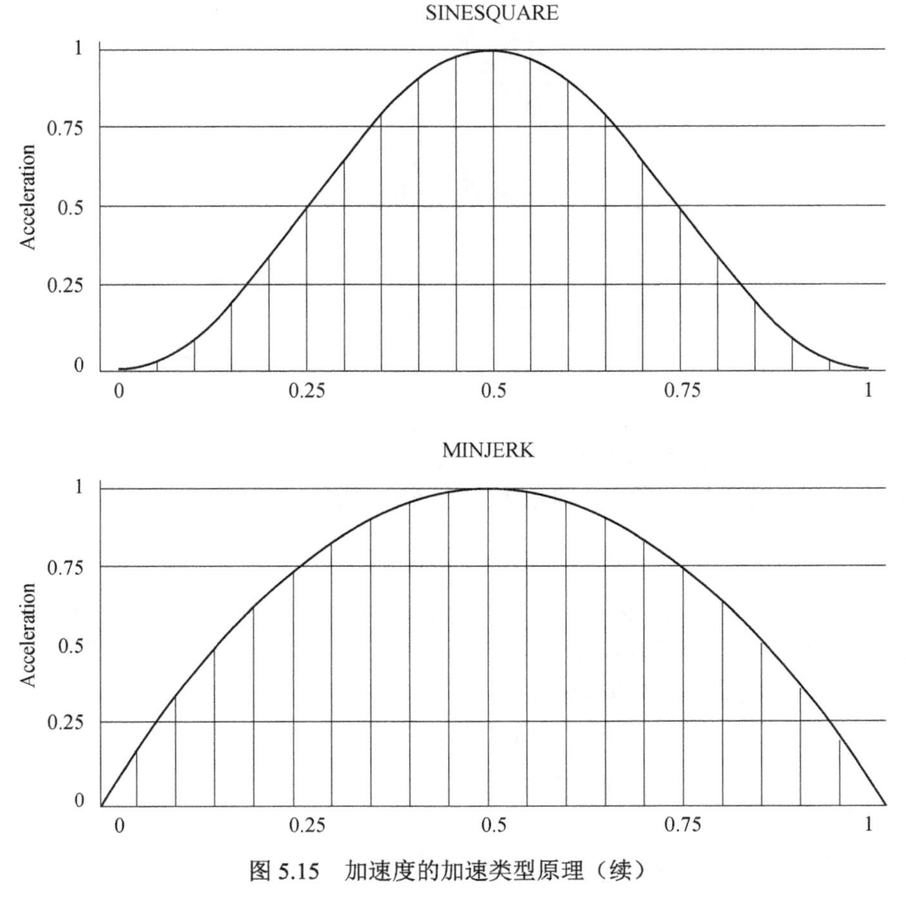

图 5.15 加速度的加速类型原理（续）

Ramp	
TRAPEZOID	trapezoid ramp
SINE	sinusoidal ramp
SINESQUARE	sine-square ramp
MINJERK	ramp with minimum intregral jerk

图 5.16 加速度的加速类型选择

在 PLC 中可以进行加速度的加速类型设置如图 5.17 所示。

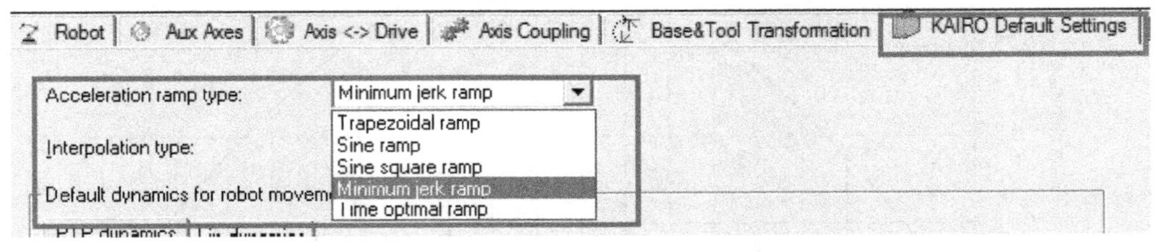

图 5.17 PLC 中加速度的加速类型设置

在示教器上设置加速度的加速类型如图 5.18 所示。

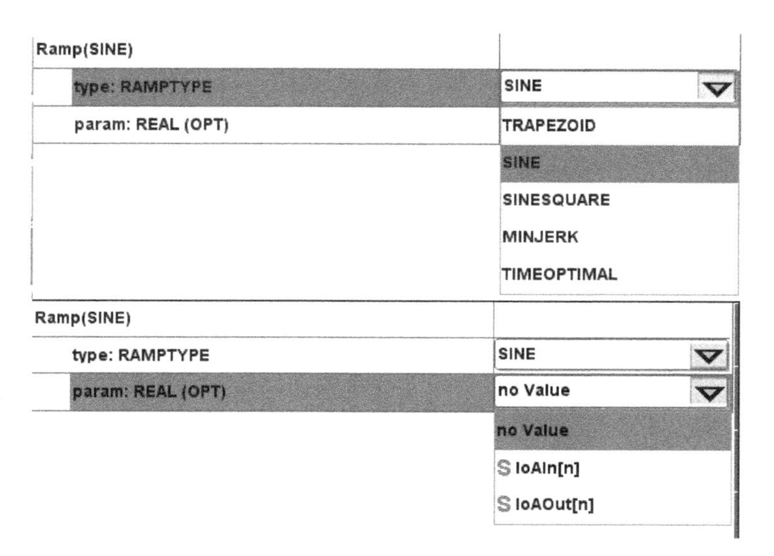

图 5.18　在示教器上设置加速度的加速类型

倾斜设置用于设置已指定的加速度参数，是一种加速度曲线类型。

目前只可对左右对称的梯形倾斜类型进行倾斜参数的设置，梯形的加速曲线类型的倾斜可通过 param（0＜param＜＝0.5）进行设置。加减速曲线类型 SINE 及 SINEQUARE 的倾斜设置的初始值已设定为 param＝0.5。

在倾斜曲线、梯形的倾斜设置中，预设初始值 Param＝0.5，若未对本项进行设置，则可选择使用该初始值。

当执行图 5.19（a）所示程序时，轴 1 的加速度波形如图 5.19（b）所示，为正弦波。

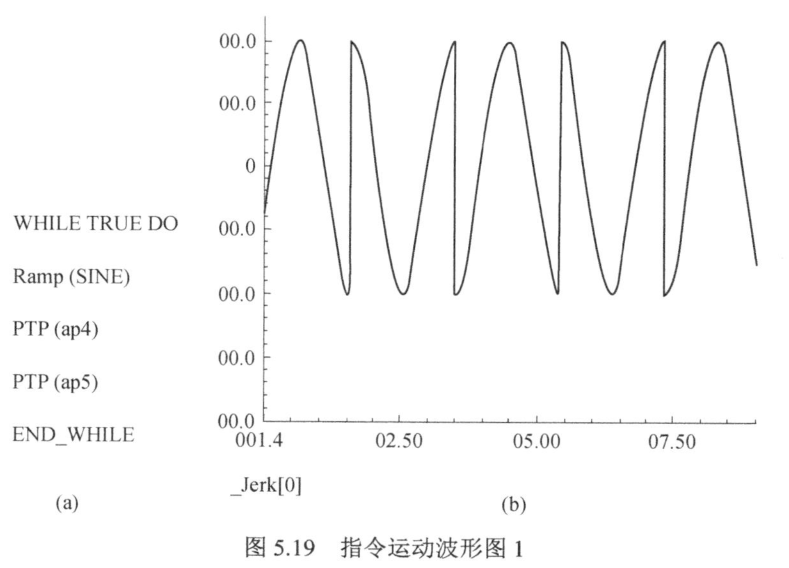

图 5.19　指令运动波形图 1

当执行图 5.20（a）所示程序时，轴 1 的加速度波形如图 5.20（b）所示，为梯形波。上述两条指令都是轴 1 绕 Z 轴往复旋转。其他类型的加速度波形可自行学习。

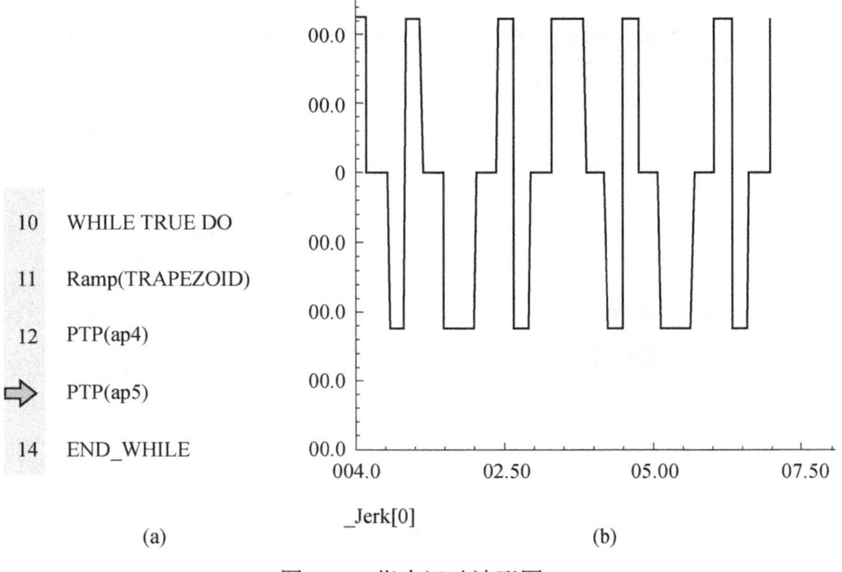

图 5.20　指令运动波形图 2

（三）系统功能指令组

系统功能指令包括赋值、注释、等待时间等指令，具体如下：

- ... := ...　赋值；
- // ...　注释；
- WaitTime　等待时间；
- Stop　停止所有激活的程序；
- Info　发布一个信息；
- Warning　发布一个警告；
- Error　发布一条错误信息；
- Random　创建一个随机数。

1. ... := ...　（赋值）

给某变量赋值，左侧为变量，“:=”为赋值语句，右侧为表达式。表达式的类型必须符合变量的数据类型。例如：i := 1 和 x := (a + b) * 2。

2. // ...　（注释）

用于说明程序的用途，使用户容易读懂程序，注释行不会被执行。例如：// Comment to the end of line。

3. WaitTime

用于设置机器人的等待时间，时间单位为 ms。假如设置等待时间为 1s，生成的指令如图 5.21 所示。

Name	Value
WaitTime(1000)	
timeMs: DINT	1,000

图 5.21　WaitTime 指令

4. Stop

该指令用于停止所有激活程序的执行。如果该指令不带参数，等同于按下了 KeTop 终端上的停止按键。

5. Info

发出一个信息通知，指令参数如图 5.22 所示。信息显示在信息协议和报告协议的 Message 和 Message-Log 栏中。此外，有可能显示两个附加参数的任何类型信息，第一个参数使用“%1”作为占位符，第二个参数使用“%2”作为占位符。

例 1：Info 指令设置如图 5.22 所示，单步执行该指令后在信息栏显示的信息如图 5.23 所示。

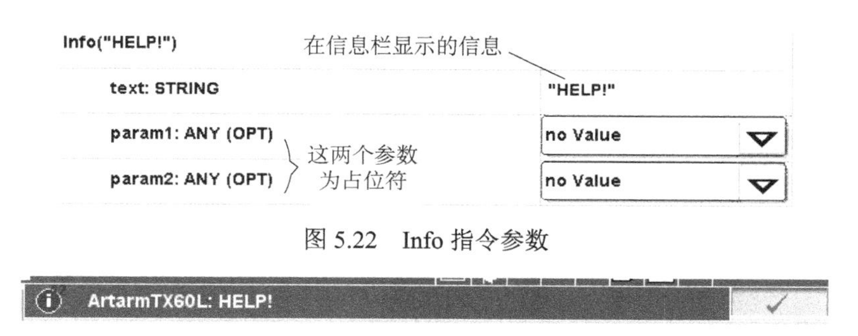

图 5.22　Info 指令参数

图 5.23　信息显示 1

例 2：Info 指令设置如图 5.24 所示，单步执行该指令后在信息栏显示的信息如图 5.25 所示。

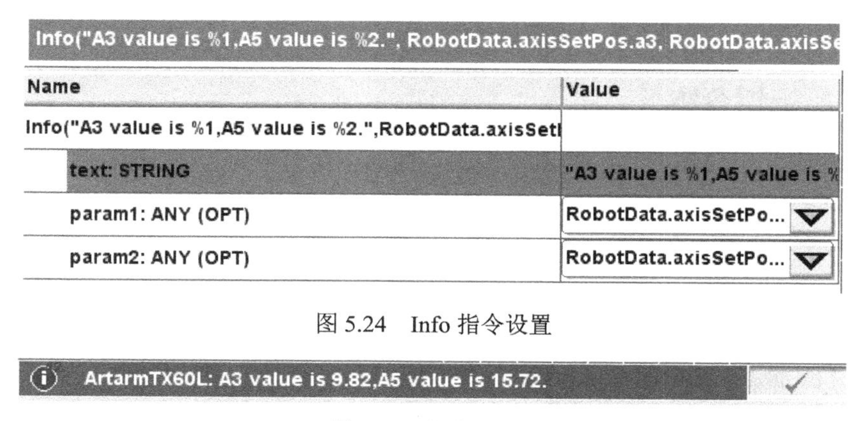

图 5.24　Info 指令设置

图 5.25　信息显示 2

6. Warning

Warning 指令的功能是发出一条警告信息，指令设置、信息显示与 Info 指令类同。若 Warning 指令设置如图 5.26 所示，单步执行该指令后在信息栏显示的信息如图 5.27 所示。

图 5.26　Warning 指令设置

图 5.27　Warning 信息显示

7. Error

Error 指令的功能是发出一条错误信息。错误信息会导致程序停止，错误必须被确认后程序才可以继续执行。Error 指令的设置、信息显示与 Info 指令类同。

8. Random

Random 指令的功能是产生一个随机数。参数：minVal——产生随机数的最小值；maxVal——产生随机数的最大值。

示例：生成的随机数赋值给 r0 的语句如下，则 Random 指令设置如图 5.28 所示。

r0 := Random(0.0, 10.0)

Name	Value
Random(0.0,10.0)	
minVal: REAL	0.00
maxVal: REAL	10.00

图 5.28　Random 指令设置

（四）系统指令组

系统指令组用于机器人程序的流程控制，例如调用子程序、程序循环、程序跳转等，具体指令如下：

- CALL ...　调用一个子程序；
- WAIT ...　等待条件；
- SYNC.Sync ...　程序并行运行同步；
- IF ... THEN ... END_IF ，ELSIF ... THEN ，ELSE　条件跳转控制；
- WHILE ... DO ... END_WHILE　条件循环控制；
- LOOP ... DO ... END_LOOP　循环次数控制；
- RUN ...　运行并行程序；

- KILL ...　停止并行程序；
- RETURN　返回调用主程序；
- LABEL ...　goto 跳转目标；
- GOTO ...　goto 跳转；
- IF ... GOTO ...　条件跳转。

1. CALL...

调用指令。能够调用其他程序作为子程序，被调用的程序必须和主程序在同一项目中。例如，需要调用的程序为 test，在程序中生成的指令为：

```
CALL test()
```

2. WAIT...

等待指令。当 WAIT 表达式的值为 TRUE，下一步指令就会执行，否则程序会一直等待直到表达式为 TRUE 为止。

3. IF ... THEN ... END_IF，ELSIF ... THEN，ELSE

IF 指令用于条件跳转控制，类似于 C++中的 IF 语句。IF 条件判断表达式必须是 BOOL 类型。每个 IF 指令必须以关键字 END_IF 作为条件控制的结束。例如：

```
IF x<100 THEN
  y:=10
ELSIF x<400 THEN
  y:=20
ELSIF x<900 THEN
  y:=30
ELSE
  y:=40
END_IF
```

4. WHILE ... DO ... END_WHILE

WHILE 指令在满足循环控制条件时循环执行子语句。循环控制表达式必须是 BOOL 类型。该指令必须以关键字 END_WHILE 作为循环控制的结束。例如：以下指令执行两点之间的循环运动。

```
WHILE TRUE DO
 PTP(ap0)
 PTP(ap1)
END_WHILE
```

5. LOOP ... DO ... END_LOOP

循环次数控制指令。例如：该指令执行两点之间的循环运动，且循环次数为 10，则具体指令如下。

```
LOOP 10 DO
 PTP(ap0)
 PTP(ap1)
END_LOOP
```

6. RUN ...，KILL ...

RUN 指令用于调用一个用户程序，该程序与主程序平行运行。RUN 指令调用的程序必须用 KILL 指令终止。RUN 指令调用的程序必须是同一个项目中的程序。例如：

```
RUN test
PTP(ap0)
PTP(ap1)
KILL test
```

7. RETURN

该指令用于终止正在调用的子程序，且返回主程序的调用位置继续往下运行。

8. GOTO ...，IF ...GOTO ...，LABEL ...

GOTO 指令用于跳转到程序不同部分，跳转目标通过 LABEL 指令定义。不允许从外部跳转进入内部程序块。内部程序块可能是 WHILE 循环程序块或者 IF 程序块。

IF...GOTO...指令相当于一个缩减的 IF 程序块。IF 条件判断表达式必须是 BOOL 类型。假如条件满足，程序执行 GOTO 跳转，其跳转目标必须由 LABEL 指令定义。

LABEL 指令用于定义 GOTO 跳转目标。例如：

```
GOTO label99
    ...
LABEL label99
```

四、任务实施

（一）连接系统仿真

具体操作步骤请参照单元 4，此处略。

（二）圆弧运动编程

1. 创建程序文件

具体操作见表 5.1。

表 5.1　创建程序文件

序号	操作说明	效果图
1	在示教器项目管理中新建项目 Circular_Motion 和程序 circular。步骤详见单元 4 中的表 4.3	项目 / 状态 / 设置 应用 被加载 机器 被加载 Circular_Motion --- circular --- Linear_Motion --- prj1 ---

（续表）

序号	操作说明	效果图
2	加载程序 circular，在程序编辑界面添加程序指令	circular CONT 行 0 1 >>>EOF<<< 编辑 宏 新建 设置PC 编辑 高级

2. 添加程序指令

程序指令及说明见表 5.2。

表 5.2　程序指令及说明

序号	程序指令	说明/效果图
2	WHILE TRUE DO	WHILE 死循环
3	PTP(phome)	机器人回到 phome 点
4	PTP(cp0)	机器人通过 PTP 指令到达整圆起始点 cp0
5	Circ(cp1, cp2)	机器人通过圆弧指令走整圆的第一段圆弧
6	Circ(cp3, cp0)	机器人通过圆弧指令走整圆的第二段圆弧
7	PTP(cp4)	机器人到达椭圆起始点 cp4
8	Circ(cp5, cp6)	机器人通过圆弧指令走椭圆的第一段圆弧
9	Circ(cp7, cp8)	机器人通过圆弧指令走椭圆的第二段圆弧
10	Circ(cp9, cp10)	机器人通过圆弧指令走椭圆的第三段圆弧
11	Circ(cp11, cp4)	机器人通过圆弧指令走椭圆的第四段圆弧
12	END_WHILE	结束 WHILE 语句

（续表）

序号	程序指令	说明/效果图
13	编写好的 circularr 程序	circular CONT 行 2 WHILE TRUE DO 3 PTP(phome) 4 PTP(cp0) 5 Circ(cp1, cp2) 6 Circ(cp3, cp0) 7 PTP(cp4) 8 Circ(cp5, cp6) 9 Circ(cp7, cp8) 10 Circ(cp9, cp10) 11 Circ(cp11, cp4) 12 END_WHILE 13 >>>EOF<<< 编辑 宏 新建 设置PC 编辑 高级

3. 示教点坐标

示教点坐标见表 5.3。

表 5.3　示教点坐标

序号	示教点	坐标
1	phome	(a3:=90, a5:=90)
2	cp0	(x:=513.163,y:=20.0001,z:=696.858,a:=6.67238e-05,b:=90,c:=180,mode:=0)
3	cp1	(x:=513.163,y:=170,z:=546.858,a:=6.67238e-05,b:=90,c:=180,mode:=0)
4	cp2	(x:=513.163,y:=20.0001,z:=396.858,a:=6.67238e-05,b:=90,c:=180,mode:=0)
5	cp3	(x:=513.163,y:=-130,z:=546.858,a:=6.67238e-05,b:=90,c:=180,mode:=0)
6	cp4	(x:=20.0001,y:=-513.163,z:=696.858,a:=-89.9999,b:=90,c:=180,mode:=0)
7	cp5	(x:=215.774,y:=-513.163,z:=751.084,a:=-89.9999,b:=90,c:=180,mode:=0)
8	cp6	(x:=411.548,y:=-513.163,z:=696.858,a:=-89.9999,b:=90,c:=180,mode:=0)
9	cp7	(x:=465.774,y:=-513.163,z:=601.084,a:=-89.9999,b:=90,c:=180,mode:=0)
10	cp8	(x:=411.548,y:=-513.163,z:=505.31,a:=-89.9999,b:=90,c:=180,mode:=0)
11	cp9	(x:=215.774,y:=-513.163,z:=451.084,a:=-89.9999,b:=90,c:=180,mode:=0)
12	cp10	(x:=20,y:=-513.163,z:=505.31,a:=-89.9999,b:=90,c:=180,mode:=0)
13	cp11	(x:=-34.226,y:=-513.163,z:=601.084,a:=-89.9999,b:=90,c:=180,mode:=0)

4. SmartTeach 快速示教

SmartTeach 快速示教操作及效果图见表 5.4。

表 5.4　SmartTeach 快速示教操作及效果图

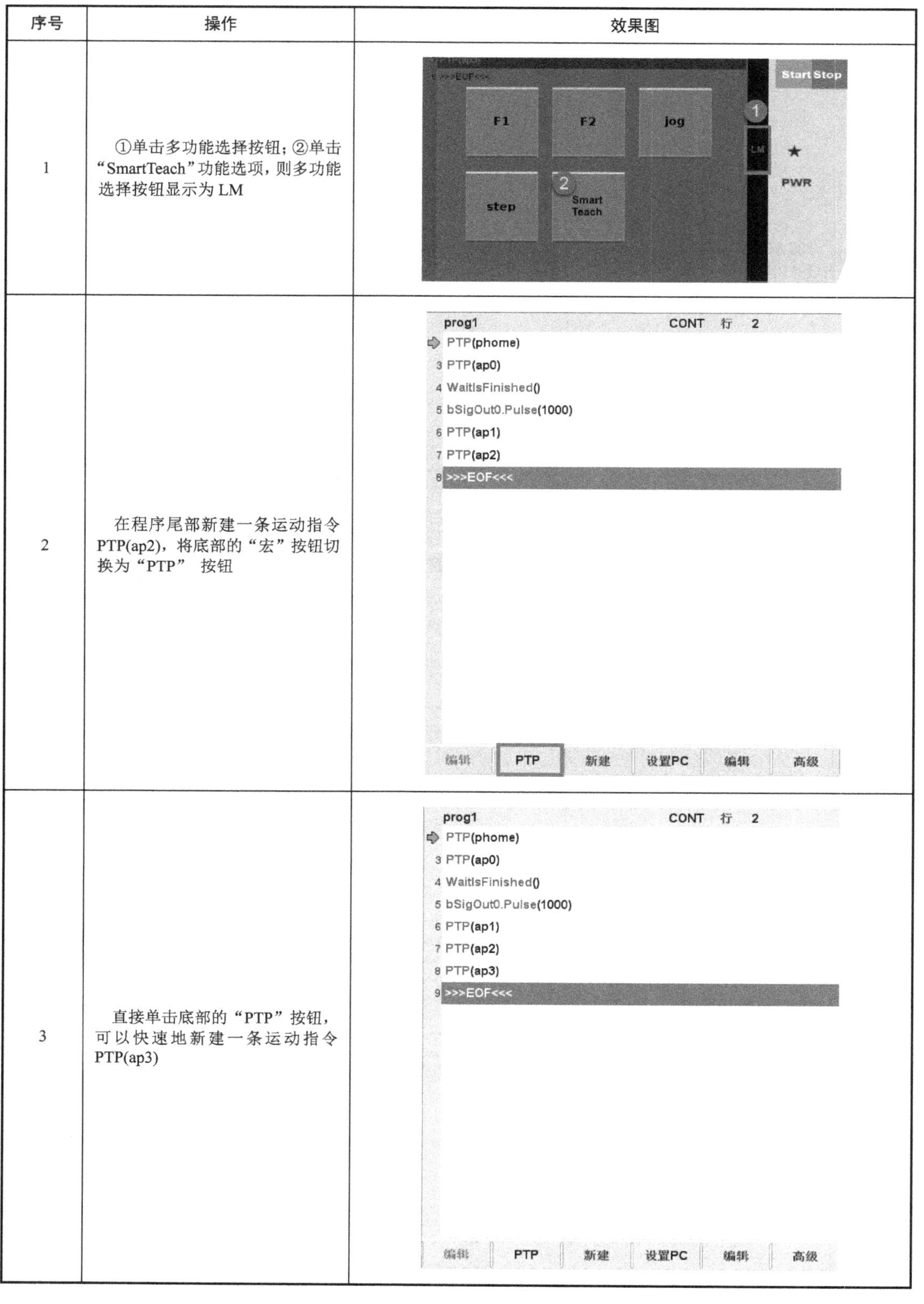

序号	操作	效果图
1	①单击多功能选择按钮；②单击“SmartTeach”功能选项，则多功能选择按钮显示为 LM	
2	在程序尾部新建一条运动指令 PTP(ap2)，将底部的“宏”按钮切换为“PTP” 按钮	
3	直接单击底部的“PTP”按钮，可以快速地新建一条运动指令 PTP(ap3)	

（续表）

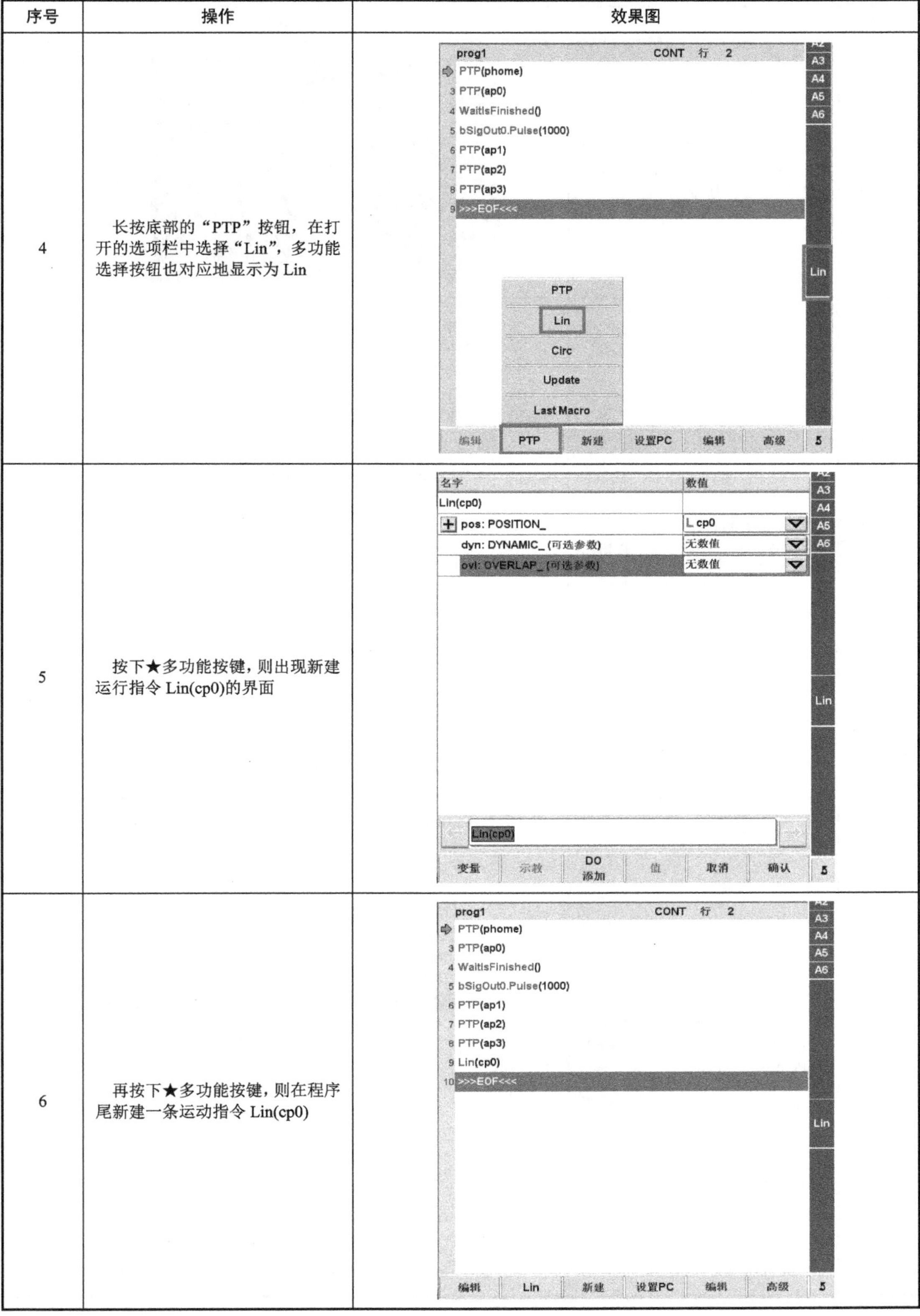

序号	操作	效果图
4	长按底部的“PTP”按钮，在打开的选项栏中选择“Lin”，多功能选择按钮也对应地显示为 Lin	
5	按下★多功能按键，则出现新建运行指令 Lin(cp0)的界面	
6	再按下★多功能按键，则在程序尾新建一条运动指令 Lin(cp0)	

（续表）

序号	操作	效果图
7	上述操作步骤即完成了一次 SmartTeach 快速示教。同理，在步骤 4 的选项栏中选择“PTP”或“Circ”，按照步骤 5 和步骤 6 操作多功能按键即可完成运动指令 PTP 和 Circ 的快速创建和示教。在步骤 4 的选项栏中选择“Update”表示快速更新现有指令的示教点，选择“Last Macro”表示快速创建和示教一条与上一条指令相同的指令	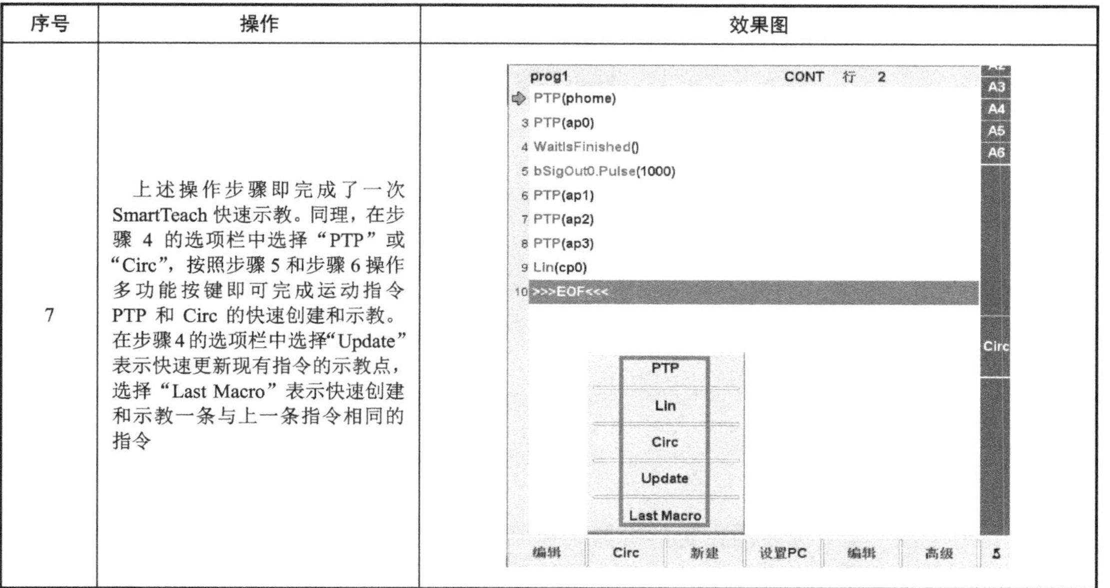

5. 程序调试及运行

具体操作步骤请参照单元 4 中的程序调试及运行，此处略。

单元 6

设定工具坐标系

一、任务描述

本单元练习工具坐标系的设定，机器人抓取胶枪工具，利用工作台上的尖点进行 TCP 标定，创建胶枪工具坐标系，效果如图 6.1 所示。

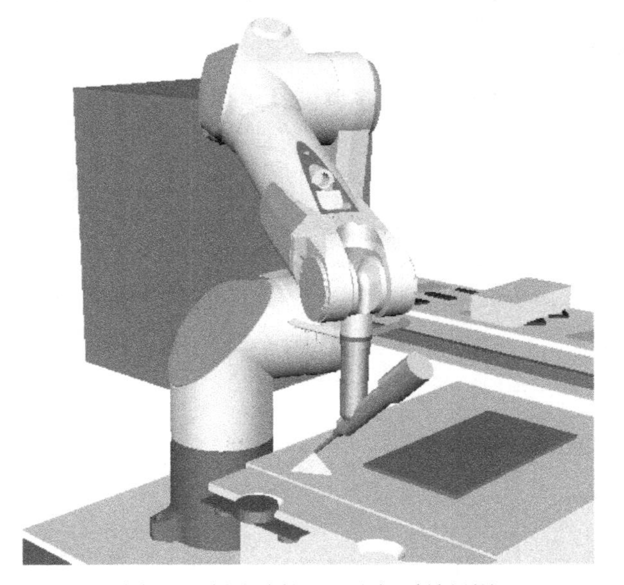

图 6.1　创建胶枪工具坐标系效果图

二、学习目标

知识目标：

了解设置指令组中的 Tool、OriMode 指令。

技能目标：

1. 掌握机器人 I/O 信号的配置及 KeStudio 工程的下载；
2. 掌握 Bigbox 系统文件的添加以及在仿真系统中的应用；

3. 掌握工具坐标系的设定步骤；
4. 掌握模拟 TCP 标定程序的编写及运行。

三、知识储备

以下介绍设置指令组中的相关指令。

1. Tool

Tool 指令的功能是为机器人设置一个新工具坐标系。通过该指令可以修改机器人末端工作点。

1）工具坐标系的作用

工具坐标系用于描述安装在机器人第六轴上的工具的 TCP、质量、重心等参数数据。建立了工具坐标系后，机器人的控制点也转移到了工具的尖端点上，这样示教时可以利用控制点不变，方便地调整工具姿态，并可使插补运算时的轨迹更为精确。所以，不管是什么机型、用于什么用途的机器人，只要安装的工具有个尖端，建议在示教程序前应准确地建立工具坐标系。

一般，不同的机器人应用配置不同的工具，比如说弧焊机器人就是用弧焊枪作为工具，而用于搬运板材的机器人就会使用吸盘式的夹具作为工具。焊枪的工具坐标系的原点（TCP）一般设置在末端尖端（有时会设置 Z 轴方向偏离末端表面 3～5mm），吸盘的工具坐标系的原点一般设置在接触面的中心，如图 6.2 所示。

图 6.2　工具坐标系的应用

2）工具坐标系的原理

工具坐标系的创建是在工作台上寻找一固定点，然后机器人以不同的姿态接近该点，并保证在小范围内精确到达该点。到达该点的误差越小，表示设定的工具坐标系越准确。工具坐标系是一个直角（笛卡儿）坐标系，其原点在工具上。工具坐标系总是随着工具的移动而移动。

工具坐标系的创建是以工具参照点为原点来创建一个坐标系，该参照点被称为 TCP，如图 6.3 所示。默认的工具坐标系的原点（工具中心点/TCP）位于机器人安装法兰的中心。

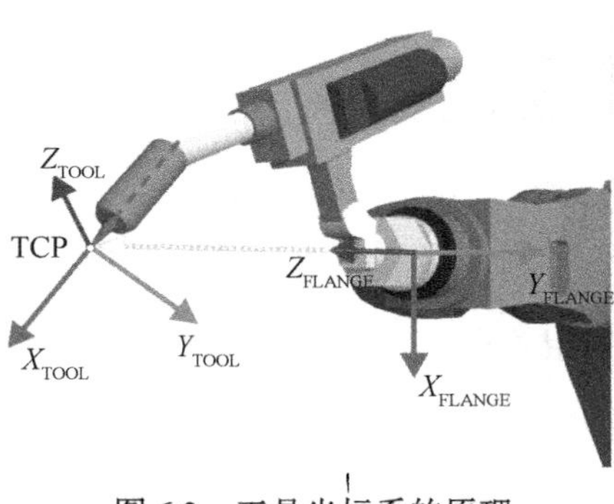

图 6.3　工具坐标系的原理

3）工具坐标系的示教

Tool 指令为机器人的工具（抓手）设置新的位置，设置后将变更机器人的作业范围。通过该指令可以修改机器人末端工作点，具体方法如下。

① 在示教器中加载一个程序，单击程序界面底部的“新建”按钮，选择并设置 Tool 指令，然后新建一个工具坐标系 t0，如图 6.4 所示。

名字	数值
Tool(t0)	
tool: TOOL_	L t0
x: REAL	0.000
y: REAL	0.000
z: REAL	0.000
a: REAL	0.000
b: REAL	0.000
c: REAL	0.000
guard: GUARD	[...]

Tool(t0)

变量　示教　DO 添加　值　取消　确认

图 6.4　Tool 指令设置

② 按下“Menu”按键→单击“变量管理”→“工具手示教”，进入工具手示教界面，单击底部的“设置”按钮开始示教工具坐标系的设置。

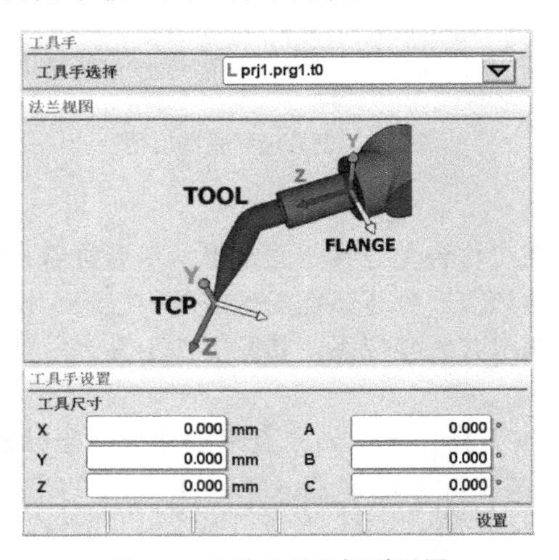

图 6.5　示教工具坐标系设置

③ 选择未知位置的 3 点示教方法，找到示教物体，将机器人的 TCP 末端以不同的姿态示教到示教物体处，具体操作如图 6.6～图 6.9 所示。

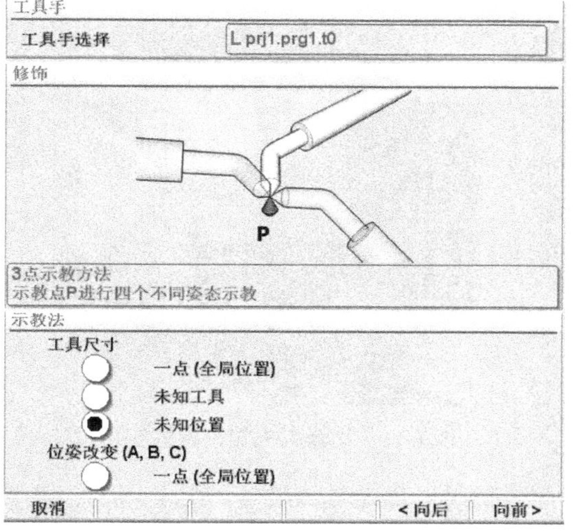

图 6.6　选择 3 点示教法

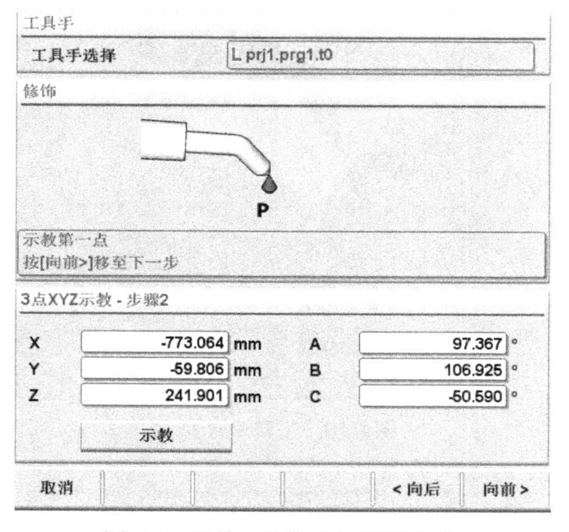

图 6.7　以第一种姿态示教固定点

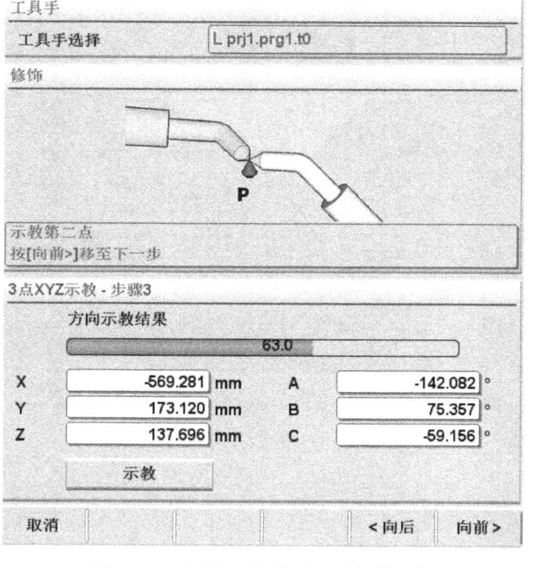

图 6.8　以第二种姿态示教固定点

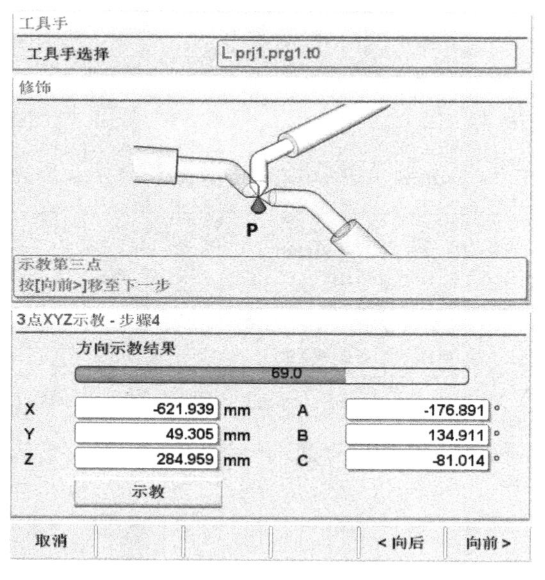

图 6.9　以第三种姿态示教固定点

④ 示教完成后工具坐标系 t0 如图 6.10 所示，运行 Tool（t0）指令后机器人末端位置的变化如图 6.11 所示。

⑤ 选择位姿改变的一点（全局设置）示教法，示教坐标系的姿态，如图 6.12 所示。按照图 6.13 所示将工具垂直朝上，然后示教。

⑥ 工具坐标系 t0 的姿态示教完成，运行 Tool（t0）指令后机器人末端姿态的变化如图 6.14 所示。

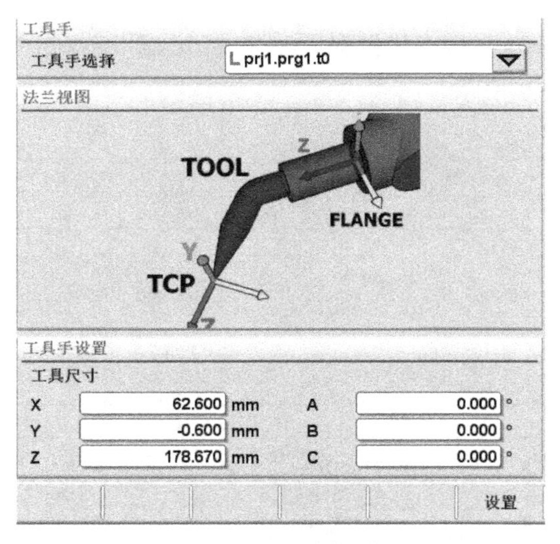

图 6.10　工具坐标系 t0

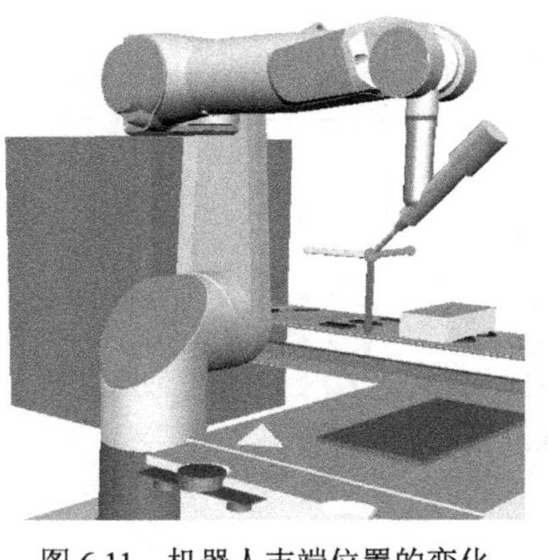

图 6.11　机器人末端位置的变化

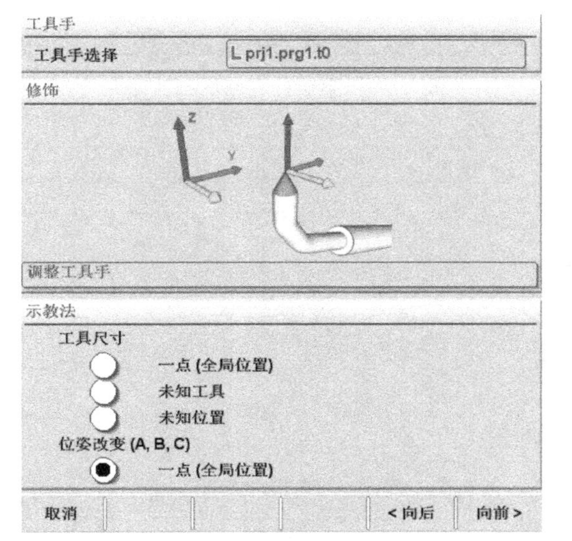

图 6.12　选择位姿改变的一点（全局位置）示教法

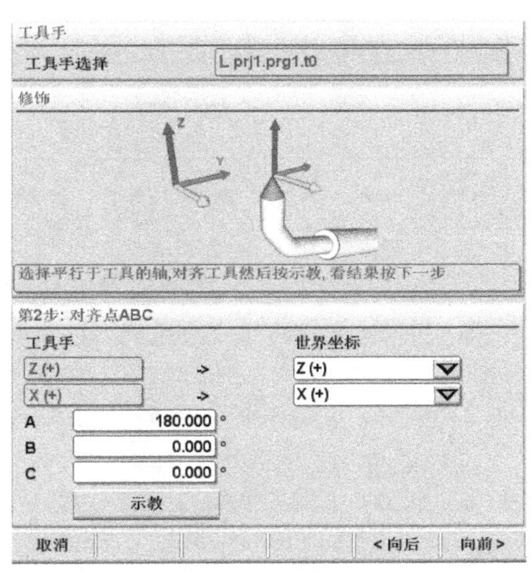

图 6.13　示教坐标系姿态

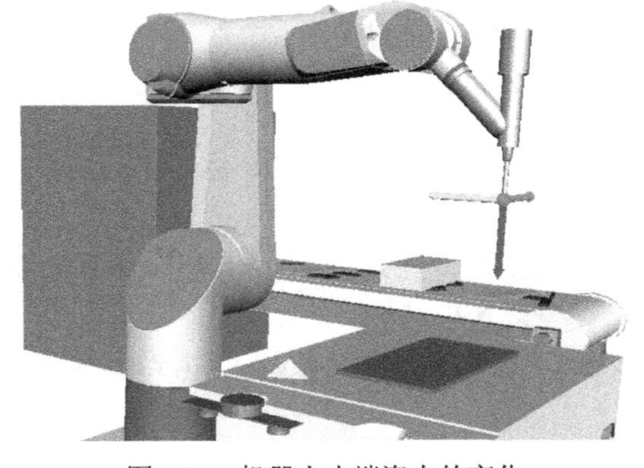

图 6.14　机器人末端姿态的变化

2. OriMode

该指令用于设置机器人 TCP 姿态插补，如果程序中没有指定姿态插补方式，系统默认为机器人配置文件中指定的姿态插补方式。

设置机器人姿态插补的方式：

```
OriMode
(ori : OriMode)
```

OriMode 指令姿态插补方式见表 6.1。

表 6.1　OriMode 指令姿态插补方式

方式	说明
CART	Z 轴的初始和目标姿态定义了 TCP 的 Z 轴倾斜的平面。同时它将围绕当前的 Z 轴旋转，参考图 6.15 所示 优点：姿态运动直观 缺点：可能产生奇点问题 用法：用于处理路径
CARTCURVE	对于直线运动指令，与 CART 插补方式相同；对于圆周运动，TCP 将在一个圆柱面内旋转；初值和目标姿态使用 CART 插值来转换，参考图 6.16 所示 优点：姿态运动直观 缺点：可能产生奇点问题 用法：目前仅用于处理圆周路径
WRISTJOINT	对于初始和目标姿态，计算腕关节点；使用 PTP 插值在轴空间切换；笛卡儿位置在笛卡儿坐标系空间是线性插补 优点：可以快速重新定向，而不会出现腕关节奇点问题 缺点：定向路径很难预测，取决于机器人的手腕类型（碰撞危险） 用法：用于其编程位置之间的定向行为不相关的路径

图 6.15　姿态插补方式 CART　　图 6.16　姿态插补方式 CARTCURVE

四、任务实施

（一）配置机器人 I/O 信号

配置机器 I/O 信号见表 6.2。

表 6.2　配置机器 I/O 信号

序号	信号名称	映射 I/O	信号功能
1	do_ConnectTool	DO0	抓取或释放工具信号
2	do_EnableVacuum	DO1	吸盘真空或非真空信号

配置机器人 I/O 信号的操作步骤见表 6.3。

表 6.3　配置机器人 I/O 信号的操作步骤

序号	操作说明	效果图
1	双击打开示例工程	 名称 Configuration ArtarmTX60L_KeMotion_CP26x_310b.project
2	在示例工程中打开“Digital_IO_0”模块的 I/O Mapping，映射 DO0 为工具抓和释放的信号“do_ConnectTool”，映射 DO1 为吸盘真空与释放的信号“do_EnableVacuum”	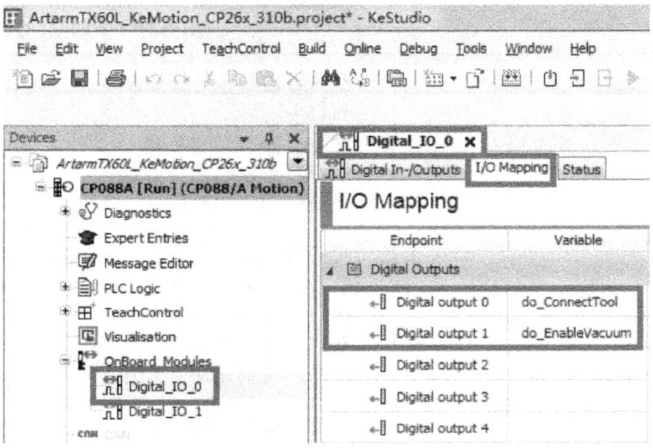 ArtarmTX60L_KeMotion_CP26x_310b.project* - KeStudio File Edit View Project TeachControl Build Online Debug Tools Window Help Devices ArtarmTX60L_KeMotion_CP26x_310b CP088A [Run] (CP088/A Motion) Diagnostics Expert Entries Message Editor PLC Logic TeachControl Visualisation OnBoard_Modules Digital_IO_0 Digital_IO_1 Digital_IO_0 Digital In-/Outputs　I/O Mapping　Status I/O Mapping Endpoint　Variable Digital Outputs Digital output 0　do_ConnectTool Digital output 1　do_EnableVacuum Digital output 2 Digital output 3 Digital output 4
3	在 Devices 窗口中，选中“TeachControl”并右击，选择“Add Object”→“TC Symbol Configuration…”	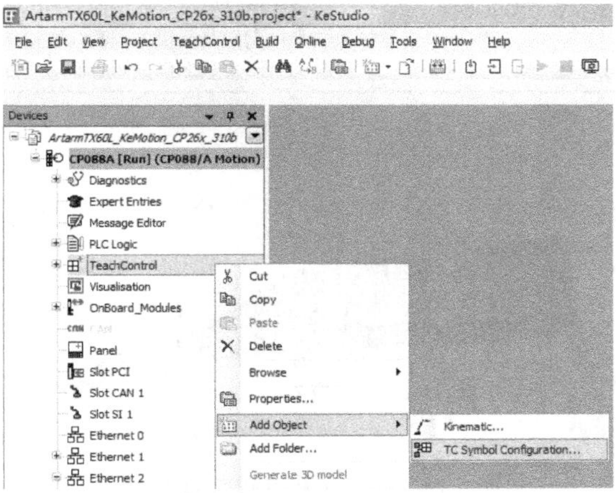 ArtarmTX60L_KeMotion_CP26x_310b.project* - KeStudio File Edit View Project TeachControl Build Online Debug Tools Window Help Devices ArtarmTX60L_KeMotion_CP26x_310b CP088A [Run] (CP088/A Motion) Diagnostics Expert Entries Message Editor PLC Logic TeachControl Visualisation OnBoard_Modules Panel Slot PCI Slot CAN 1 Slot SI 1 Ethernet 0 Ethernet 1 Ethernet 2 Cut Copy Paste Delete Browse Properties... Add Object Add Folder... Generate 3D model Kinematic... TC Symbol Configuration...
4	单击“Add”按钮	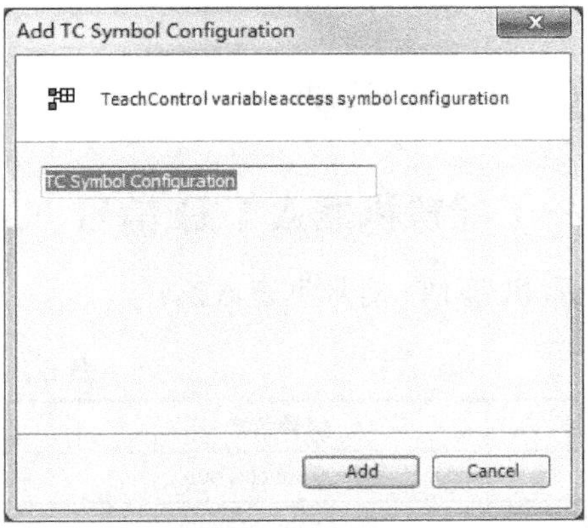 Add TC Symbol Configuration TeachControl variable access symbol configuration TC Symbol Configuration Add　Cancel

（续表）

序号	操作说明	效果图
5	在“TC Symbol Configuration”窗口中，单击“Build”，勾选需要在示教器中显示的输出信号，编译无错误后保存系统工程	

（二）下载工程到控制器

下载工程前，保证 KEBA 控制器系统已开启。下载工程到控制器的操作步骤见表 6.4。

表 6.4　下载工程到控制器的操作步骤

序号	操作说明	效果图
1	在 KeStudio 软件界面左侧的 Devices 窗口中双击打开“CP088A”	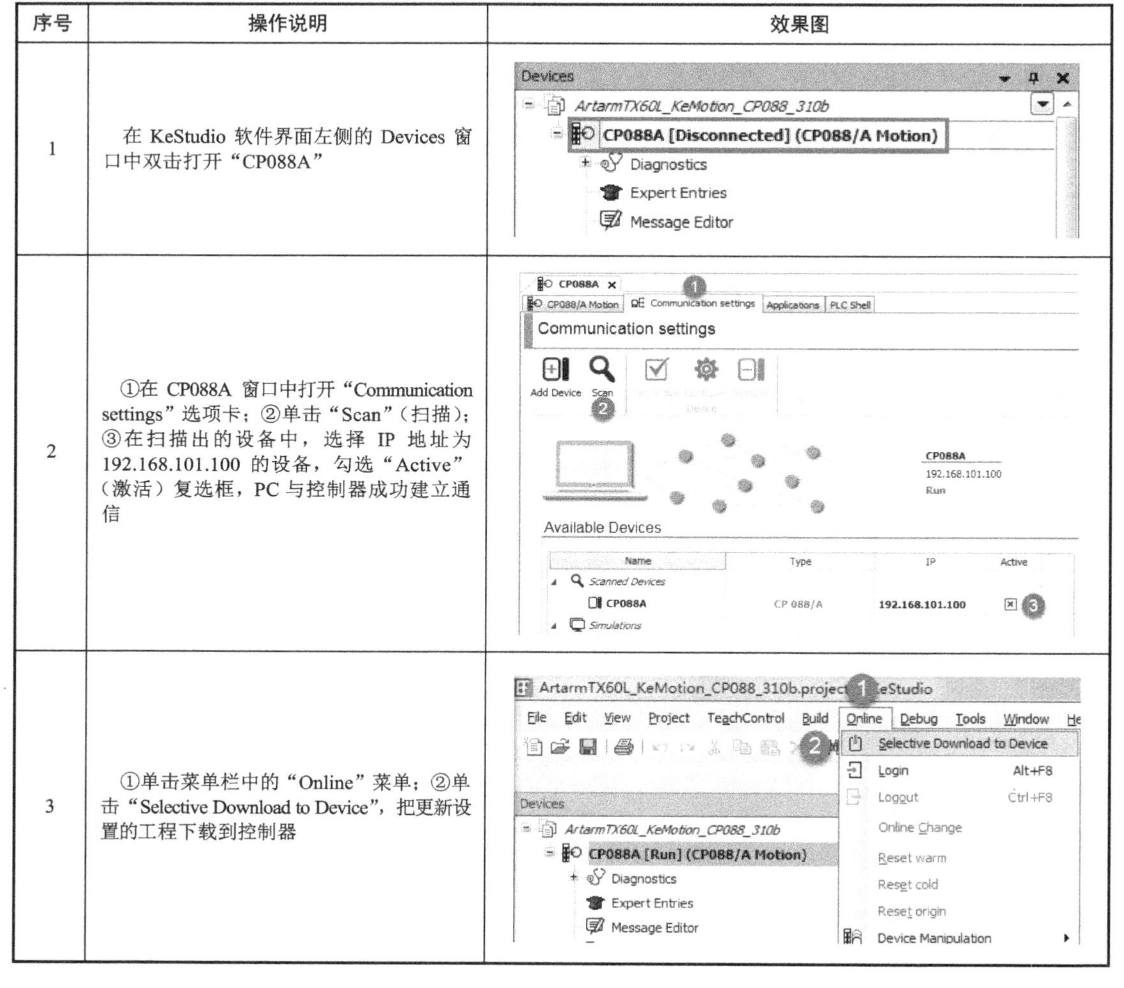
2	①在 CP088A 窗口中打开“Communication settings”选项卡；②单击“Scan”（扫描）；③在扫描出的设备中，选择 IP 地址为 192.168.101.100 的设备，勾选“Active”（激活）复选框，PC 与控制器成功建立通信	
3	①单击菜单栏中的“Online”菜单；②单击“Selective Download to Device”，把更新设置的工程下载到控制器	

（续表）

序号	操作说明	效果图
4	①在弹出的登录对话框中输入用户名Administrator 和密码 pass；②单击“OK”按钮登录控制器	
5	②把需要修改的配置勾选上；②单击“OK”按钮将工程下载到控制器；在确认对话框中单击“yes”按钮	
6	控制器更新固件进行中，等待更新完成控制器重启后便可正常操作	

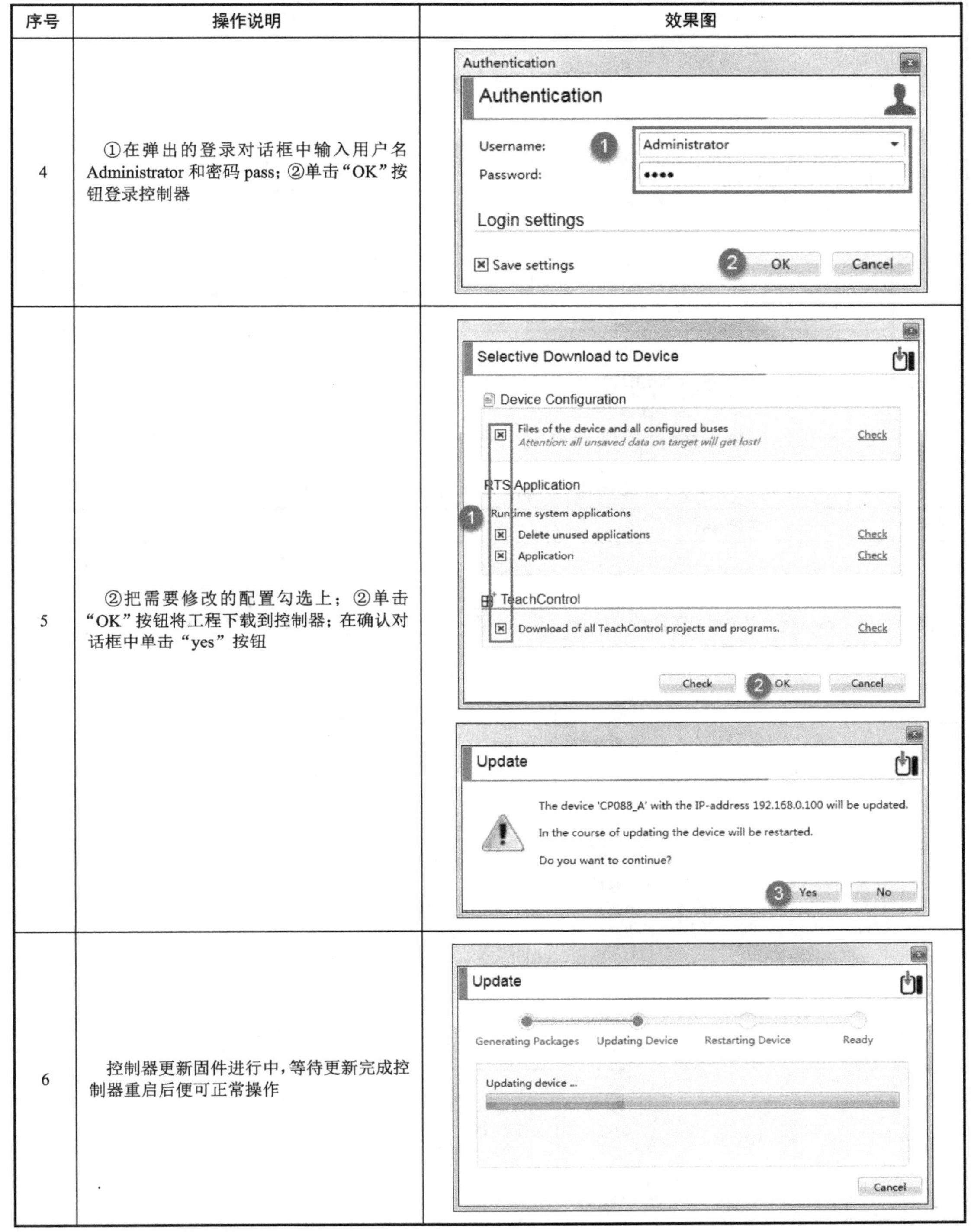

（三）连接系统仿真

具体操作步骤请参照单元 4，此处略。

（四）创建工具坐标系

创建工具坐标系及 TCP 标定操作见表 6.5。

表 6.5　创建工具坐标系及 TCP 标定操作

序号	操作说明	效果图
1	按下示教器上的“Menu”按键，单击“项目管理”，单击“项目”	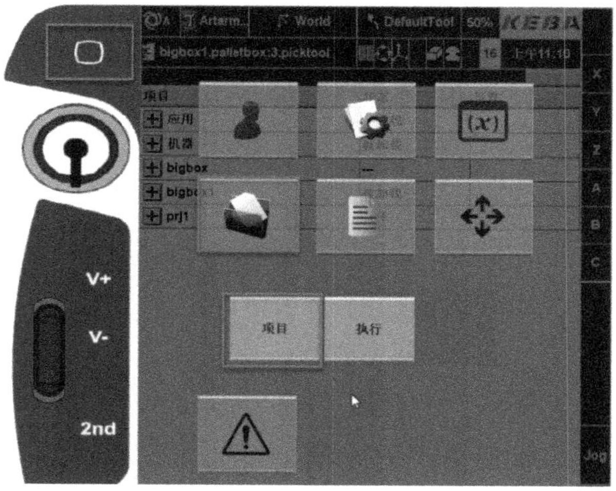
2	在界面中单击“文件”按钮后，在弹出的选项列表中选择“新建项目”	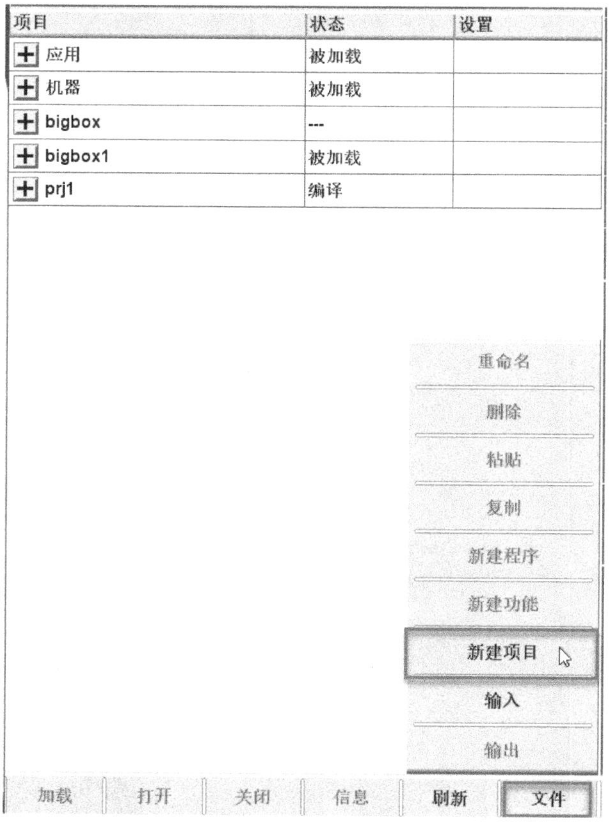

（续表）

序号	操作说明	效果图
3	输入项目名称和程序名称，单击“√”按钮确认	
4	选择新建的项目，单击“加载”按钮 注：一次只能加载一个项目，其他项目必须关闭	
5	按“Menu”按键，单击“变量管理”，单击“变量监测”	

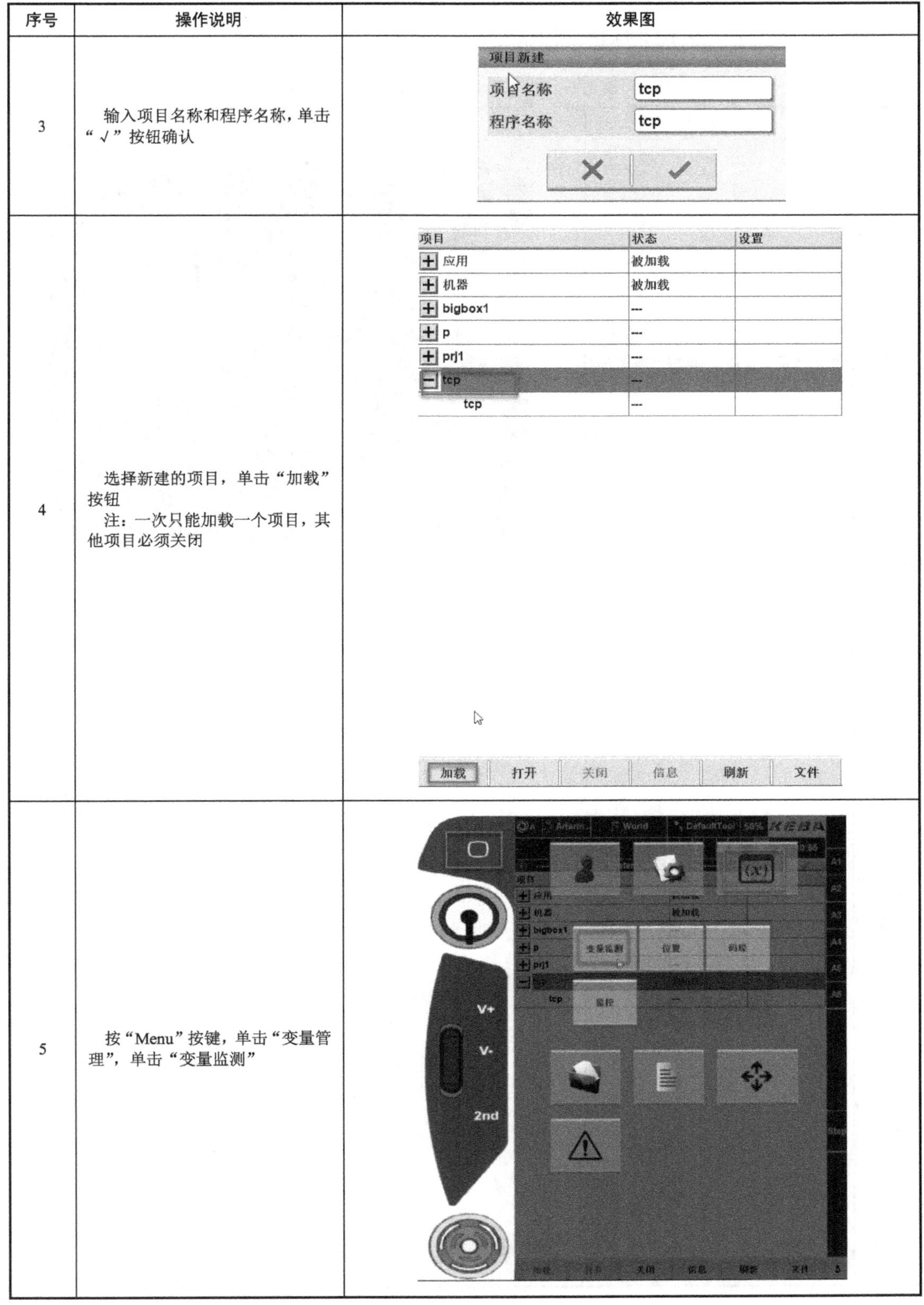

（续表）

序号	操作说明	效果图
6	选中项目“P 项目[tcp]”，单击“变量”按钮，然后选择“新建”选项	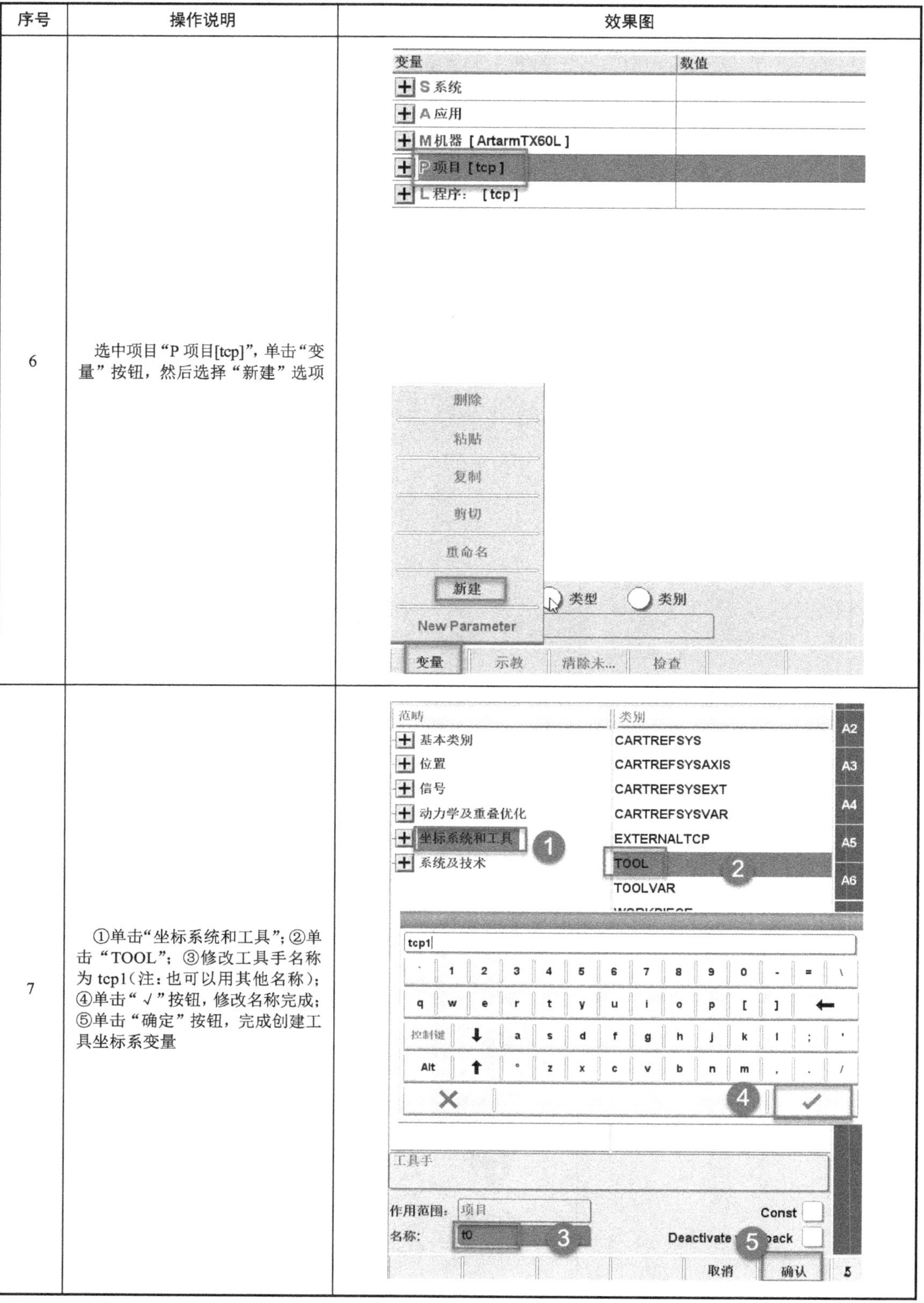
7	①单击“坐标系统和工具”；②单击“TOOL”；③修改工具手名称为 tcp1（注：也可以用其他名称）；④单击“√”按钮，修改名称完成；⑤单击“确定”按钮，完成创建工具坐标系变量	

（续表）

序号	操作说明	效果图
8	建立好的工具坐标系变量为“tcp1”	
9	按下示教器上的“Menu”按键，单击“变量管理”，单击“工具手示教”	

（续表）

序号	操作说明	效果图
10	由于胶枪是不规则的工具，无法直接通过输入工具尺寸进行工具坐标系的设置，故单击“设置”按钮	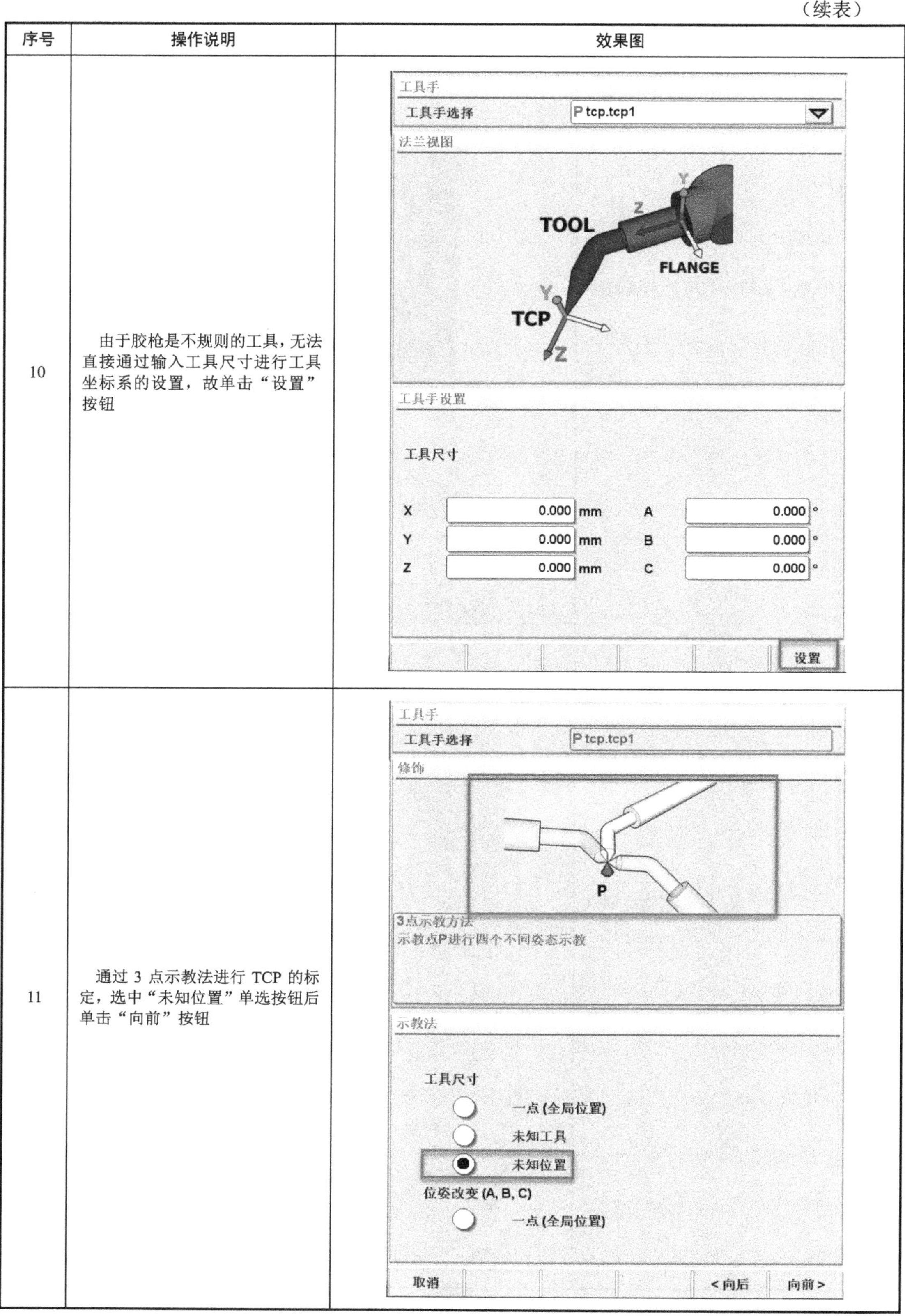
11	通过 3 点示教法进行 TCP 的标定，选中“未知位置”单选按钮后单击“向前”按钮	

（续表）

序号	操作说明	效果图
12	移动机器人到第一个姿态的位置	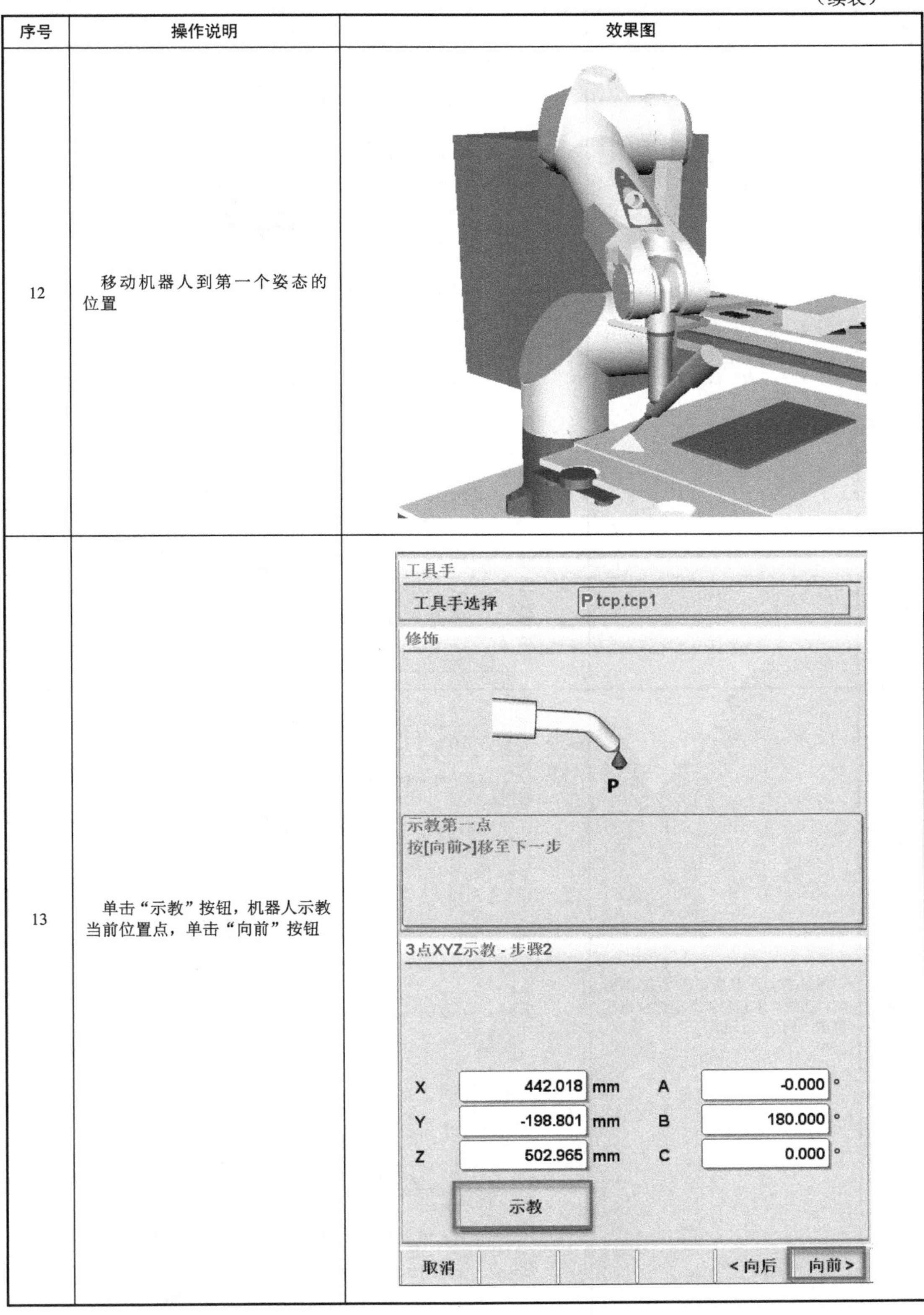
13	单击“示教”按钮，机器人示教当前位置点，单击“向前”按钮	

（续表）

序号	操作说明	效果图
14	移动机器人到第二个姿态的位置	
15	单击“示教”按钮，机器人示教当前位置点，单击“向前”按钮	

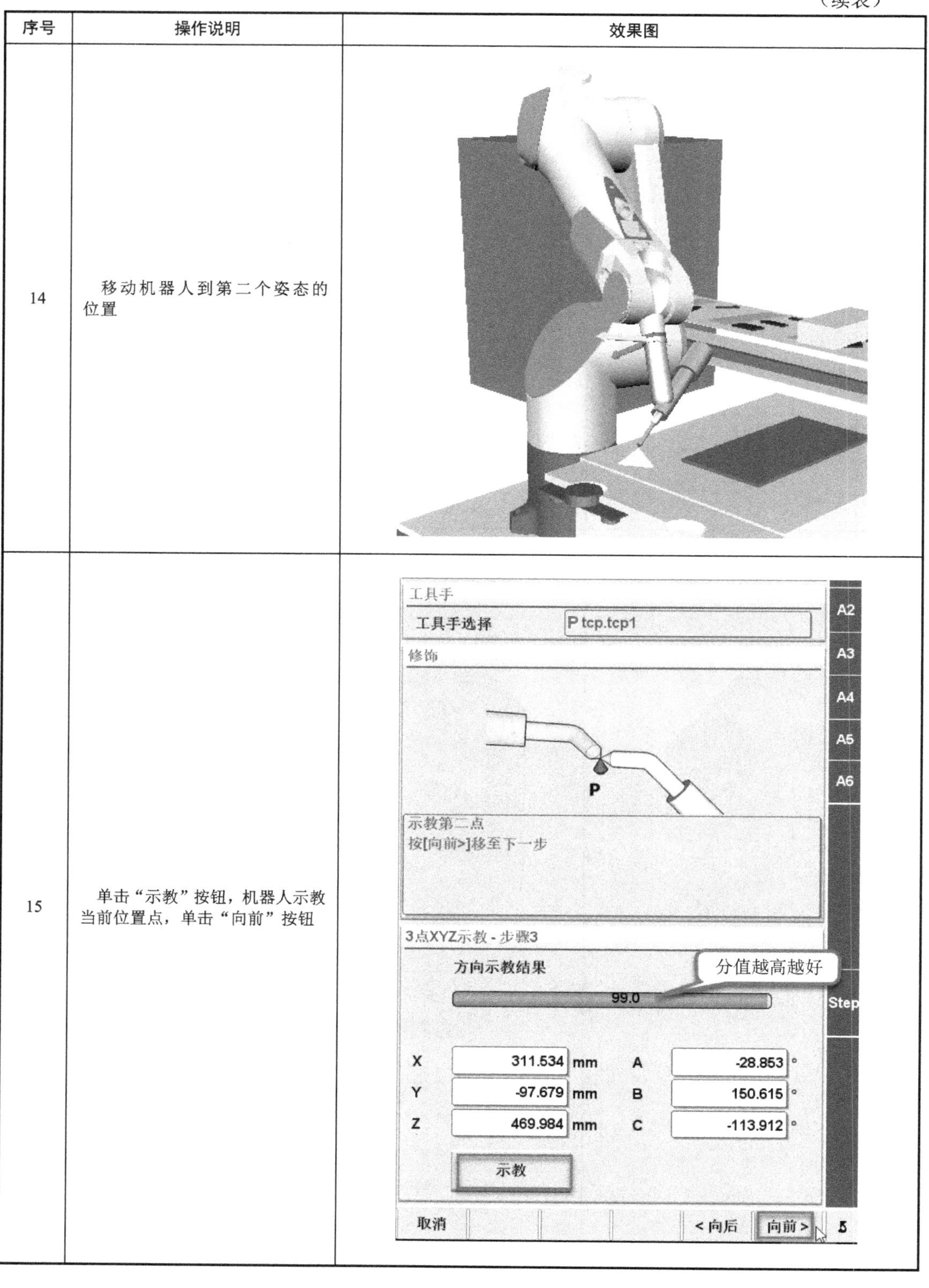

（续表）

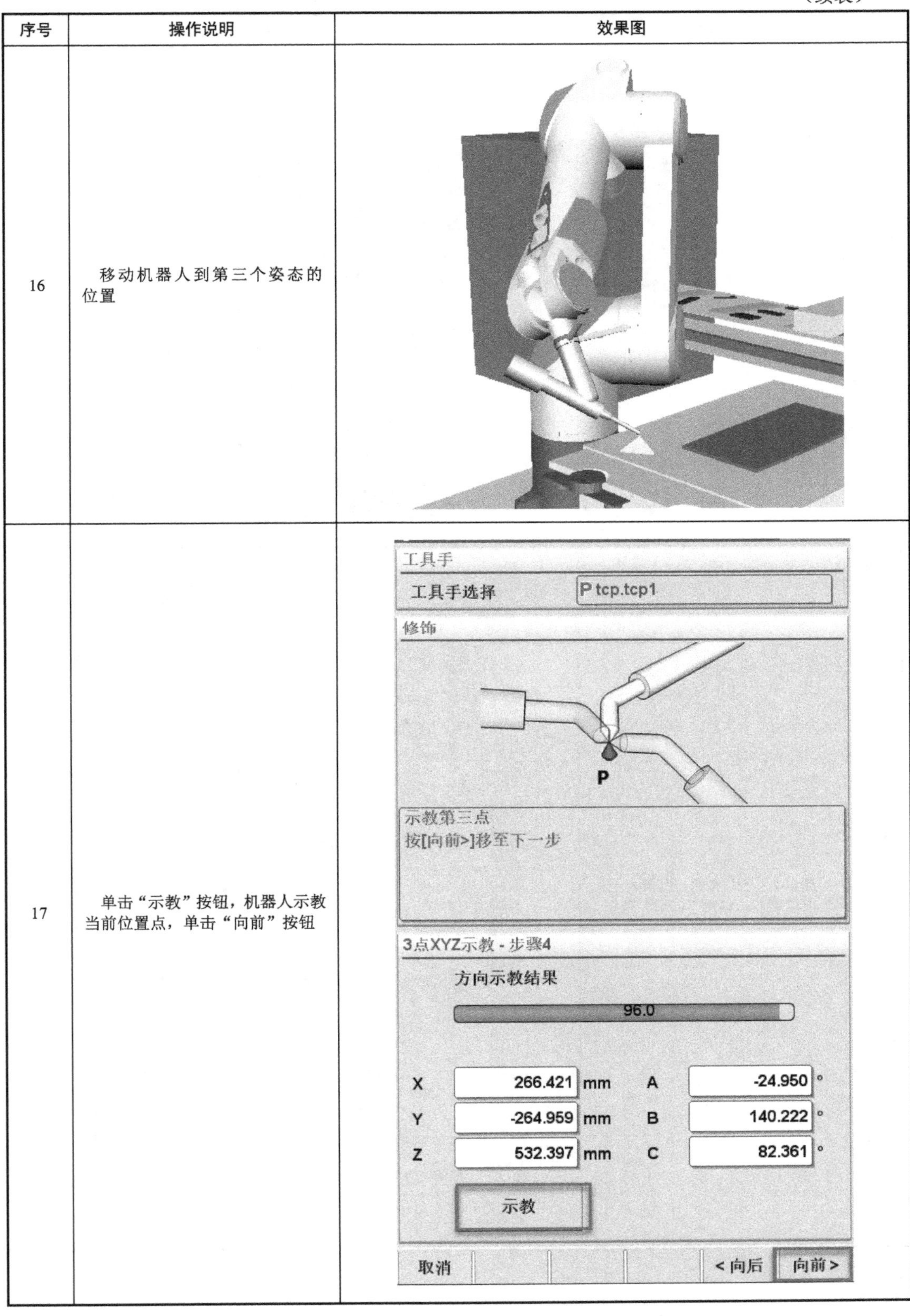

序号	操作说明	效果图
16	移动机器人到第三个姿态的位置	
17	单击“示教”按钮，机器人示教当前位置点，单击“向前”按钮	

（续表）

序号	操作说明	效果图
18	计算结果，位置误差越小越好，单击“确定”按钮	
19	工具坐标系的原点（TCP）的位置参数设置结束，单击“设置”按钮进行坐标方向的设置	

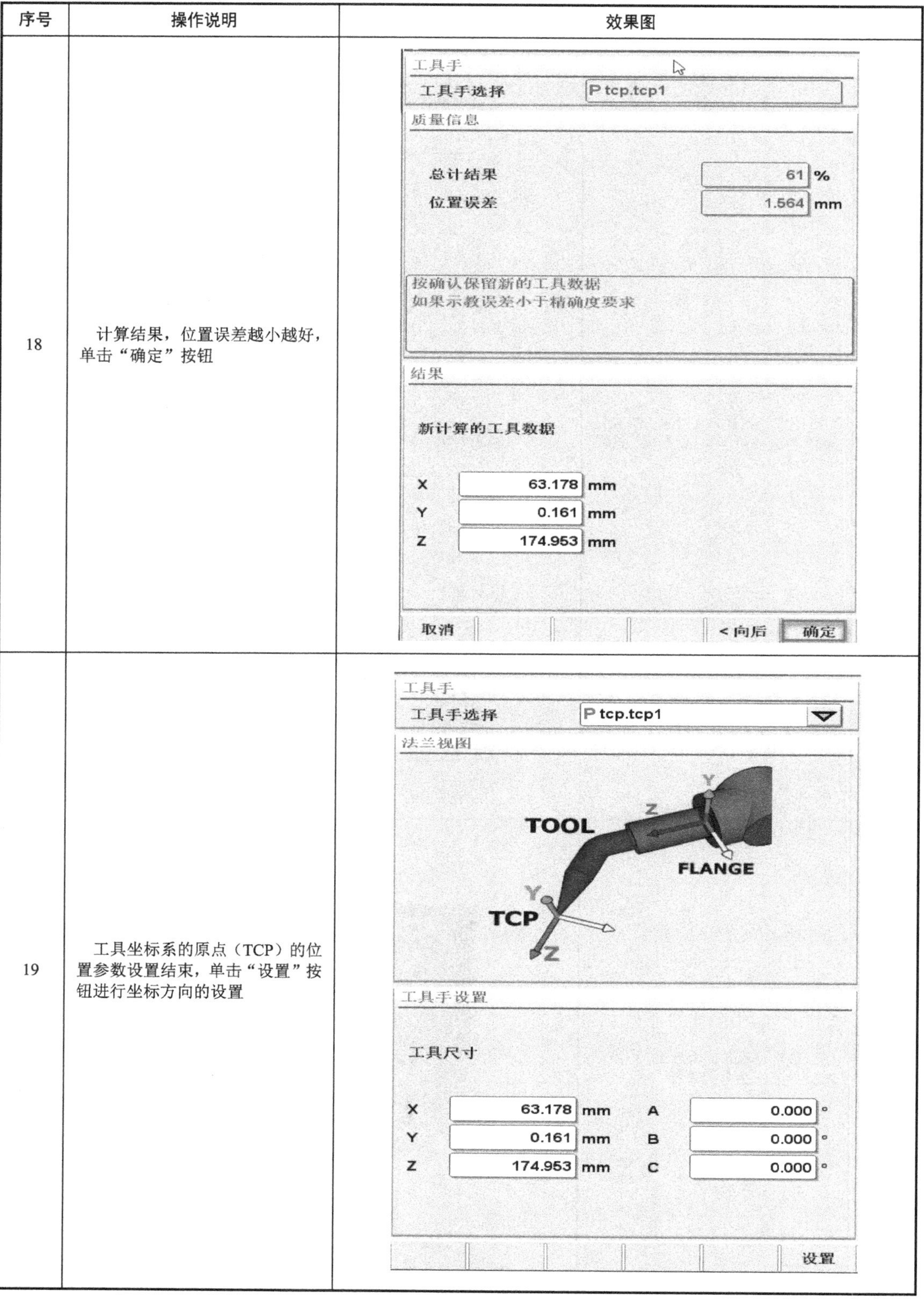

（续表）

序号	操作说明	效果图
20	选中位姿改变为“一点（全局变量）”单选按钮，单击“向前”按钮	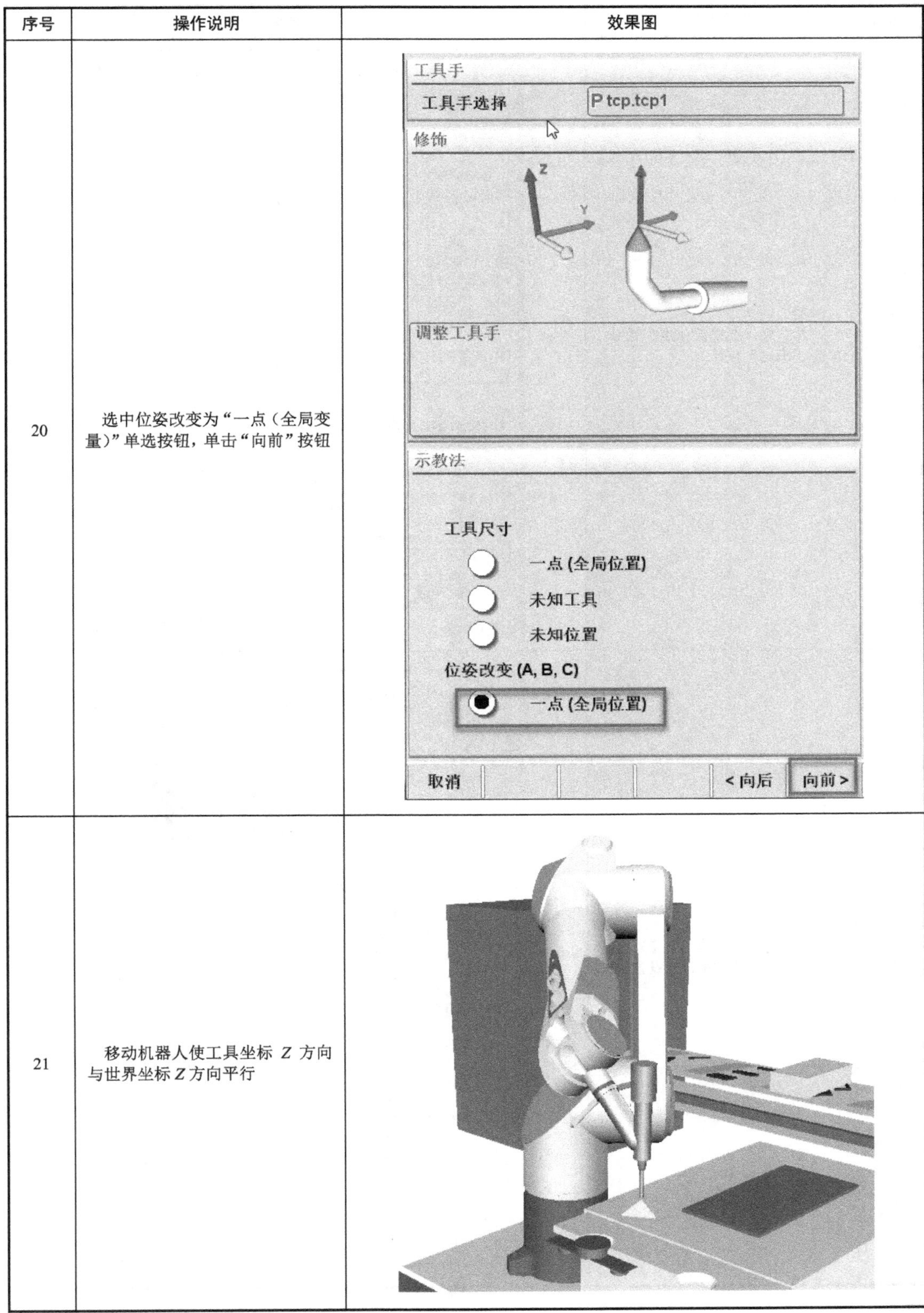
21	移动机器人使工具坐标 Z 方向与世界坐标 Z 方向平行	

（续表）

序号	操作说明	效果图
22	选择工具坐标与世界坐标方向的对应关系，单击“示教”按钮记录当前姿态，然后单击“向前”按钮	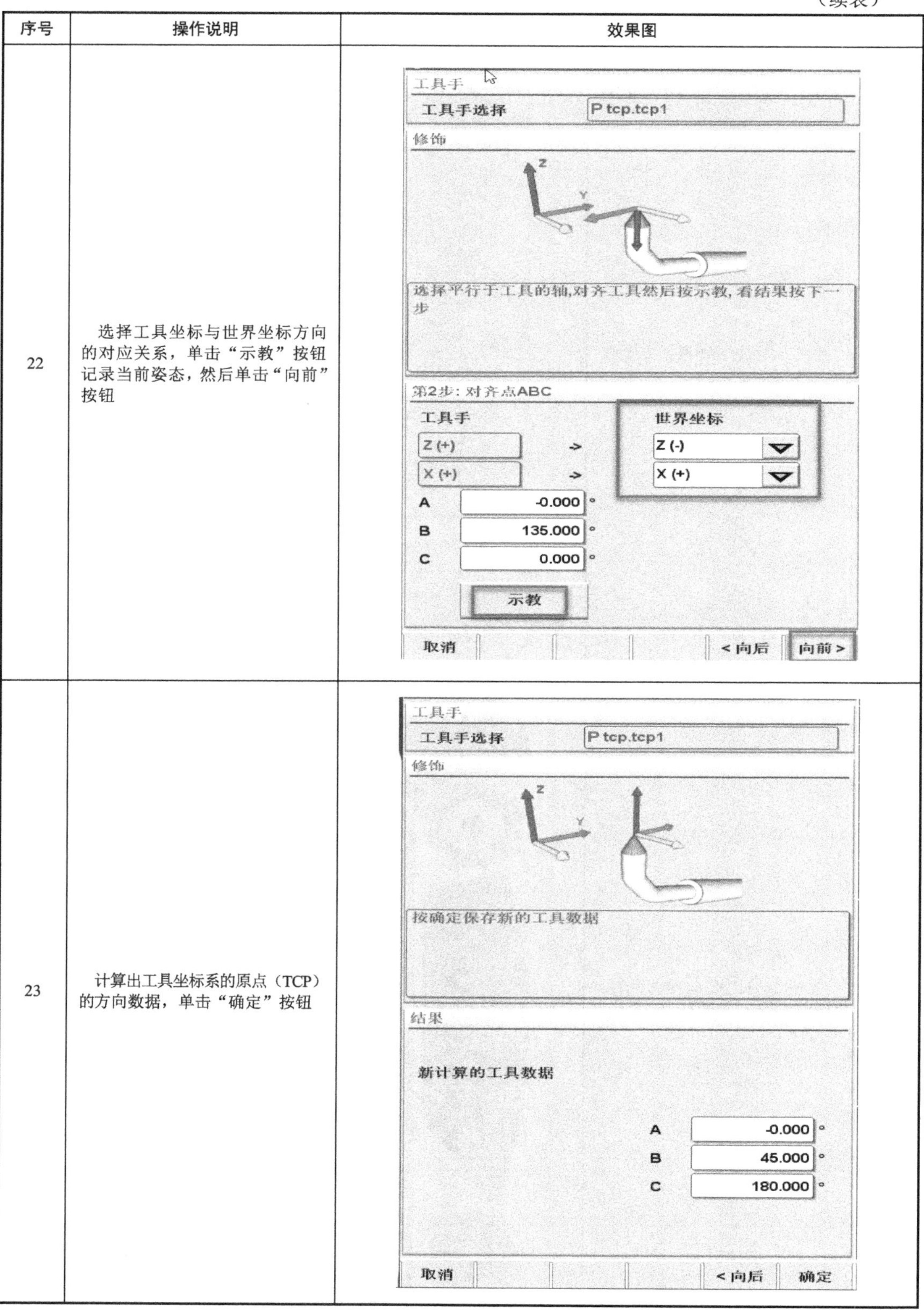
23	计算出工具坐标系的原点（TCP）的方向数据，单击“确定”按钮	

（续表）

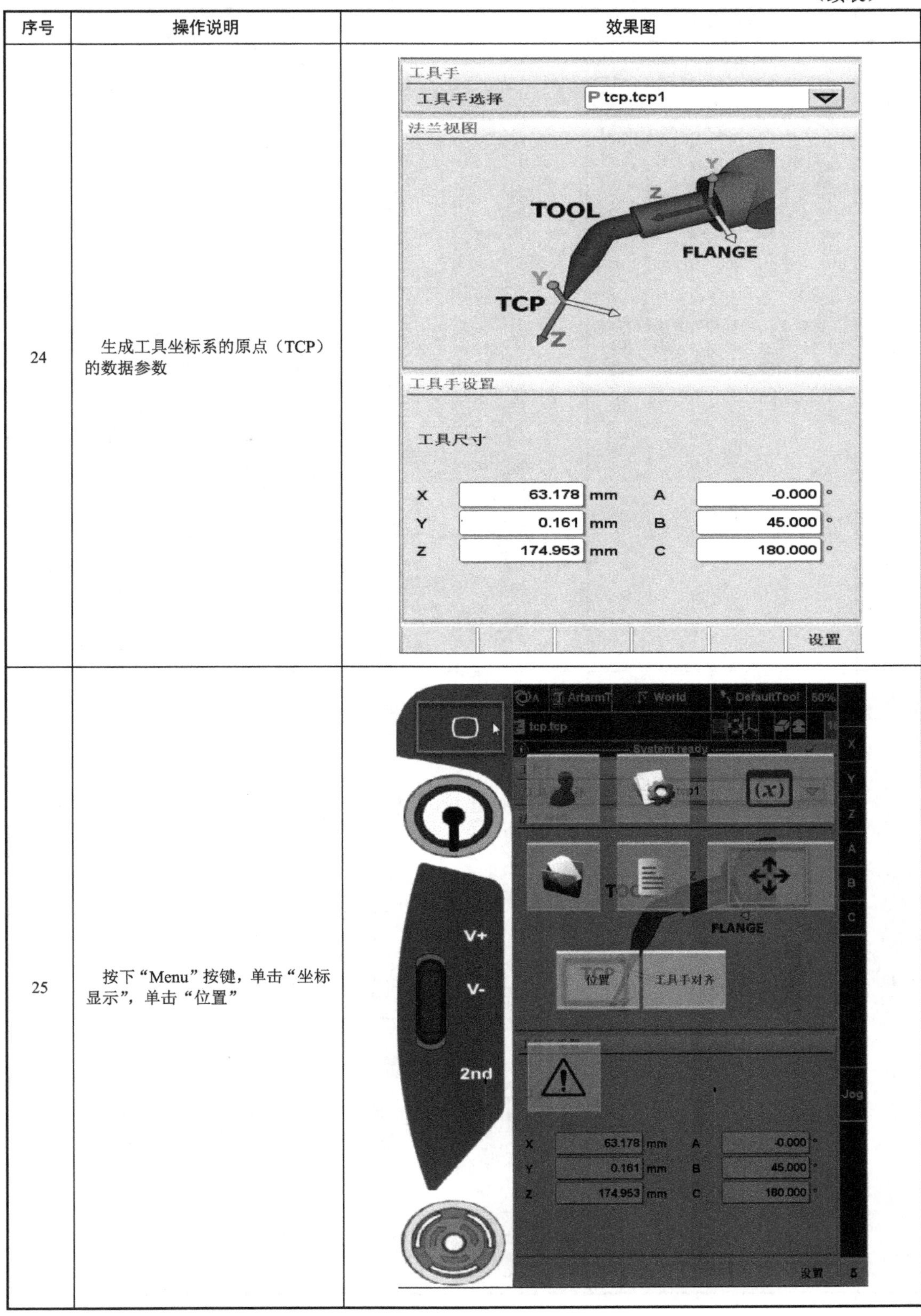

序号	操作说明	效果图
24	生成工具坐标系的原点（TCP）的数据参数	
25	按下“Menu”按键，单击“坐标显示”，单击“位置”	

（续表）

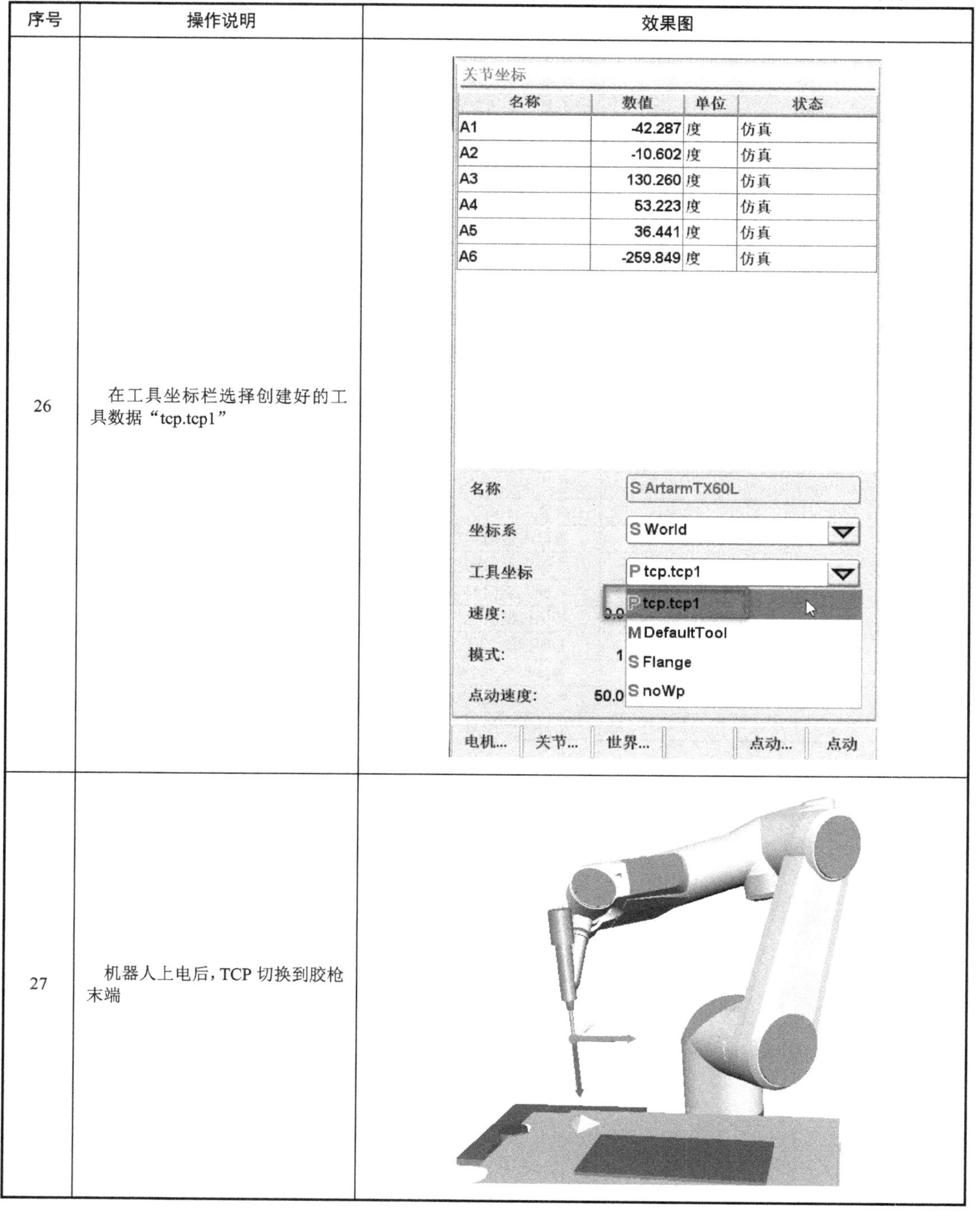

序号	操作说明	效果图
26	在工具坐标栏选择创建好的工具数据“tcp.tcp1”	
27	机器人上电后，TCP 切换到胶枪末端	

（五）编写模拟 TCP 标定程序

1. 程序编写

模拟 TCP 标定程序见表 6.6。

表 6.6 模拟 TCP 标定程序

序号	程序指令	说明/效果图
2	bSigOut0.Set(FALSE)	复位抓取工具信号
3	PTP(ap0)	机器人运行到工作原点
4	PTP(ap1)	机器人到达涂胶工具上方点
5	Lin(cp0)	机器人到达涂胶工具位置点
6	WaitIsFinished()	等待机器人到达工具位置点
7	bSigOut0.Set(TRUE)	启动抓取工具信号 DO0
8	WaitTime(500)	等待夹爪完全抓紧
9	Lin(cp1)	机器人抓取工具后到达左边“cp1”点
10	Lin(cp2)	机器人到达左上方“cp2”点
11	Lin(guodu)	机器人到达过渡点——“guodu”点
12	Lin(cp4)	机器人以第一种姿态靠近目标点
13	Lin(guodu)	机器人到达过渡点——“guodu”点
14	Lin(cp5)	机器人以第二种姿态靠近目标点
15	Lin(guodu)	机器人到达过渡点——“guodu”点
16	Lin(cp6)	机器人以第三种姿态靠近目标点
17	Lin(guodu)	机器人到达过渡点——“guodu”点
18	Lin(cp7)	机器人以第四种姿态靠近目标点
19	Lin(guodu)	机器人到达过渡点——“guodu”点
20	PTP(cp2)	机器人返回到左上方“cp2”点
21	Lin(cp1)	机器人返回到左边“cp1”点
22	Lin(cp0)	机器人返回到涂胶工具位置点
23	WaitIsFinished()	等待机器人运行到工具位置点
24	bSigOut0.Set(FALSE)	关闭抓取工具信号 DO0
25	WaitTime(500)	等待夹爪完全松开
26	Lin(ap1)	机器人返回到涂胶工具上方点
27	PTP(ap0)	机器人回零点
28	编写好的模拟 tcp 标定程序	tcp STEP 行 2 bSigOut0.Set(FALSE) 3 PTP(ap0) 4 PTP(ap1) 5 Lin(cp0) 6 WaitIsFinished() 7 bSigOut0.Set(TRUE) 8 WaitTime(500) 9 Lin(cp1) 10 Lin(cp2) 11 Lin(guodu) 12 Lin(cp4) 13 Lin(guodu) 14 Lin(cp5) 15 Lin(guodu) 16 Lin(cp6) 17 Lin(guodu) 18 Lin(cp7) 19 Lin(guodu) 20 PTP(cp2) 21 Lin(cp1) 22 Lin(cp0) 23 WaitIsFinished() 24 bSigOut0.Set(FALSE) 25 WaitTime(500) 26 Lin(ap1) 27 PTP(ap0) 28 >>>EOF<<< 编辑 WaitTime 新建 设置PC 编辑 高级

2. 示教点位置

示教点位置见表 6.7。

表 6.7　示教点位置

序号	示教点	效果图
1	ap0	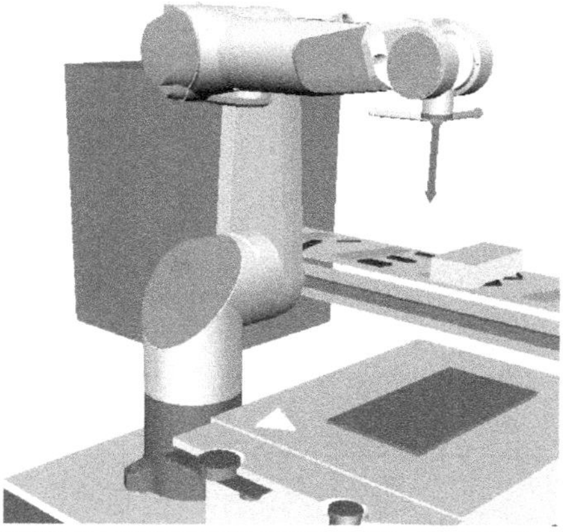
2	ap1	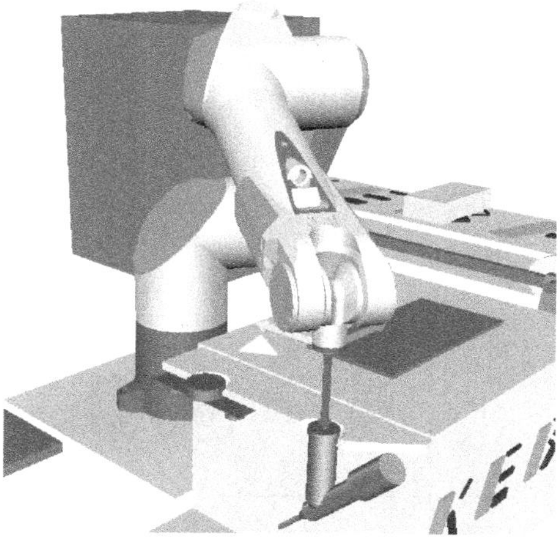
3	cp0	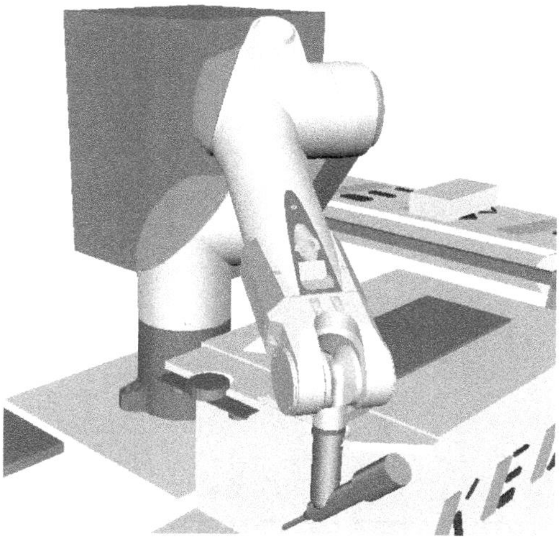

（续表）

序号	示教点	效果图
4	cp1	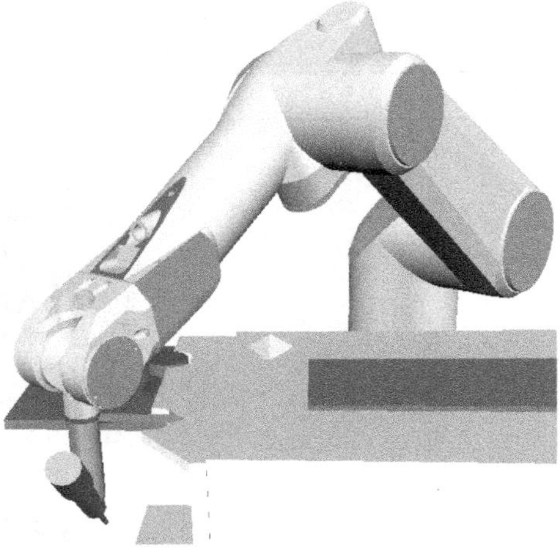
5	cp2	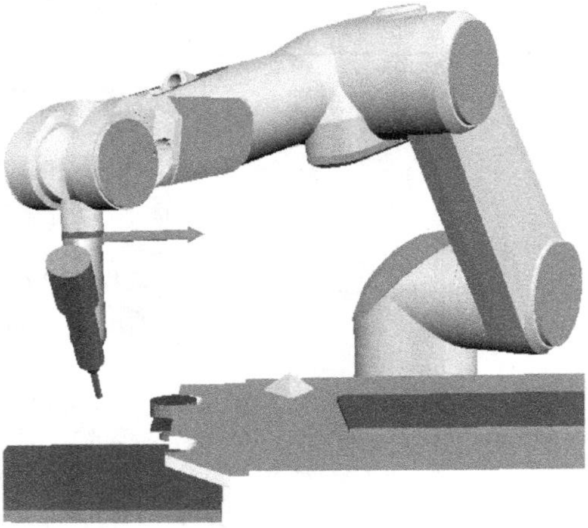
6	guodu	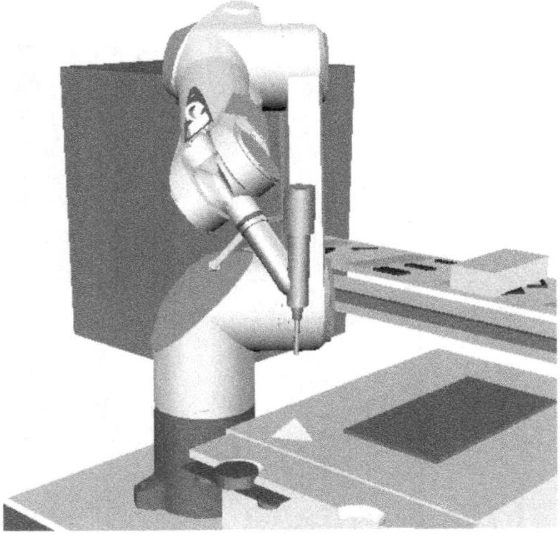

（续表）

序号	示教点	效果图
7	cp4	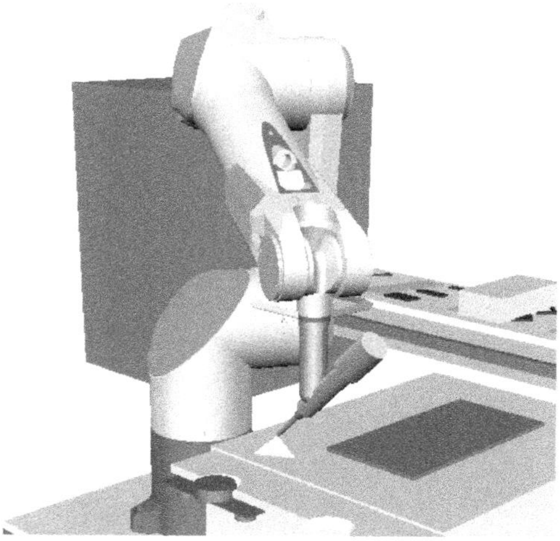
8	cp5	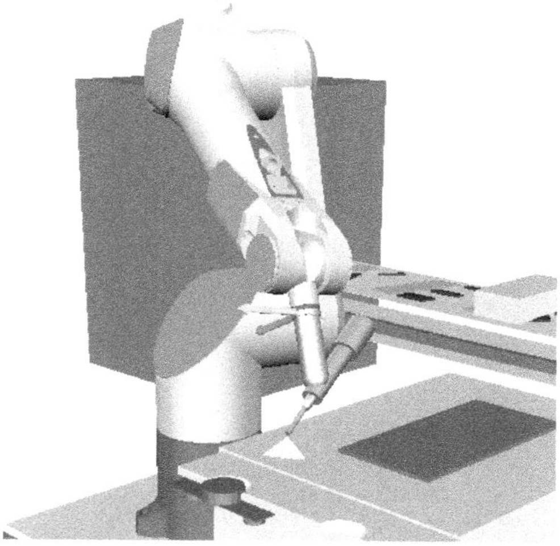
9	cp6	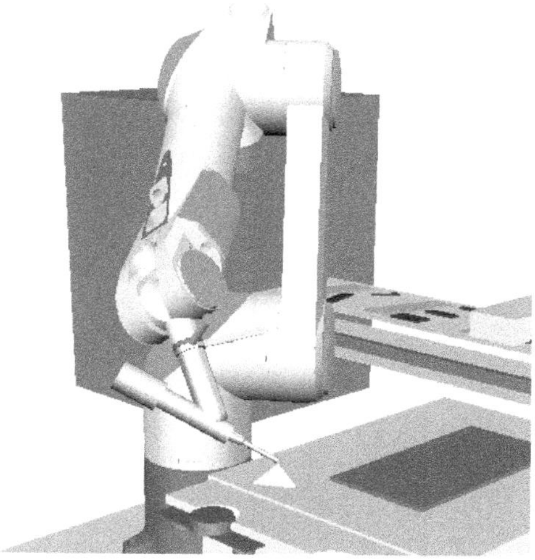

（续表）

序号	示教点	效果图
10	cp7	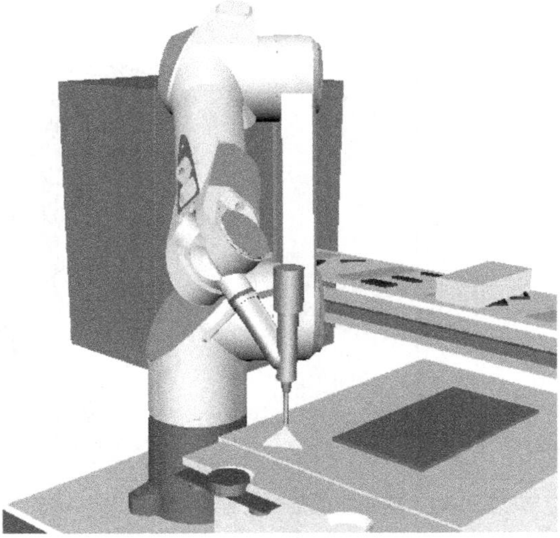

单元 7

设定参考坐标系

一、任务描述

本单元练习参考坐标系的设定。操作机器人在涂胶工作台上用三点示教法创建参考坐标系，效果如图 7.1 所示。

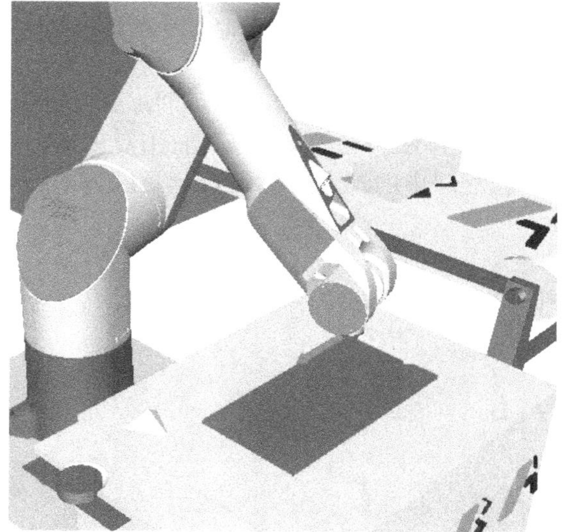

图 7.1　创建参考坐标系效果

二、学习目标

知识目标：

1. 了解设置指令组中的 Refsys、Workpiece 指令以及参考坐标系的设定原理；
2. 了解信号指令组；

技能目标：

掌握参考坐标系的创建及设定方法。

三、知识储备

（一）参考坐标系的原理和作用

1. 参考坐标系的原理

参考坐标系的设定是指参照世界坐标系在机器人周围的某一个位置上创建一个参考坐标系，其目的是使机器人的手动运行以及编程设定的位置均以该坐标系为参照。工件支座、工作台的边缘、货盘或机器的外缘等均可作为参考坐标系中合理的参照点。

2. 参考坐标系的作用

1）参考坐标系的修正和推移

如图 7.2 所示，机器人需要把工作平面上的工件抓起后放置在托盘上。如果机器人程序中的工件抓取位置以世界坐标系为参照，那么工作平面移动后，平面上的工件也会跟着移动，此时需要重新示教工件的抓取位置才能准确抓取工件。如果在工作平面上创建了一个参考坐标系，并且机器人程序中的工件抓取位置以该参考坐标系为参照，那么工作平面移动后，只需要重新设定参考坐标系的位置，而不需要重新示教工件抓取位置就可以准确地抓取工件了。

如图 7.3 所示，以参考坐标系 crs1 为参照，对工件 A 进行轨迹编程，如果要对另外一件和工件 A 一样的工件 B 进行轨迹编程，只需在工件 B 上创建一个参考坐标系 crs2，将工件 A 的程序复制一份，把程序中的参考坐标系 crs1 更新为 crs2 即可，无须再重新示教编程了。

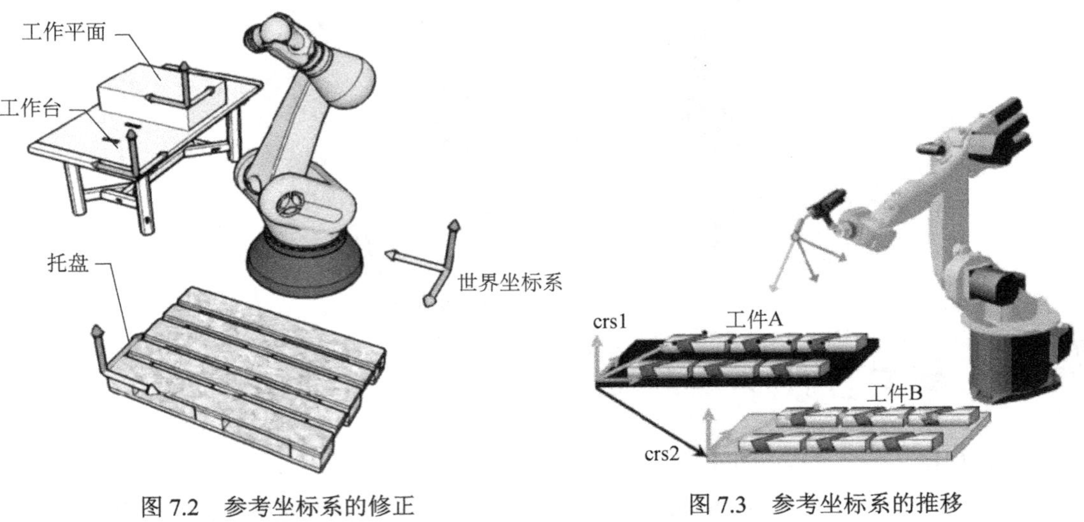

图 7.2　参考坐标系的修正　　　图 7.3　参考坐标系的推移

2）机器人沿工件边缘移动

如图 7.4 所示，参考坐标系创建在倾斜的工件平面上。在手动运行模式下，选择参考坐标点动方式，机器人工具末端的 TCP 可以沿着倾斜的参考坐标系方向移动。

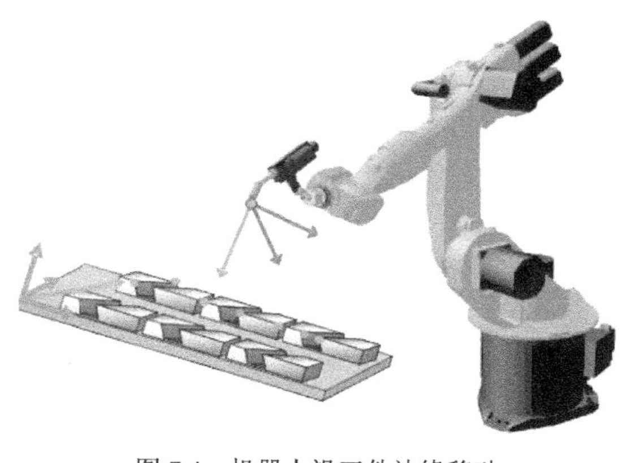

图 7.4　机器人沿工件边缘移动

（二）设置指令组

1. Refsys

Refsys 为设置参考坐标系指令。通过该指令可以为后续运行的位置指令设定一个新的参考坐标系。如果程序中没有设定参考坐标系，系统默认参考坐标系为世界坐标系。参考坐标系常用的类型是 CARTREFSYS 和 CARTREFSYSVAR。

其中 CARTREFSYS 类型参考坐标系的主要参数是 baseRefSys，即所要建立的参考坐标系是参考哪个坐标系建立的，x、y、z 分别是相对于基坐标系的位置偏移，a、b、c 是相对于基坐标系的姿态，如图 7.5 所示。

RefSys(crs0)	
− refSys: REFSYS_	L crs0 ▽
+ baseRefSys: MAPTO REFSYS_	S World ▽
x: REAL	0.00
y: REAL	0.00
z: REAL	0.00
a: REAL	0.00
b: REAL	0.00
c: REAL	0.00

图 7.5　CARTREFSYS 类型参考坐标系的参数设置

CARTREFSYSVAR 类型参考坐标系的坐标原点值可由 PLC 程序实时动态更新。

2. Workpiece

Workpiece 指令用于设置工件的操作点，该操作点可相对 TCP 进行偏移。

（三）信号指令组

信号指令组包含以下指令。

- WaitBool：等待直到数字信号与给定值一致；
- WaitBit：等待直到信号指定位被置位或复位；

- WaitBitMask：等待直到信号的掩码运算值与目标值的掩码运算值一致；
- WaitLess：等待直到信号值小于给定值；
- WaitGreater：等待直到信号值大于给定值；
- WaitInside：等待直到信号值在给定的区间限制内；
- WaitOutside：等待直到信号值在给定的区间限制外；
- BOOLSIGOUT.Set：把数字量输出信号设为给定值；
- BOOLSIGOUT.Pulse：给数字量输出信号一个指定时长的脉冲；
- BOOLSIGOUT.Connect：连接数字信号和状态变量。

1. 等待超时参数 timeoutMs

所有等待信号指令都用到了等待超时参数 timeoutMs，该参数指定超时限制时间，等待时间超过该限制，则函数返回值 FALSE。如果没有指定超时参数，函数将无限等待，直到出现期望的值。例如：参数 timeoutMs 的应用示例见表 7.1 和表 7.2。

表 7.1　参数 timeoutMs 应用示例——参数

Variable	信号
[booVal]	给定值，函数等待直到信号与给定值一致（默认为 TRUE）
[timeoutMs]	等待超时限制（默认：无超时限制）

表 7.2　参数 timeoutMs 应用示例——返回值

TRUE	若信号与给定值一致，返回 TRUE
FALSE	若超时，返回 FALSE

2. WaitBool

等待直到数字信号值与给定值一致，或者超过等待时间 timeoutMs。例如：等待信号 b1 为 TRUE（被置位），等待时间为 5000ms，指令设置如图 7.6 所示。

WaitBool(b1,TRUE,5000)	
variable: BOOL	L b1
boolVal: BOOL (可选参数)	TRUE
timeoutMs: DINT (可选参数)	5,000

图 7.6　WaitBool 指令设置

3. WaitBit

等待直到信号指定位被置位或复位，或者超过等待时间 timeoutMs，适用于整数值信号和位值信号。例如：WaitBit 指令示例见表 7.3 和 7.4。

表 7.3　WaitBit 指令示例——参数

Variable	信号（一个整数值信号或位值信号）
bitNr	信号位数值（0…63）
[booVal]	目标值，函数等待直到信号为该值（默认为 TRUE）
[timeoutMs]	等待超时限制（默认：无超时限制）

表 7.4　WaitBit 指令示例——返回值

TRUE	若信号指定位与给定值一致，返回 TRUE
FALSE	若超时，返回 FALSE

等待信号 inData 的第 7 位值为 TURE，无超时限制，指令设置如图 7.7 所示。

WaitBit(inData,7)	
variable: ANY	L inData
bitNr: DINT	7
bitVal: BOOL (可选参数)	无数值
timeoutMs: DINT (可选参数)	无数值

图 7.7　WaitBit 指令设置

4. WaitBitMask

等待直到信号的掩码运算值与目标值的掩码运算值一致，即（actVal AND mask）=（maskedVal AND mask），或者超过等待时间 timeoutMs，适用于整数值信号和位值信号。例如：WaitBitMask 指令示例见表 7.5 和表 7.6。

表 7.5　WaitBitMask 指令示例——参数

Variable	信号（一个整数值信号或位值信号）
mask	信号值掩码
[maskedVal]	目标值（默认 maskedVal = mask）
[timeoutMs]	等待超时限制（默认：无超时限制）

表 7.6　WaitBitMask 指令示例——返回值

TRUE	若（actVal AND mask）=（maskedVal AND mask），返回 TRUE
FALSE	若超时，返回 FALSE

等待信号 inData 的低 8 位（掩码 255）的值为 33，等待时间 1000ms，指令设置如图 7.8 所示。

WaitBitMask(inData,255,33,1000)	
variable: ANY	L inData
mask: LWORD	255
maskedVal: LWORD (可选参数)	33
timeoutMs: DINT (可选参数)	1,000

图 7.8　WaitBitMask 指令设置

5. WaitLess

等待直到信号值小于给定值，或者超过等待时间 timeoutMs，适用于整数值信号和浮点值信号。例如：WaitLess 指令示例见表 7.7 和表 7.8。

表 7.7　WaitLess 指令示例——参数

Variable	信号（一个整数值信号或浮点值信号）
Limit	限制，信号值须小于该值
[timeoutMs]	等待超时限制（默认：无超时限制）

表 7.8 WaitLess 指令示例——返回值

TRUE	若信号值小于给定值，返回 TRUE
FALSE	若超时，返回 FALSE

等待信号 aiTemp1 的值小于 40.0，等待时间 1200ms，指令设置如图 7.9 所示。

WaitLess(aiTemp1,40.0,1200)	
variable: ANY	L aiTemp1
limit: LREAL	40.000
timeoutMs: DINT (可选参数)	1,200

图 7.9 WaitLess 指令设置

6. WaitGreater

等待直到信号值大于给定值，或者超过等待时间 timeoutMs，适用于整数值信号和浮点值信号。例如：WaitGreater 指令示例见表 7.9 和表 7.10。

表 7.9 WaitGreater 指令示例——参数

Variable	信号（一个整数值信号或浮点值信号）
Limit	限制，信号值须大于该值
[timeoutMs]	等待超时限制（默认：无超时限制）

表 7.10 WaitGreater 指令示例——返回值

TRUE	若信号值大于给定值，返回 TRUE
FALSE	若超时，返回 FALSE

等待信号 aiTemp1 的值大于 10.0，无超时限制，指令设置如图 7.10 所示。

WaitGreater(aiTemp1,10.0)	
variable: ANY	L aiTemp1
limit: LREAL	10.000
timeoutMs: DINT (可选参数)	无数值

图 7.10 WaitGreater 指令设置

7. WaitInside

等待直到信号值在给定的区间限制内，或者超过等待时间 timeoutMs，适用于整数值信号和浮点值信号。例如：WaitInside 指令示例见表 7.11 和表 7.12。

表 7.11 WaitInside 指令示例——参数

Variable	信号（一个整数值信号或浮点值信号）
minVal	最小值（目标区间的最小值）
maxVal	最大值（目标区间的最大值）
[timeoutMs]	等待超时限制（默认：无超时限制）

表 7.12　WaitInside 指令示例——返回值

TRUE	若信号值在给定的区间限制内，返回 TRUE
FALSE	若超时，返回 FALSE

等待信号 aiTemp1 的值在 5.0～15.0 的区间内，等待时间 2 000ms，指令设置如图 7.11 所示。

WaitInside(aiTemp1,5.0,15.0,2000)	
variable: ANY	aiTemp1
minVal: LREAL	5.000
maxVal: LREAL	15.000
timeoutMs: DINT (可选参数)	2,000

图 7.11　WaitInside 指令设置

8. WaitOutside

等待直到信号值在给定的区间限制外，或者超过等待时间 timeoutMs，适用于整数值信号和浮点值信号。例如：WaitOutside 指令示例见表 7.13 和表 7.14。

表 7.13　WaitOutside 指令示例——参数

Variable	信号（一个整数值信号或浮点值信号）
minVal	最小值（目标区间的最小值）
maxVal	最大值（目标区间的最大值）
[timeoutMs]	等待超时限制（默认：无超时限制）

表 7.14　WaitOutside 指令示例——返回值

TRUE	若信号值在给定的区间限制外，返回 TRUE
FALSE	若超时，返回 FALSE

等待信号 aiPressure1 的值在 0.5～realMaxVal 的区间内，无超时限制，指令设置如图 7.12 所示。

WaitOutside(aiPressure1,0.5,realMaxVal)	
variable: ANY	aiPressure1
minVal: LREAL	0.500
maxVal: LREAL	realMaxVal
timeoutMs: DINT (可选参数)	无数值

图 7.12　WaitOutside 指令设置

9. BOOLSIGOUT.Set

设定一个数字量输出信号为给定值和（可选）等待一个反馈信号，指令设置如图 7.13 所示。例如：一个夹爪使用一个数字量输出信号来闭合，一般情况下，机器人等待夹爪闭合完成后再动作。因此，可设置一个等待时间，然后使用一个数字量输入信号来反馈夹爪已闭合、工件已被夹爪抓取。如果等待时间过后夹爪未闭合，则数字量输入信号无反馈，指令会报错且程序中断。（可选的）等待反馈信号功能可提醒用户对设备进行调整，提高了设备的安全性。BOOLSIGOUT.Set 指令的参数及说明见表 7.15。

GripperOut.Set(TRUE,GripperFeedback,100,TRU	
BOOLSIGOUT	L GripperOut
value: BOOL (可选参数)	TRUE
fbSignal: BOOL (可选参数)	L GripperFeedback
fbTimeoutMs: DINT (可选参数)	100
waitOnFeedback: BOOL (可选参数)	TRUE

图 7.13 BOOLSIGOUT.Set 指令设置

表 7.15 BOOLSIGOUT.Set 指令的参数及说明

参数	说明
value	数字量输出信号设定值（默认为 TRUE）
[fbSignal]	反馈信号。如果使用一个反馈信号，在输出信号被重置前，该反馈信号一直被监测。当反馈信号和输出信号不同时，程序报错（默认：不使用反馈信号）
[fbTimeoutMs]	等待反馈信号的时间（默认：0，也就是反馈信号必须立即被置位）
waitOnFeedback	TRUE：程序等待直到反馈信号被置位。如果没有给定 fbTimeoutMs（或者<=0ms），程序等待没有时间限制；否则，如果反馈信号一直没有在给定时间过后被置位，则程序报错 FALSE：程序继续运行而不用等待反馈信号（默认）。反馈信号没有被置位，而且没有给定 fbTimeoutMs（或者<=0 ms），程序立即报错（默认：FALSE）

10. BOOLSIGOUT.Pulse

给数字输出量信号一个指定时长的脉冲，时长单位为 ms（毫秒），指令设置如图 7.14 所示。在脉冲开始时，信号被设置为脉冲值，在脉冲结束时，信号被设置为脉冲值的取反值。如果在执行脉冲时输出信号已经设置为脉冲值，则只会在脉冲结束时对输出信号复位。BOOLSIGOUT.Pulse 指令的参数及说明见表 7.16。

GripperOut.Pulse(1000,TRUE,TRUE)	
BOOLSIGOUT	L GripperOut
pulseLengthMs: DINT	1,000
pulseValue: BOOL (可选参数)	TRUE
pauseAtInterrupt: BOOL (可选参数)	TRUE

图 7.14 BOOLSIGOUT.Pulse 指令设置

表 7.16 BOOLSIGOUT.Pulse 指令的参数及说明

参数	说明
pulseLengthMs	脉冲持续时间[ms]
[pulseValue]	TRUE = 正脉冲，FALSE = 负脉冲（默认：TRUE）
[pauseAtInterrupt]	TRUE：程序中断时，脉冲输出暂停；程序继续运行时，脉冲继续输出直至剩余的脉冲时间结束。如果程序终止（卸载），脉冲输出不会中断 FALSE：程序中断时，脉冲输出不会中断并持续到脉冲时间结束（默认：FALSE）

11. BOOLSIGOUT.Connect

连接数字信号和状态变量，建立连接后，信号值反映关联状态变量的值，指令设置如图 7.15 所示。例如：状态变量的值为 TRUE，信号值也为 TRUE。此关联可以通过执行另一个 BOOLSIGOUT 指令来释放（Set 或 Pulse 或 Connect 连接另一状态变量）。BOOLSIGOUT.Connect 指令的参数、状态变量及说明分别见表 7.17 和表 7.18。

GripperOut.Connect(CURRENT_PROGRAM_RU
BOOLSIGOUT　L GripperOut
status: STATECONNECTION　CURRENT_PROG...
CURRENT_PROGRAM_RUNNING
ROBOT_PROGRAM_RUNNING
ROBOT_MOVING

图 7.15　BOOLSIGOUT.Connect 指令设置

表 7.17　BOOLSIGOUT.Connect 指令的参数及说明

参数	说明
Status	要连接到数字量输出信号的状态变量

表 7.18　BOOLSIGOUT.Connect 指令中 Status 参数的状态变量及说明

状态变量	说明
CURRENT_PROGRAM_RUNNING	建立状态关联的程序运行时该变量值为 TRUE，可用数字量输出反映该程序的运行或中断
ROBOT_PROGRAM_RUNNING	一个机器人程序（无论是建立状态关联的程序，还是其他程序）运行时该变量值为 TRUE
ROBOT_MOVING	机器人按照一个编程的路径运动时，该变量值为 TRUE；点动时，ROBOT_MOVING 不会被置为 TRUE

四、任务实施

（一）创建参考坐标系

创建参考坐标系的具体操作见表 7.19。

表 7.19　创建参考坐标系的具体操作

序号	操作说明	效果图
1	①按下“Menu”按键；②单击“变量管理”；③单击“变量监测”，进入变量监测界面	

（续表）

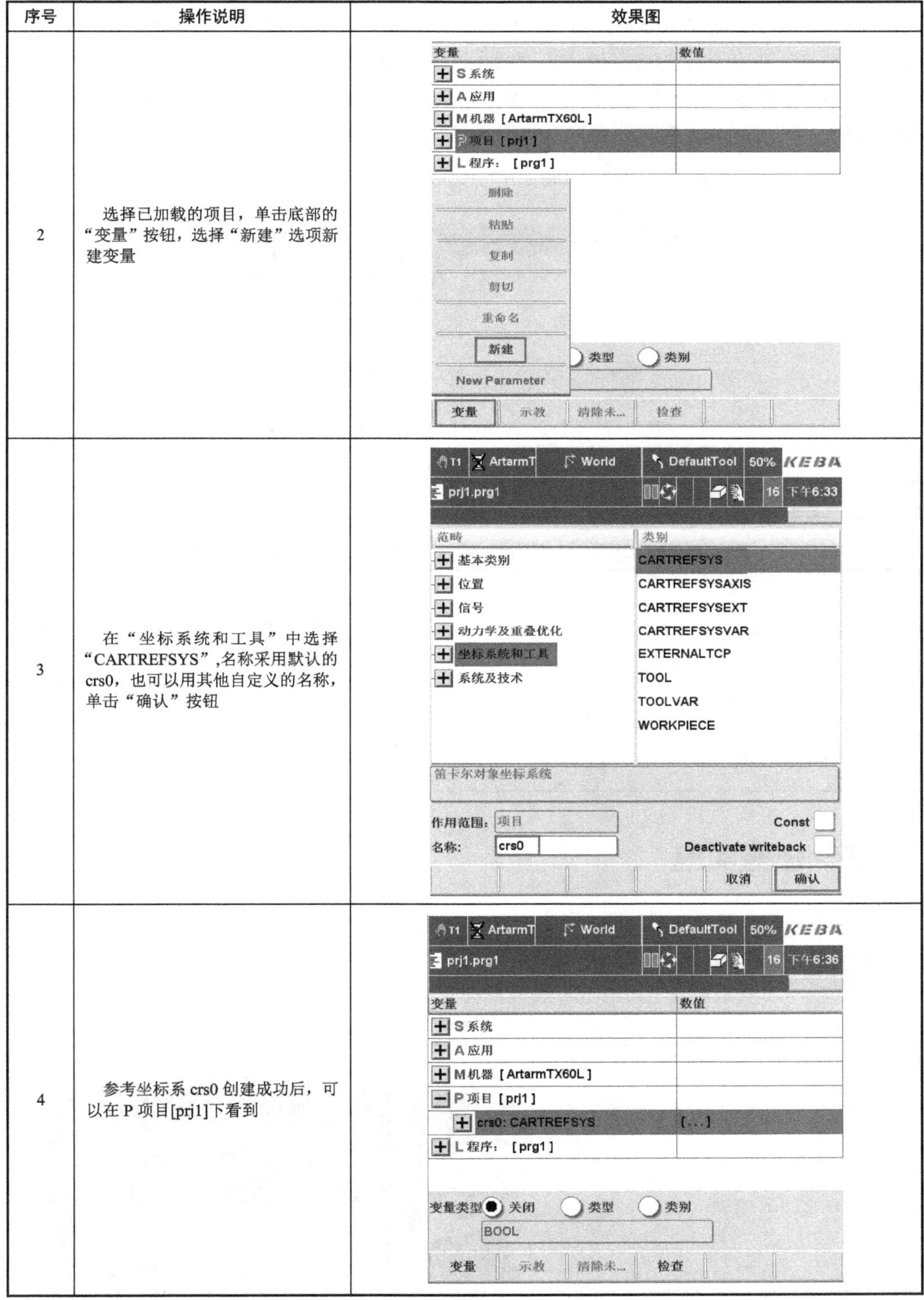

序号	操作说明	效果图
2	选择已加载的项目，单击底部的“变量”按钮，选择“新建”选项新建变量	
3	在“坐标系统和工具”中选择“CARTREFSYS”,名称采用默认的crs0，也可以用其他自定义的名称，单击“确认”按钮	
4	参考坐标系 crs0 创建成功后，可以在 P 项目[prj1]下看到	

（二）示教参考坐标系

1. 三点（含原点）示教法

三点（含原点）示教法示教参考坐标系的操作见表 7.20。

表 7.20　三点（含原点）示教法示教参考坐标系的操作

序号	操作说明	效果图
1	①按下“Menu”按键；②单击“变量管理”；③单击“对象坐标系”，进入对象坐标系界面	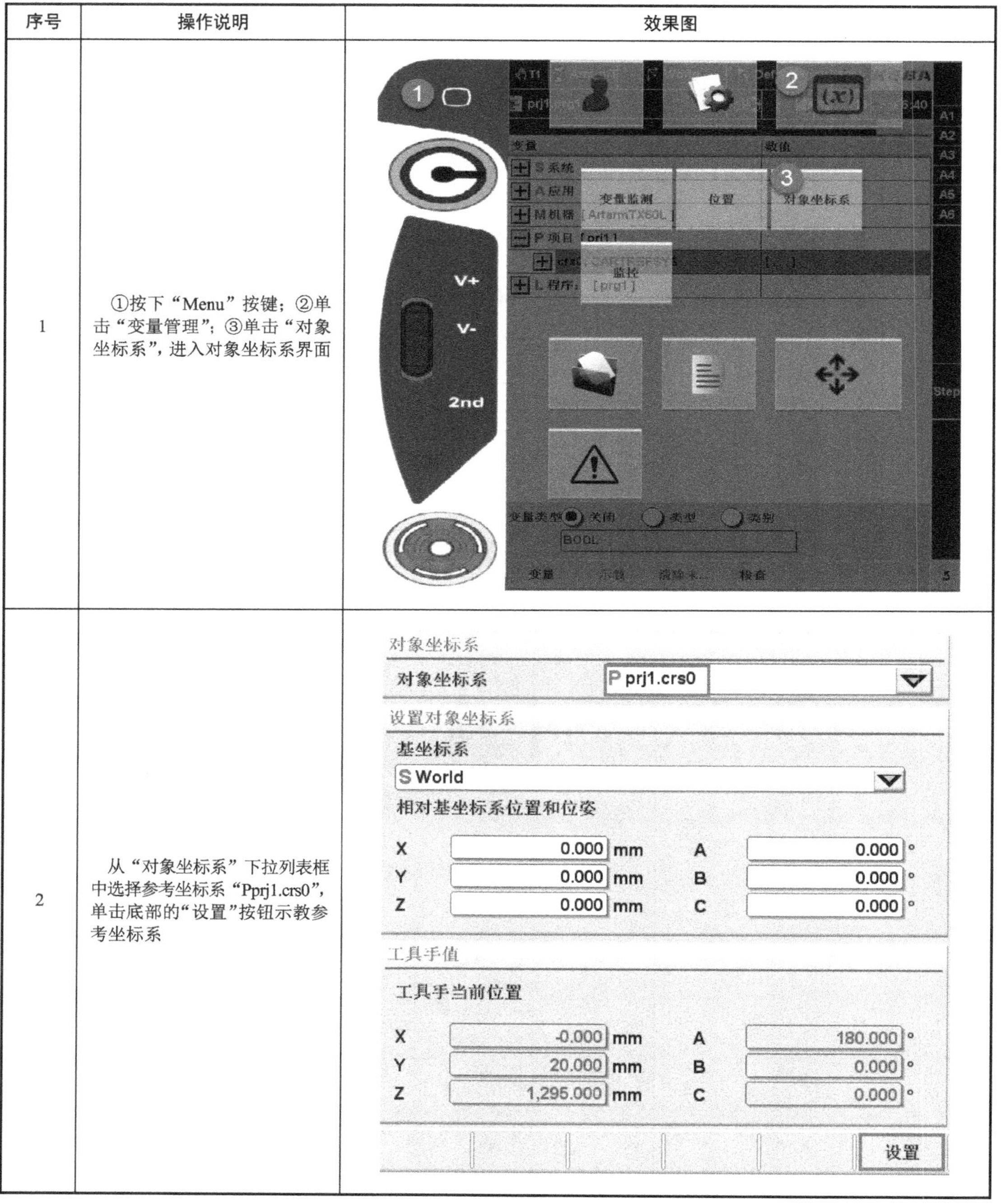
2	从“对象坐标系”下拉列表框中选择参考坐标系“Pprj1.crs0”，单击底部的“设置”按钮示教参考坐标系	

（续表）

序号	操作说明	效果图
3	在“示教法”中，选中第一种方法“3 点法”单选按钮，然后单击“向后”按钮	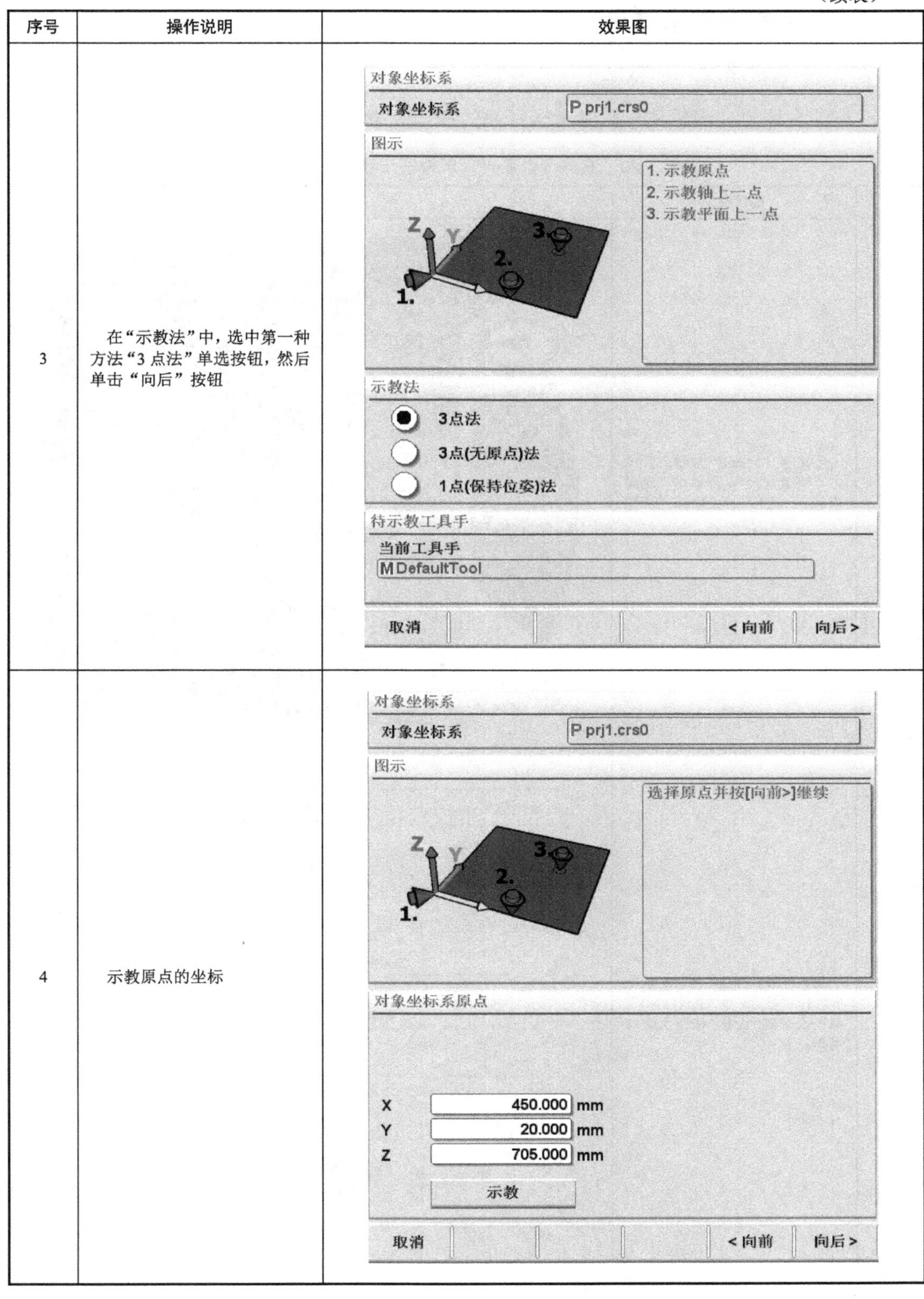
4	示教原点的坐标	

（续表）

序号	操作说明	效果图
5	将机器人沿着 X 轴方向运动，记录下当前的坐标值	
6	将机器人沿着 XY 平面运动，记录下当前坐标值	

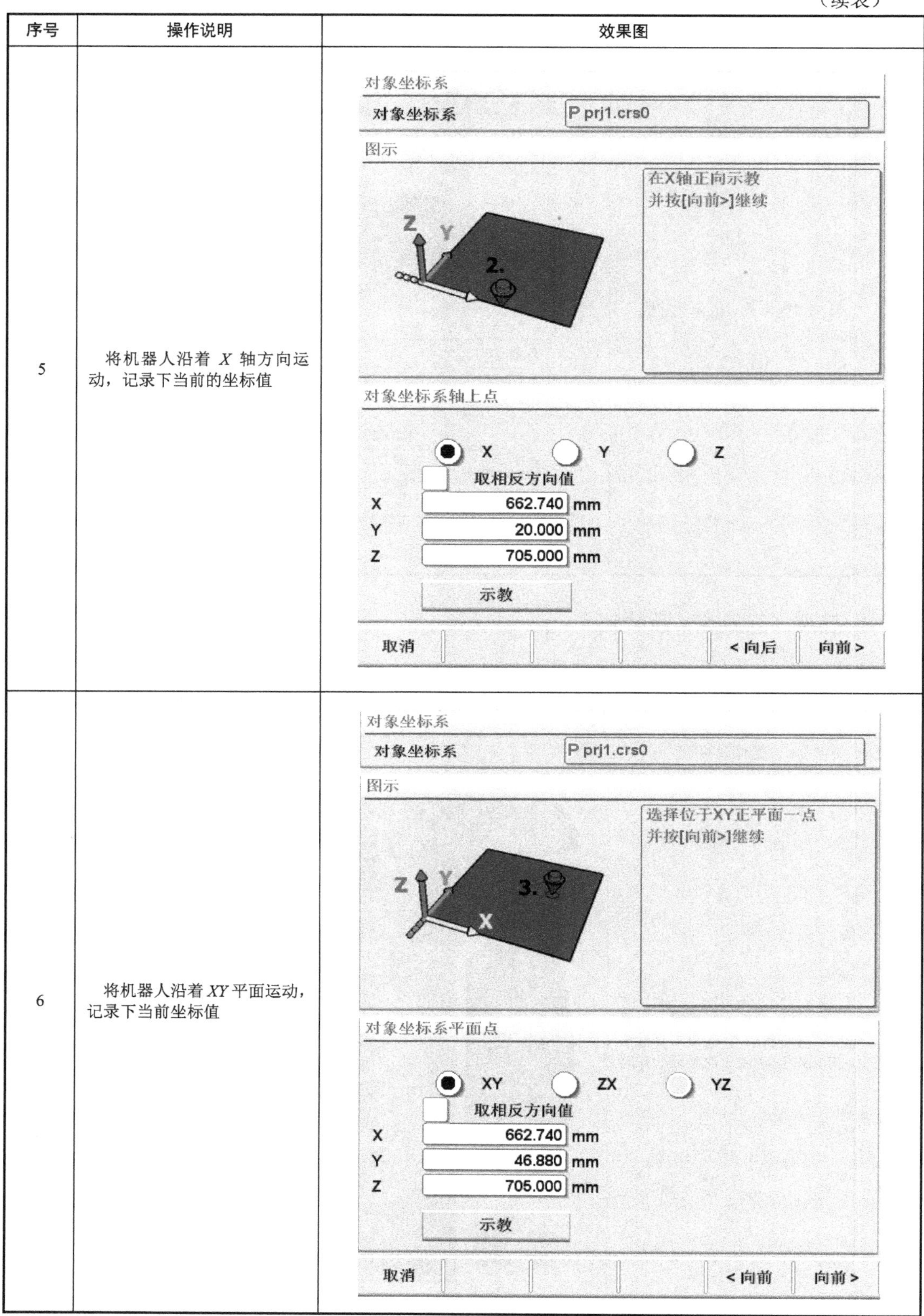

（续表）

序号	操作说明	效果图
7	参考坐标系 crs0 示教完成	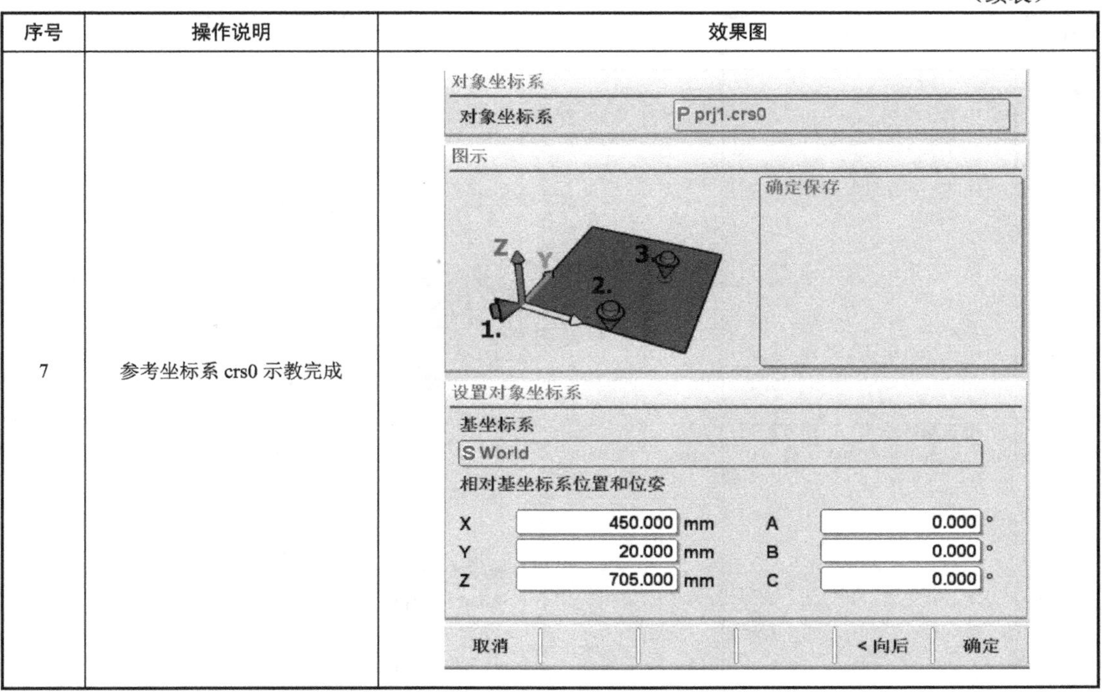

2. 三点（无原点）示教法

三点（无原点）示教法的操作见表 7.21。

表 7.21　三点（无原点）示教法的操作

序号	操作说明	效果图
1	①按下“Menu”按键；②单击“变量管理”；③单击“对象坐标系”，进入对象坐标系界面	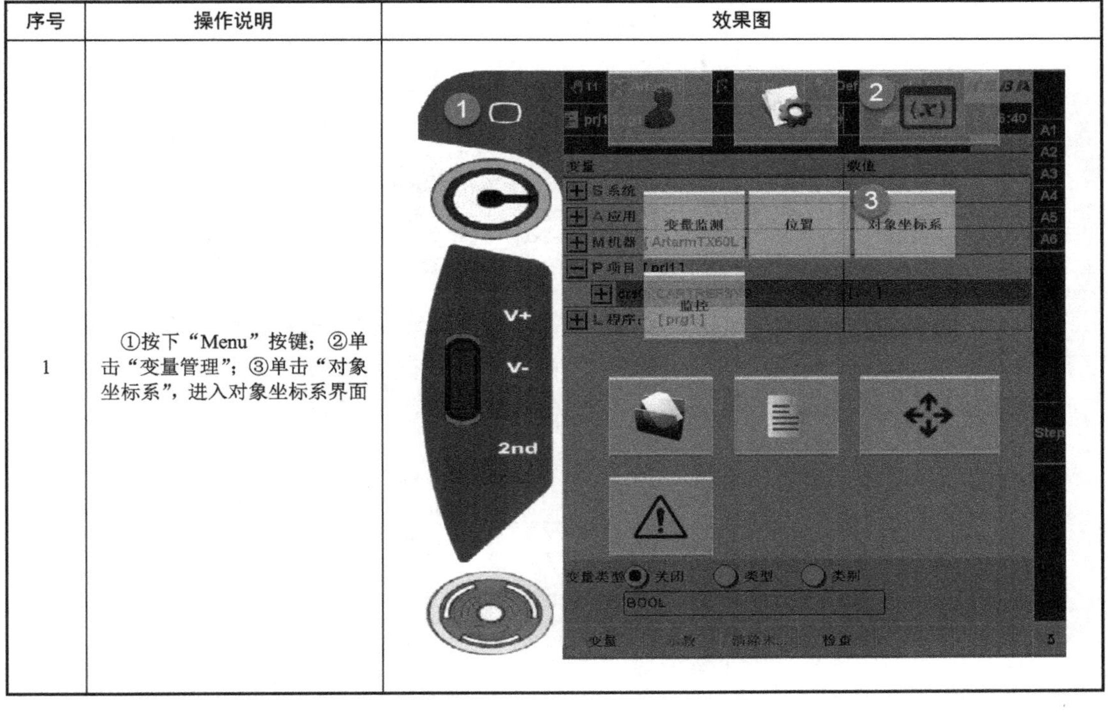

（续表）

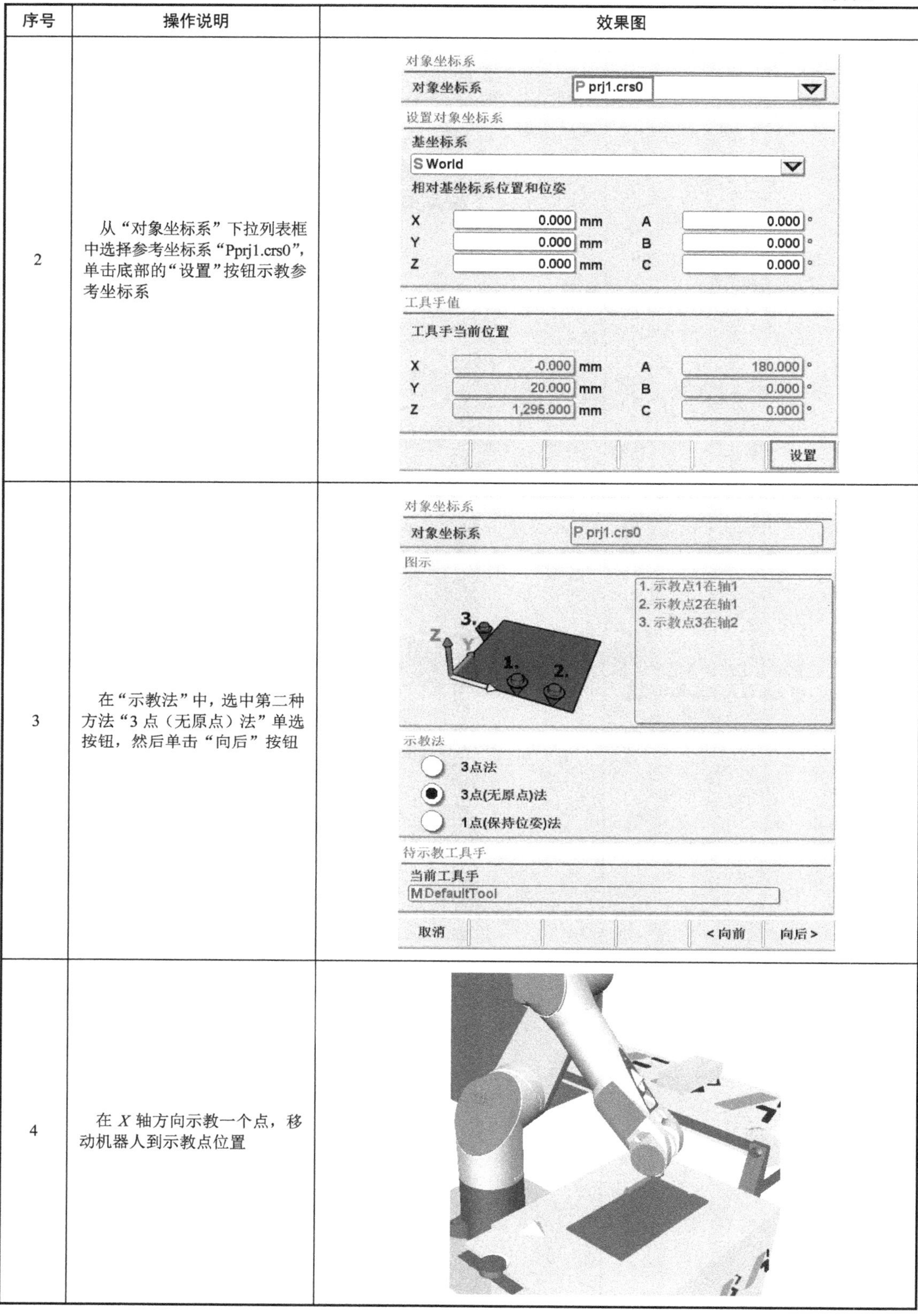

序号	操作说明	效果图
2	从“对象坐标系”下拉列表框中选择参考坐标系“Pprj1.crs0”，单击底部的“设置”按钮示教参考坐标系	
3	在“示教法”中，选中第二种方法“3 点（无原点）法”单选按钮，然后单击“向后”按钮	
4	在 X 轴方向示教一个点，移动机器人到示教点位置	

（续表）

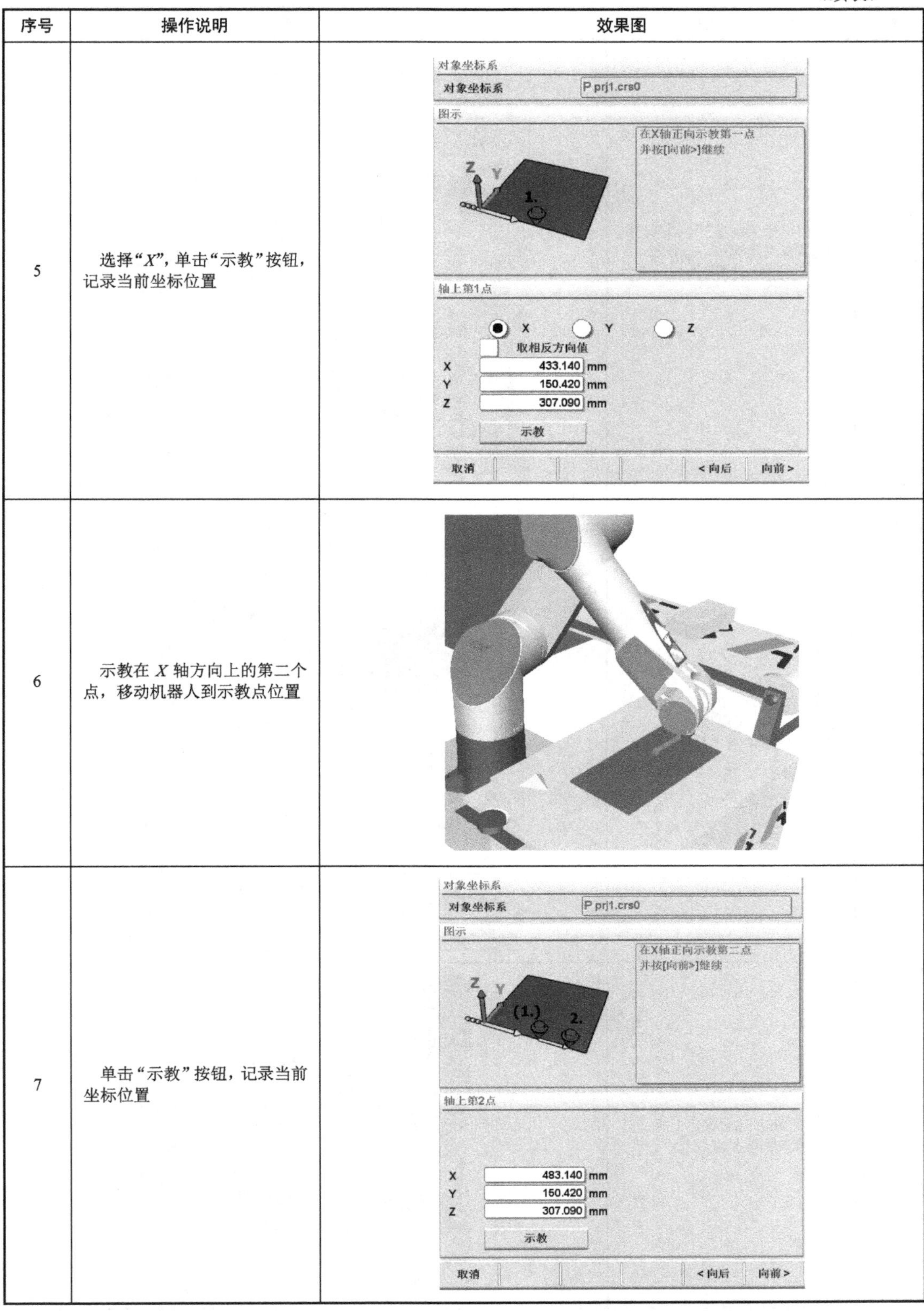

序号	操作说明	效果图
5	选择“X”，单击“示教”按钮，记录当前坐标位置	
6	示教在 X 轴方向上的第二个点，移动机器人到示教点位置	
7	单击“示教”按钮，记录当前坐标位置	

（续表）

序号	操作说明	效果图
8	在 Y 轴或者 Z 轴上示教一个点，把机器人移动到相应的示教点位置	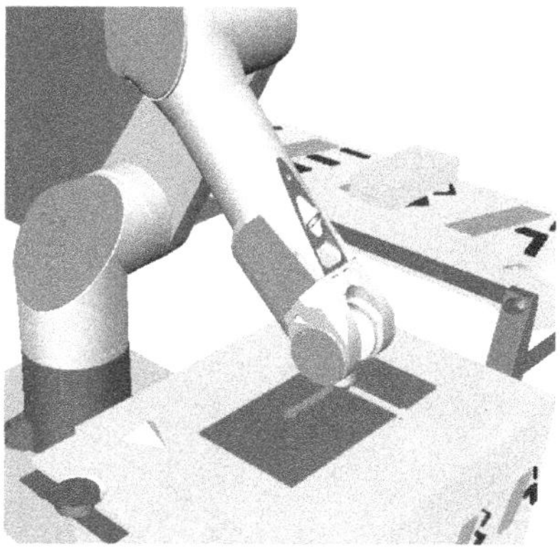
9	选择“Y”，单击“示教”按钮，记录当前坐标位置	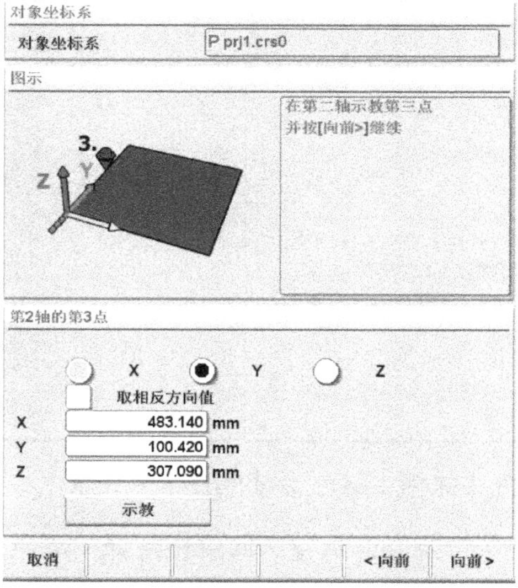对象坐标系 对象坐标系 P prj1.crs0 图示 在第二轴示教第三点 并按[向前>]继续 3. Z Y 第2轴的第3点 X Y Z 取相反方向值 X 483.140 mm Y 100.420 mm Z 307.090 mm 示教 取消 < 向前 向前 >
10	参考坐标系 crs0 示教完成	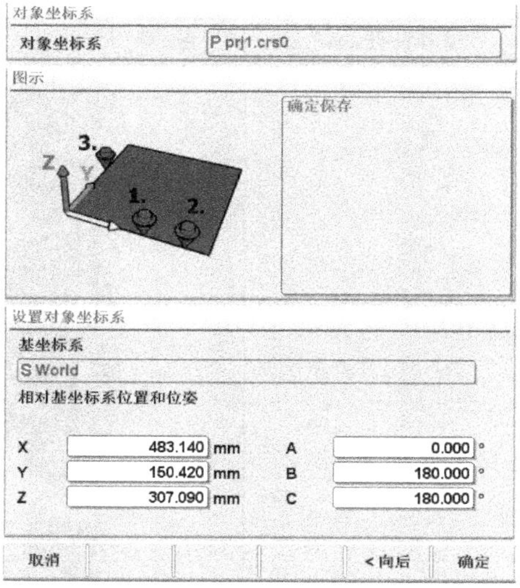对象坐标系 对象坐标系 P prj1.crs0 图示 确定保存 3. Z Y 1. 2. 设置对象坐标系 基坐标系 S World 相对基坐标系位置和位姿 X 483.140 mm Y 150.420 mm Z 307.090 mm A 0.000 ° B 180.000 ° C 180.000 ° 取消 < 向后 确定

（续表）

序号	操作说明	效果图
11	在坐标显示对话框中，把坐标系切换为参考坐标系 crs0，单击底部的“crs0”按钮，选择参考坐标点动方式，将机器人移动到参考坐标系 crs0 的原点	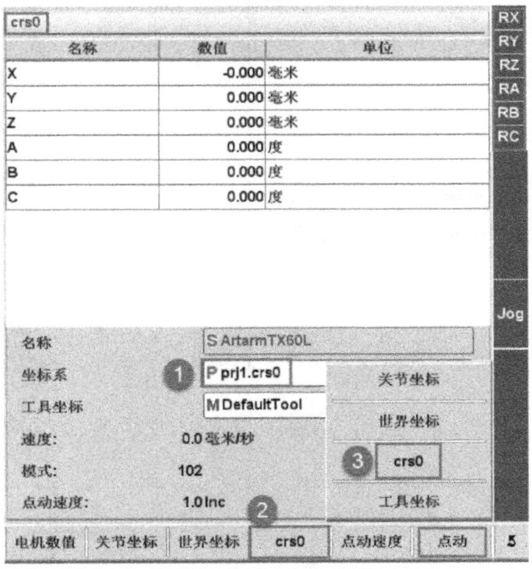 crs0 名称 数值 单位 X -0.000 毫米 Y 0.000 毫米 Z 0.000 毫米 A 0.000 度 B 0.000 度 C 0.000 度 RX RY RZ RA RB RC Jog 名称 S ArtarmTX60L 坐标系 ① P prj1.crs0 工具坐标 M DefaultTool 速度: 0.0 毫米/秒 模式: 102 点动速度: 1.0Inc ② 关节坐标 世界坐标 ③ crs0 工具坐标 电机数值 关节坐标 世界坐标 crs0 点动速度 点动 5
12	此时机器人移动到在 X 轴方向上的第二个示教点	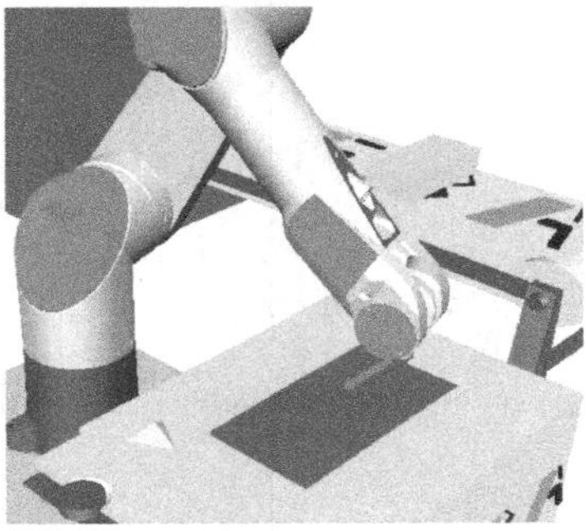

3. 一点（保持姿态）示教法

一点（保持姿态）示教法的操作见表 7.22。

表 7.22　一点（保持姿态）示教法的操作

序号	操作说明	效果图
1	①按下“Menu”按键；②单击“变量管理”；③单击“对象坐标系”，进入对象坐标系界面	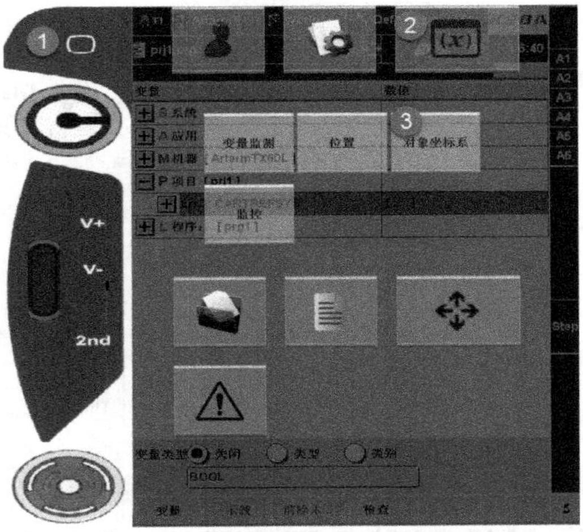 ① ② (x) 变量 数值 S 系统 A 应用 M 机器 ArtarmTX60L P 项目 prj1 L 程序 变量监测 位置 ③ 对象坐标系 监控 [prj1] A1 A2 A3 A4 A5 A6 V+ V- 2nd BOOL

（续表）

序号	操作说明	效果图
2	在“对象坐标系”下拉列表框中选择参考坐标系“Pprj1.crs0”，单击底部的“设置”按钮示教参考坐标系	
3	在“示教法”中，选中第二种方法“1 点（保持位姿）法”单选按钮，然后单击“向后”按钮 注：此方法只需示教一个原点，参考坐标系姿态与基坐标一致	
4	将机器人移动到期望的参考坐标系的原点	

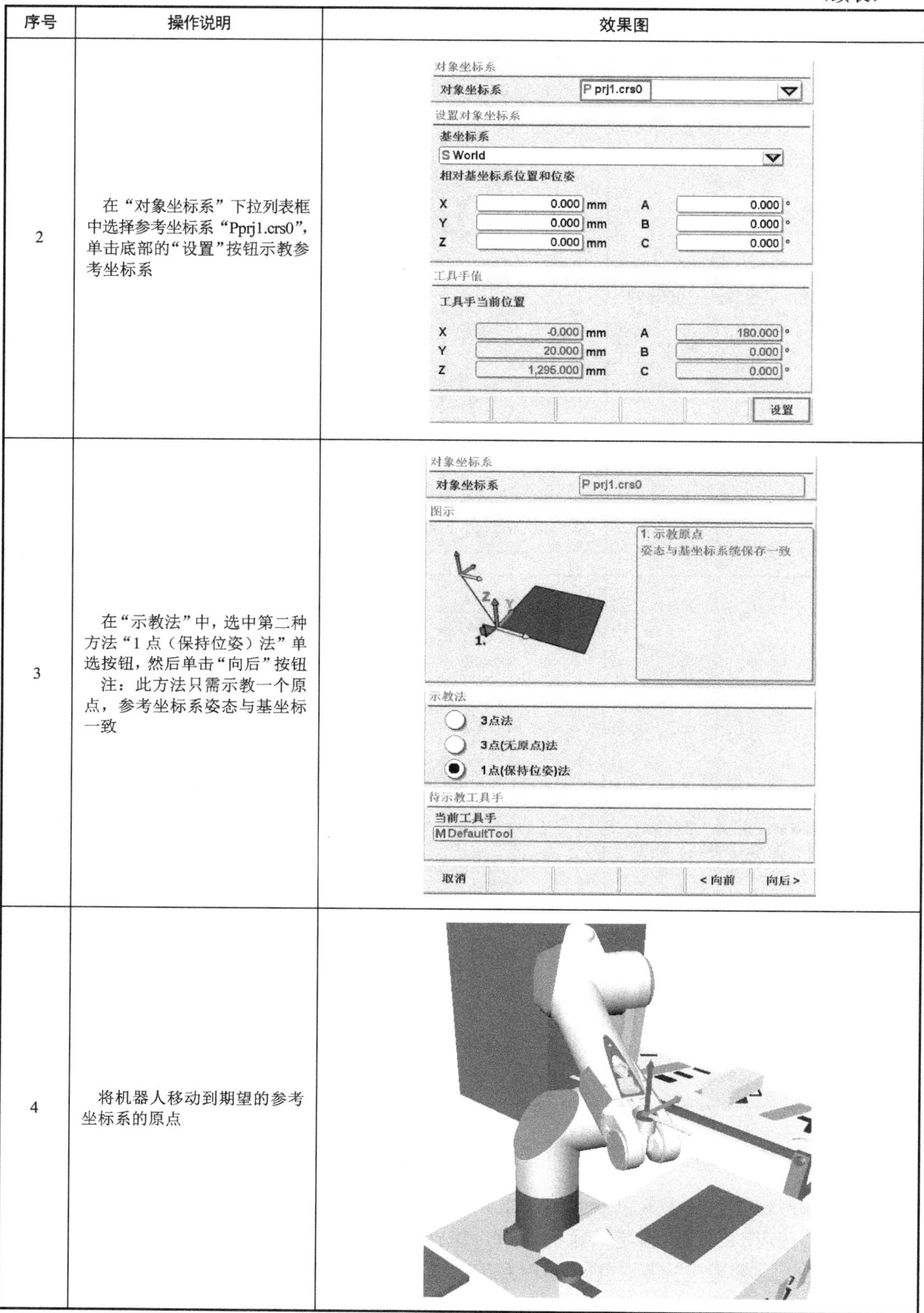

（续表）

序号	操作说明	效果图
5	单击“示教”按钮，记录当前坐标位置	
6	参考坐标系 crs0 示教完成，相对于基坐标系移动了原点	

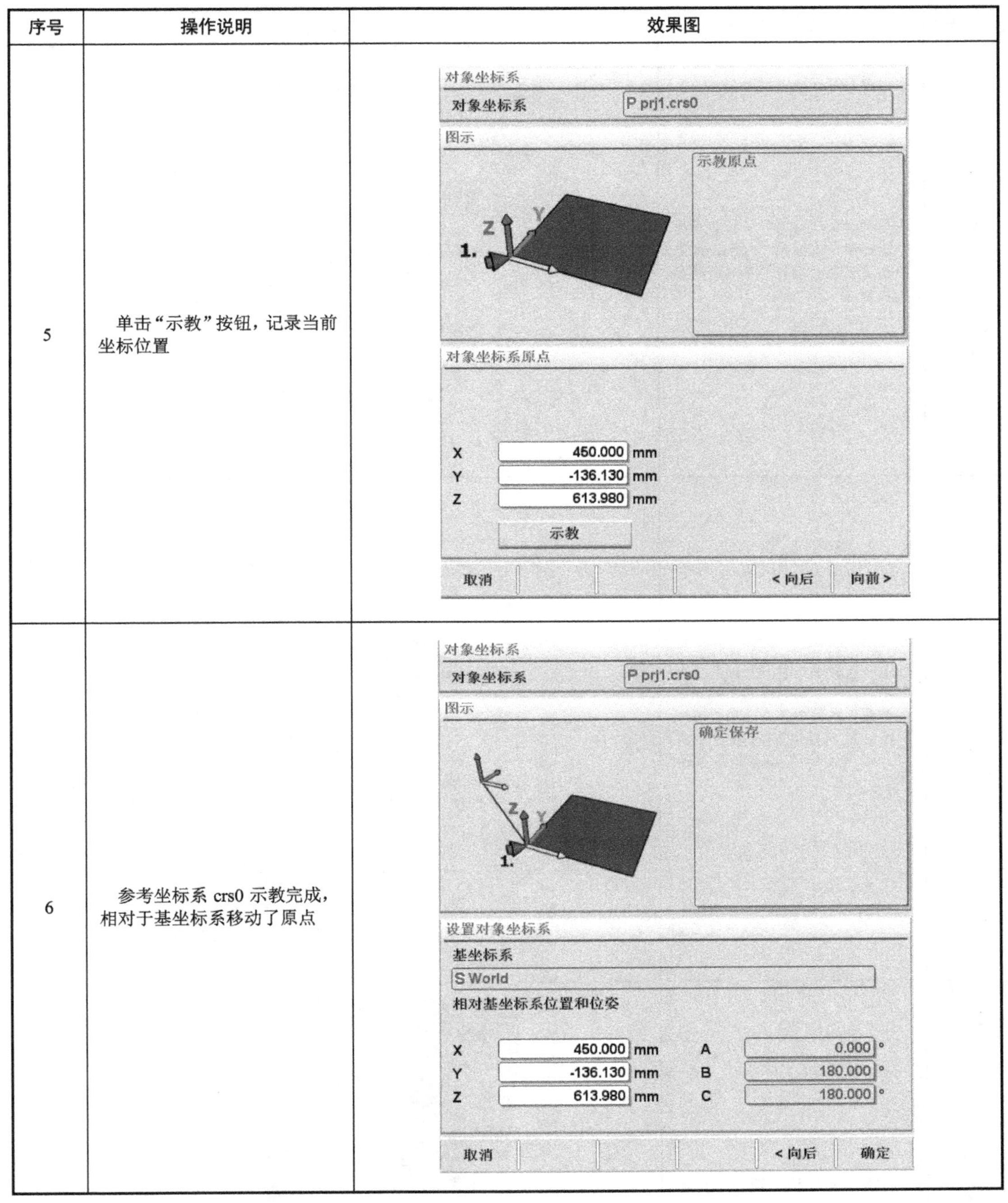

（三）程序实例

此实例为一个关节手臂机器人用于工具去毛刺。

工序：在启动之前，设定一系列参数，包括运动姿态、姿态插补类型、加速度加速类型、轨迹逼近、参考坐标系、工具坐标系等。

处理之后可以开始：

- 移动到初始位置。
- 更换工具。
- 沿直线运动，随后使用给定路径动态参数运动一个半圆；姿态插补类型确保在工具和工件之间有一个常数角度；进一步，需要设置常量路径速度。
- 移动到初始位置。
- 为下一处理步骤设置工具。
- 减少处理动态时间。
- 重新使用同一路径再处理部件。
- 移动到初始位置。

实例的结果路径如图 7.16 所示。

图 7.16　实例的结果路径

数据（*.tid）:

1: apos0 : AXISPOS := (a1 := -35, a2 := -20, a3 := 25, a4 :=-100, a5 := 35, a6 := 100)

2: cpos0 : CARTPOS := (x := 1111, y := -98, z := 1335, a :=20, b := 92, c := 180, mode := 0)

3: cpos1 : CARTPOS := (x := 1111, y := 110, z := 1335, a :=-20, b := 92, c := -180, mode := 0)

4: cp0 : CARTPOS := (x := 1000, y := 21, z := 1335, a := -37,b := 92, c := -180, mode := 0)

5: crs0 : CARTREFSYS := (baseRefSys := MAP(World), z := 30)

6: t0 : TOOL := (x := 5, y := 5, z := 15, a := 90)

7: cpos2 : CARTPOS := (x := 1125, y := -67, z := 1310, b :=92, c := -90, mode := 0)

8: dyn0 : DYNAMIC := (velAxis := 100, accAxis := 100, decAxis:= 100, jerkAxis := 100, vel := 300,)

9: acc := 2000, dec := 2000, jerk := 10000, velOri := 200

10: accOri := 2000, decOri := 2000, jerkOri := 3600)

11: or0 : OVLREL := ()

12: oa0 : OVLABS := (posDist := 50, oriDist := 50,linAxDist := 50, rotAxDist := 50, vConst := TRUE)

12: t1 : TOOL := (x := 5, y := 5, z := 5)

程序（*.tip）:

```
1: // 机器人程序
2: Ovl(oa0) // 逼近参数
```

```
3: OriMode(CART) // 姿态插补类型
4: Ramp(MINJERK) // 设置加速度加速类型
5: DynOvr(100) // 动态倍率参数
6: RefSys(crs0) // 工件参考坐标系
7: Tool(Flange) // 工具参考坐标系
8: PTP(cpos2) // 移动到初始位置
9: Dyn(dyn0) // 指定处理动态速度 (300mm/s)
10: Tool(t0) // 为第一个处理步骤设置工具
11: Lin(cpos0) // 开始处理
12: Circ(cp0, cpos1) // 处理
13: Lin(cpos2) //移动到初始位置
14: Tool(t1) //为下一处理步骤设置工具
15: DynOvr(50) // 减少动态参数为 50%
16: Lin(cpos0) //重新开始处理
17: Circ(cp0, cpos1) // 处理
18: DynOvr(100) // 重新设置减少的动态参数
19: RefSys(World) // 新的参考坐标系为世界坐标系
20: PTP(cpos2) //移动到初始位置
```

单元 8

简单码垛编程

一、任务描述

本单元重点介绍机器人简单码垛的仿真，机器人在传送带上抓取盒子并放到托盘上进行 2 行、4 列、3 层的码垛，效果图如图 8.1 所示。

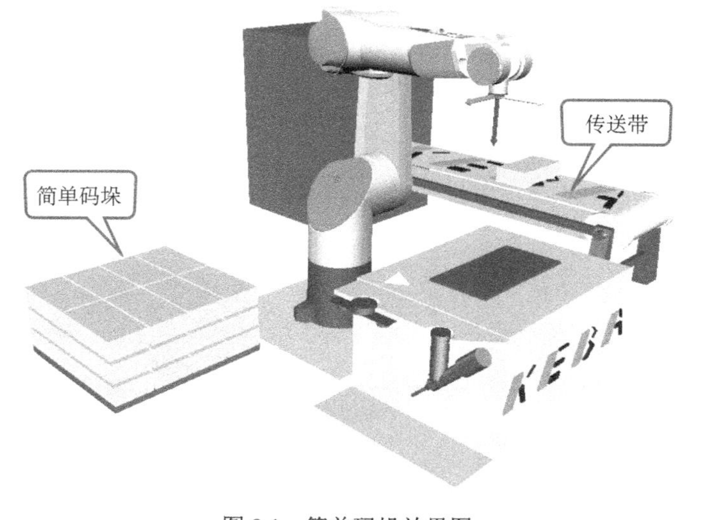

图 8.1　简单码垛效果图

二、学习目标

知识目标：

1. 了解控制系统中码垛单元的结构、功能和用户向导；
2. 了解码垛编程指令。

技能目标：

1. 掌握机器人 I/O 信号的应用；
2. 掌握系统仿真的连接及仿真运行；
3. 掌握码垛指令的应用；

4. 掌握循环指令的应用；
5. 掌握码垛程序的编写及程序运行。

三、知识储备

（一）码垛的概念和应用

1. 码垛的定义

码垛是指将物品整齐、规则地摆放成货垛的作业。它根据物品的性质、形状、重量等因素，结合仓库仓储条件，将物品码放成一定的货垛。

2. 托盘码垛

托盘是用于放置在集装、堆放、搬运和运输过程中的物品和制品的水平平台装置。在平台上集装一定数量的单件物品，并按要求捆扎加固，组成一个运输单位，便于运输过程中使用机械进行装卸、搬运和堆存。这种台面有供叉车从下部插入并将台板托起的插入口。以这种结构为基本的台板和在这种基本结构基础上形成的各种集装器具都统称为托盘。托盘码垛如图 8.2 所示。

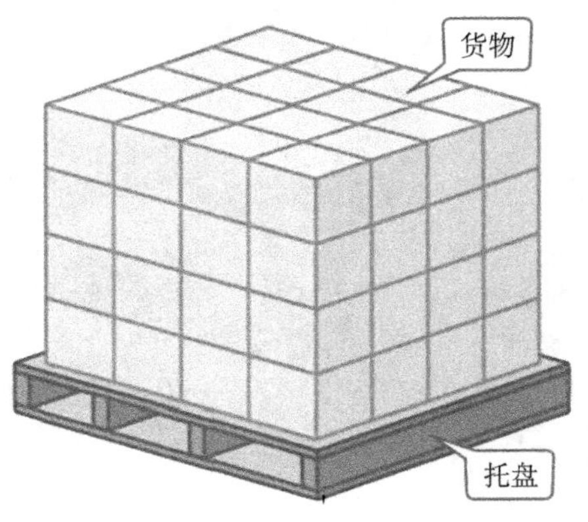

图 8.2　托盘码垛

1）托盘码垛的主要优点

① 搬运或出入库场都可用机械操作，以减少货物码垛作业次数，从而有效提高运输效率、缩短货运时间。

② 以托盘为运输单位，货运件数变少，体积、重量变大，而且每个托盘所装数量相等，既便于点数、理货交接，又可以减少货损、货差等事故的发生。

③ 自重量小，因而可用于卸货、运输。托盘本身所消耗的劳动强度较小，无效运输及装卸负荷相对也比集装箱小。

④ 空返容易，空返时耗费运力很少。

2）托盘码垛的主要缺点

① 回收利用的难度较大。

② 托盘本身也占用一定的仓储空间。

3）托盘码垛方式

托盘上货物的码放方式有很多，主要有以下 4 种方式，如图 8.3 所示。

① 重叠式。重叠式各层货物的码放方式相同，上下对应。这种方式的优点是操作速度快，各层货物重叠之后，包装物 4 个角和边重叠垂直，能承受较大的重量。这种方式的缺点是，各层之间缺少咬合，稳定性差，容易塌垛。

② 纵横交错式。相邻两层货物的摆放旋转 90°，一层呈横向放置，另一层呈纵向放置；层间有一定的咬合效果，但咬合强度不高。这种装盘方式可利用托盘转向器，在装完一层后，转向器旋转 90°，机器人只需用同一种装盘方式便可实现纵横交错装盘。

③ 正反交错式。同一层中不同列的货物以 90° 垂直码放，相邻两层的货物码放形式是另一层旋转 180° 的形式。这种方式类似于房屋建筑中砖的砌筑方式，不同层间的咬合强度较高，相邻层之间不重缝，因此码放后稳定性很高，但操作比较麻烦，且货物之间不是垂直面互相承受载荷，所以下部容易被压坏。

④ 旋转交错式。第一层相邻的两个货物都互为 90°，两层间的码放又互相成 180°。这样，相邻两层之间咬合交叉，其优点是托盘上的货物稳定性高，不易塌垛；其缺点是码放难度较大，且中间形成空穴，会降低托盘装载能力。

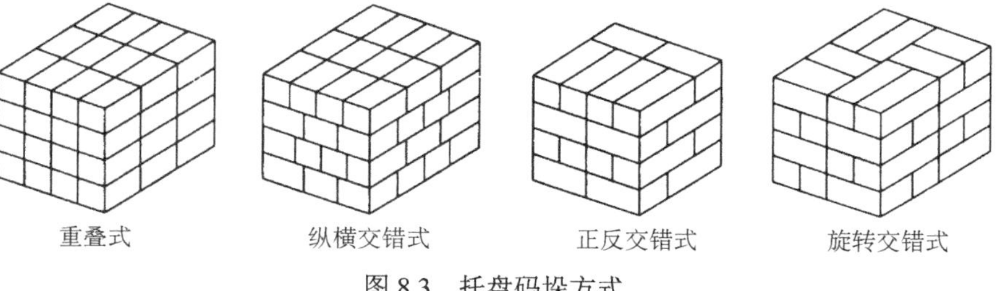

图 8.3　托盘码垛方式

3. 码垛的应用

码垛机器人能适应于纸箱、袋装、罐装、箱体、瓶装等各种形状的包装产品码垛作业，广泛应用于化工、水泥、饲料、面粉、食品等需要进行货物装卸码垛的行业。机器人码垛纸箱如图 8.4 所示。

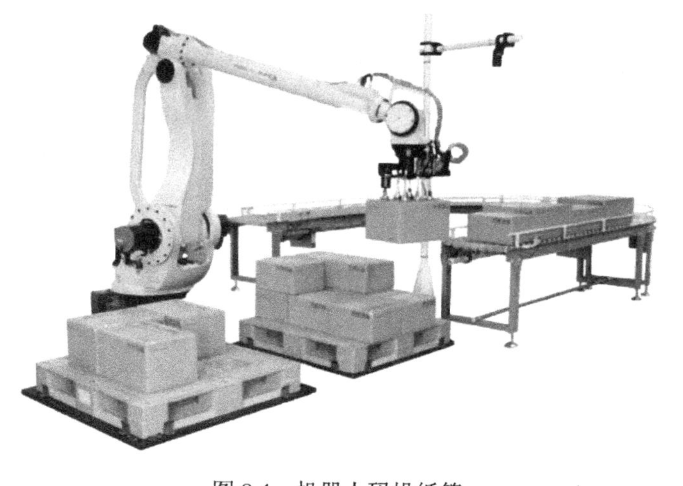
图 8.4　机器人码垛纸箱

（二）码垛结构

对于机器人应用程序，特别是抓取和放置，通常需要使用放置模式进行放置抓住的对象。KEBA 系统中该功能由码垛单元完成，并向用户提供码垛向导，以定义拾取和放置网格，而无须手动示教每个单元的位置。

1. 功能范围

码垛功能集成在码垛单元内，其中包括计算下一个需要拾取和放置位置的所有必要信息。应用指令可实现参数化码垛，并在执行指令后分别将机器人移动到下一个拾取和放置位置。目前，有一个简单的码垛系统可以用普通的网格进行码垛工件，这个码垛系统可以用于简单的码垛任务。典型的应用是简单工件的取放任务。简单的码垛系统包含以下参数：

- 第一块工件的目标位置；
- 工件沿 X、Y 和 Z 三个方向上的数量；
- 工件沿 X、Y 和 Z 三个方向之间的距离；
- 码垛顺序（X、Y、Z 优先）；
- 码垛前置位置和码垛后置位置两个辅助点的设置；
- 码垛方向（对应于存放方向）；
- 码垛入口位置；
- 码垛检测系统，判断码垛是否可行。

2. 码垛的参数

1）第一个工件的目标位置

第一个工件的目标位置以笛卡儿坐标系为参考坐标系，用户可以通过机器人示教获取这个位置。该位置必须是码垛上第一个工件的位置。因此，码垛开始位置（即机器人开始码垛工件时对应的起始位置，如图 8.5 所示）已被指定。

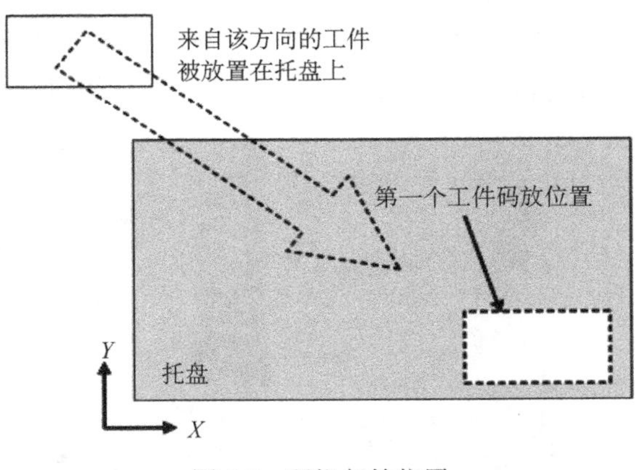

图 8.5　码垛起始位置

2）工件数量

工件数量是指在参考坐标系 X、Y、Z 方向上放置的工件的数量，数量范围为 1～100。如果不进行码垛，则将工件的数量设置为 1。

3）工件之间的距离

工件之间的距离即工件之间的偏移量。该偏移量的值可为正数或负数，例如，下一个工件相对于上一个工件在参考轴的负方向上，则此时偏移量为负数，如图 8.6 所示。工件之间的距离值为工件尺寸与工件之间的距离值之和。

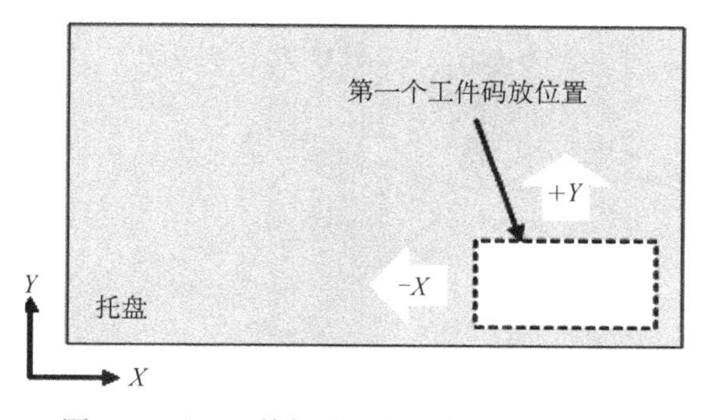

图 8.6　下一工件相对于上一个工件的偏移量

工件之间偏移值的符号决定了下一工件的放置位置。因此，码垛的起始位置可以自由选择，因为下一个工件的位置由工件之间的距离值确定。

4）码垛顺序

码垛方向取决于配置的码垛顺序。例如，如果工件首先在 Y 方向放置，然后在 X 方向上放置，最后在 Z 方向上放置，则选择的码垛顺序为 Y—X—Z。

码垛顺序可以理解为码垛循环的优先级，而第一部分是具有最高优先级的部分。

如果未使用码垛方向，则可以忽略该顺序。例如，如果 Y 方向被设置为 1（即在 Y 方向上没有码垛），则只考虑 X 和 Z 方向的码垛顺序。

5）前置和后置位置

前置和后置位置是机器人的辅助位置。将工件移至工件前后，机器人移至这些位置的目标位置。前置和后置位置可以选择，也可以禁用。在这种情况下，机器人直接移动到目标位置并远离目标位置。这两个位置具有相同的配置选项，即相对于目标位置而指定的侧偏移和高度偏移。

侧偏移可用于避免与已经放置的工件接触，在拾取和放置运动期间分别放在码垛上。前置和后置位置的侧偏移用于放置新工件并放置在码垛已有的部件上。因此，根据实际的位置，偏移量具有不同的含义。码垛层上的第一个工件不会有偏移。对于与第一个工件对齐的其他工件，侧偏移仅用于相应的对齐方向。所有其他工件通过在两个方向上使用侧偏移而在 45° 以下对齐。要移除侧偏移量，请将输入设置为 0。侧偏移图解如图 8.7 所示。

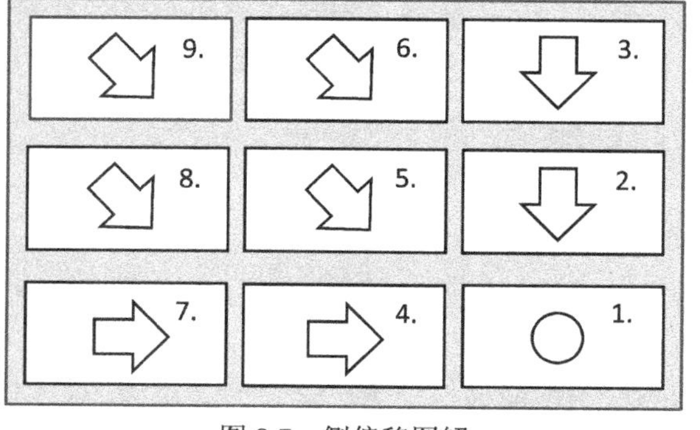

图 8.7　侧偏移图解

高度偏移量是相对于工件的目标位置而设置的。机器人将工件移动到由此高度偏移的预置位置，相对于目标位置偏移并进一步直线向下放置。

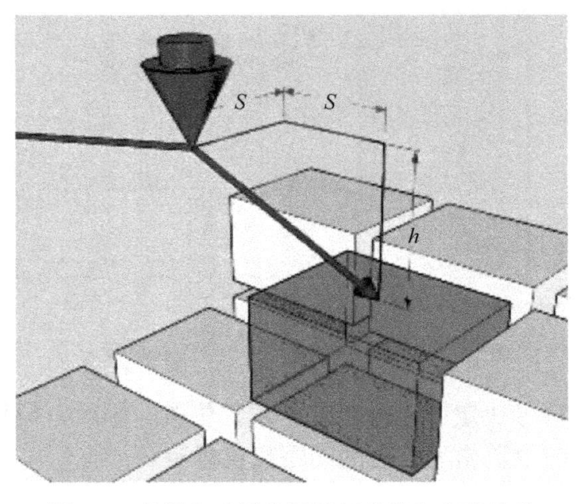

图 8.8　前置和后置位置的侧偏移和高度偏移

图 8.8 中显示了机器人如何移动到一个位置。通常情况下，预定位置指定了侧偏移量和高度偏移量。放置工件后通常需要使机器人直线向上移动而无任何侧面移动，因此只须设置后置位置的高度偏移量即可。

6）放置方向

此方向仅适用于使用前置或后置位置的运动情况。放置方向是相对于参考坐标系指定而进行的。通常，放置方向与重力方向相同。前置位置和后置位置的高度偏移量与码垛方向相反。

7）码垛入口位置

码垛入口位置以笛卡儿坐标系为参考坐标系，用户可以通过机器人示教获取这个位置。码垛入口位置参数可以选择，也可以禁用，因此它不包含在机器人的运动中。码垛入口位置可以用来避免工件以不同方向进入码垛。首先，机器人在放置工件之前移动到码垛入口点；其次，机器人在箱子上方移动到目标位置。

8）码垛检测系统

码垛检测系统用于码垛过程的系统检测。创建新码垛后，码垛检测系统判断码垛所有工件是否能到达设定的位置。为了在倾斜位置或任何其他坐标系中使用码垛，必须选择适当的参考坐标系。不允许选择移动参考坐标系（无跟踪系统）。

（三）码垛系统的功能

1. 码垛工件计数器

码垛系统可为机器人生成目标位置，并在调用码垛指令时执行对这些目标位置的动作指令。因此，码垛工件计数器可用于选择下一个目标位置。码垛工件计数器可以手动更改或在程序中更改，因此码垛系统能够识别仓位是空的还是满的。码垛工件计数器通过码垛指令分别自动递增和递减。通常情况下，计数器在程序启动过程中被复位。

码垛工件计数器不是持久不变的，如果重新定义码垛的数量，关于码垛上当前工件数量的信息就会丢失，这同样适用于重新启动控制器。在这种情况下，计数器被初始化为 0。

2. 计算目标位置

码垛单元可用于机器人指令程序，将机器人和被夹持部分分别移动到码垛的下一个空置位置。工件的位置计算如下：

① 根据码垛上的第一个示教工件和配置的码垛方向计算下一个工件位置。利用所设置的距离（对应于工件的尺寸）加上前一个工件位置之和可计算出下一个工件的位置，如图 8.9 所示。

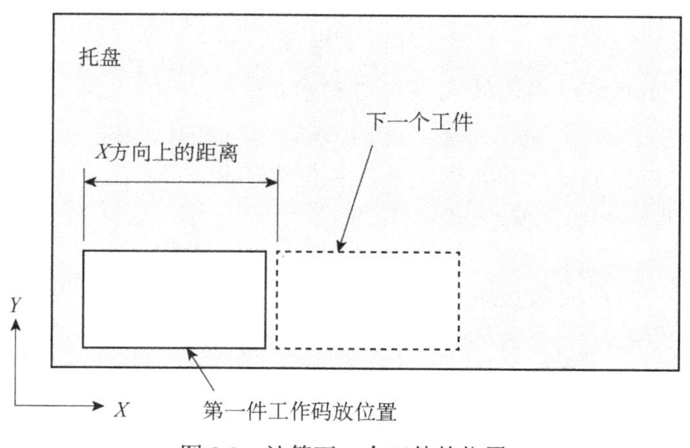

图 8.9　计算下一个工件的位置

注：在 X 方向上的距离是相对于码垛参考坐标系的 X 方向而定义的。用户必须知道码垛参考坐标系的方向。如果码垛的参考坐标系与世界坐标系不相同，则必须考虑 X、Y 和 Z 方向相对于世界坐标系的变化。

② 图 8.9 中显示的示例假设码垛顺序以 X 开头。首先，X 方向上的所有工件都放置在从下一行开始之前。

③ 工件沿 X 方向放置，直到达到了 X 方向上配置的工件数量。

④ 新的一行的位置，它相对于第一行移动了 y 距离，如图 8.10 所示。

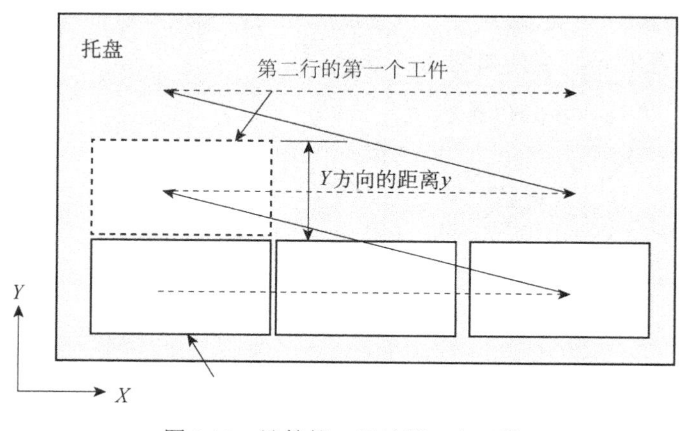

图 8.10　计算第二行的第一个工件

⑤ 配置单个方向序列的码垛顺序非常重要。

在简单码垛中，假定以 $X—Y—Z$ 的顺序进行码垛。首先，工件被放入在移至第二行之前的 X 方向上，新的一行的第一个工件从头开始。只要行未放满，工件就放置在同一行中。在完成该层上的所有工件之后，XY 层在 Z 方向上移动，重复该步骤直到码垛完成。对于每一次码垛指令的调用，都会重新计算目标位置，即可在线更改参数。

3. 码垛周期的运动顺序

码垛的运动顺序取决于其参数及码垛是否应该填充或清空。

1）放置工件

为了将工件放置在码垛上，必须执行以下指令：

A. myPallet123.ToPut() //将机器人移动到放置位置；

B. 打开夹具；

C. myPallet123.FromPut() //将机器人从放置位置移开；

放置位置的码垛序列如图 8.11 所示。

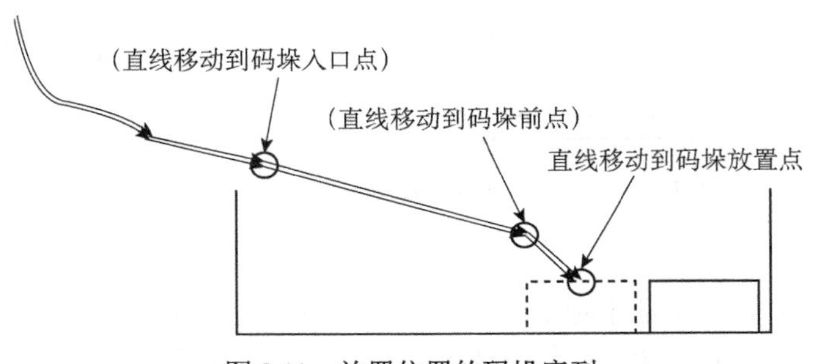

图 8.11　放置位置的码垛序列

以下动作由 ToPut()指令来实现：

A. 机器人移动到码垛入口点（可选）；

B. 机器人移动到码垛前置点（可选）；

C. 机器人移动到码垛放置点（始终执行）。

完成此动作序列之后，机器人处于放置点。此时，夹具可以打开。

从放置位置移开的码垛序列如图 8.12 所示。

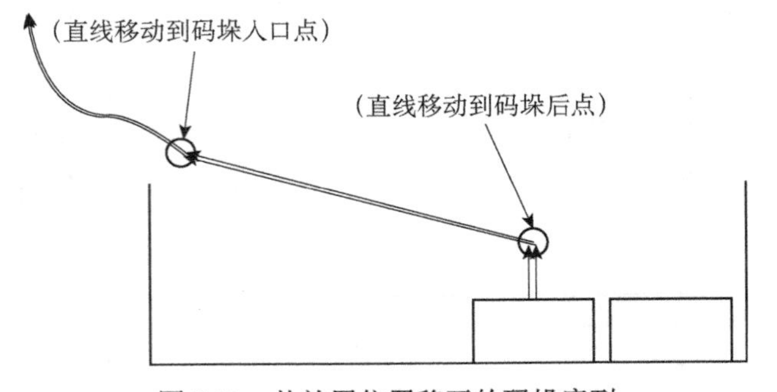

图 8.12　从放置位置移开的码垛序列

以下动作由 FromPut()指令来实现：

A. 机器人直线运动到后置点（可选）；

B. 机器人移动到码垛入口点（可选）。

如果未配置后置和码垛入口点，则不需要执行 FromPut()指令，因为它不进行任何操作。

2）抓取工件

必须执行以下指令才能拾取工件：

A. myPallet123.ToGet() //将机器人移动到拾取位置

B. 关闭夹爪

C. myPallet123.FromGet() //将机器人从拾取位置移开

ToGet()码垛序列如图 8.13 所示。

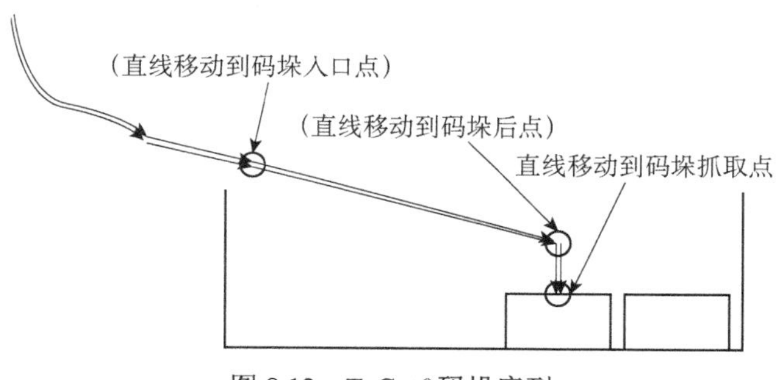

图 8.13　ToGet()码垛序列

以下动作由 ToGet()指令来实现：

A. 机器人直线运动到码垛入口点（可选）；

B. 机器人直线运动到后置点（可选）；

C. 机器人移动到码垛拾取点（始终执行）。

完成此动作序列之后，机器人处于拾取位置。此时，夹具可以关闭。

FromGet()码垛序列如图 8.14 所示。

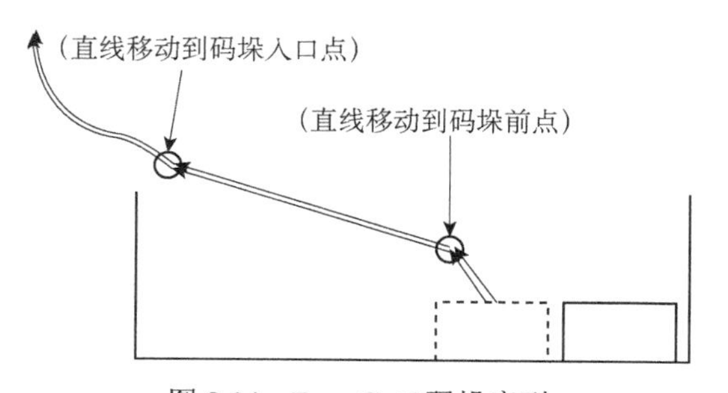

图 8.14　FromGet()码垛序列

以下动作由 FromGet()指令来实现：

A. 机器人直线运动到码垛前置点（可选）；

B. 机器人直线运动到码垛入口点（可选）。

如果前置位置和码垛入口位置均未配置，则不需要执行 FromGet()指令。

（四）码垛用户向导

1. 创建码垛变量

在示教器变量监测界面中创建一个类型为 PALLET 的新变量。在菜单栏“系统及技术”类别中找到码垛（PALLET）的数据类型，如图 8.15 所示。

新建码垛变量的名称可以设为 myPallet123，则在变量监测界面中可找到新建的码垛变量“myPallet123”，如图 8.16 所示。

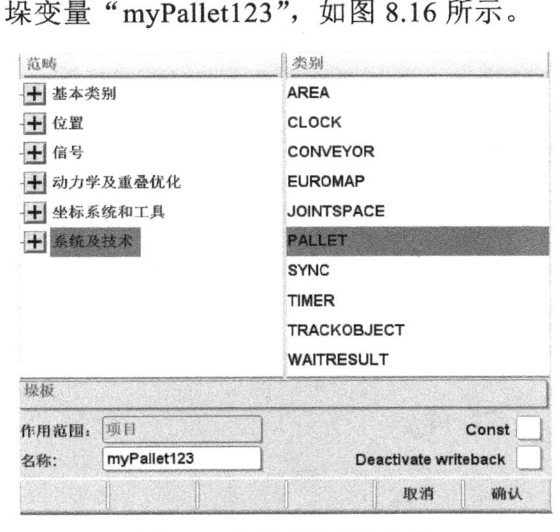

图 8.15　创建新的码垛变量

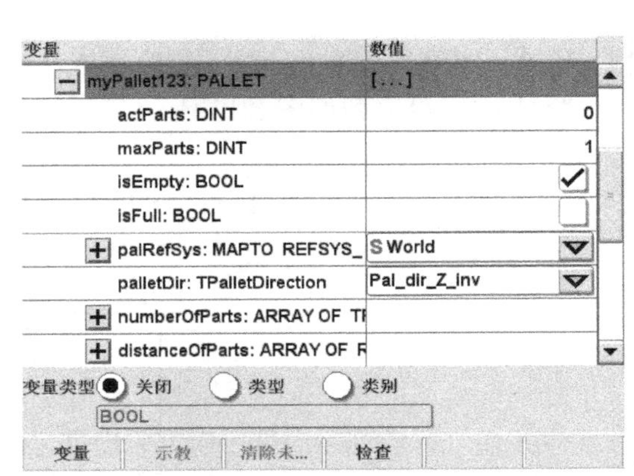

图 8.16　变量监测中的码垛变量“myPallet123”

2. 码垛参数设置

在变量监测界面中单击码垛旁边的符号“[...]”或按下“Menu”按键→单击“变量管理”→单击“码垛”，可对码垛进行参数化设置，如图 8.17 所示。

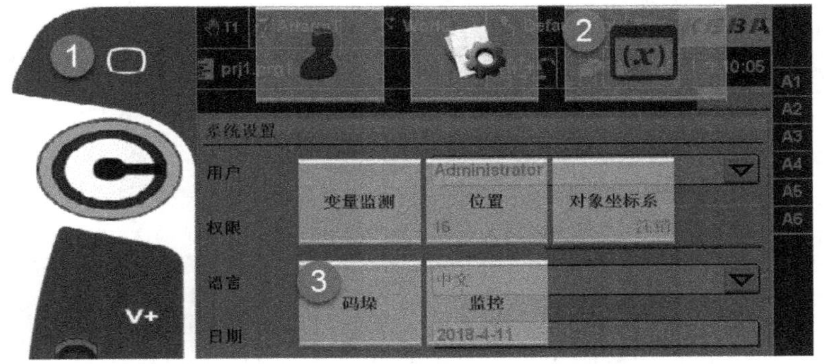

1—按下“Menu”按键；2—单击“变量管理”；3—单击“码垛”

图 8.17　码垛参数设置前的操作

1）码垛菜单描述

使用码垛变量菜单进行码垛的参数设置。码垛参数设置界面如图 8.18 所示，码垛可以在“当前堆板”下拉列表中进行选择。如果没有选择码垛，则此界面上不会显示任何信息。所选的码垛信息包含一般的码垛属性和码垛状态的信息。

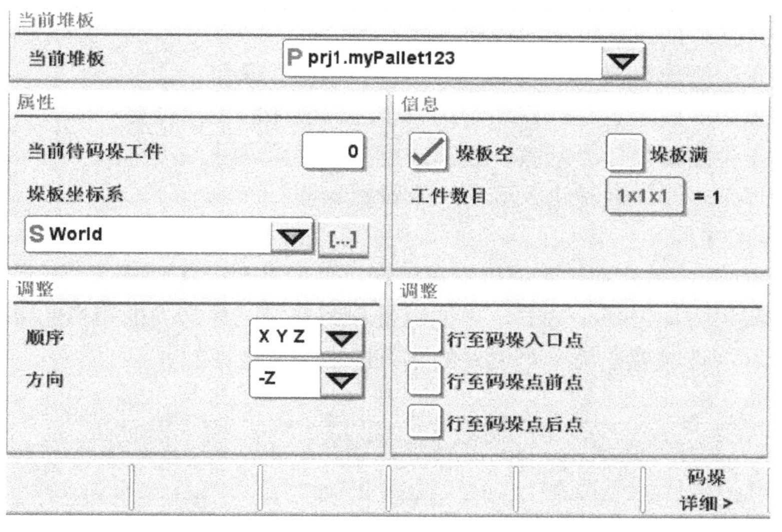

图 8.18　码垛参数设置界面

码垛参数设置界面包含以下信息。

当前待码垛工件：显示码垛的工件数量。该值可以手动配置，它的范围从 0 到最大工件数。

垛板坐标系：垛板坐标系可以从下拉列表中选择。从该列表中选择一个现有的参考坐标系或世界坐标系，直接切换到参考坐标系后可通过单击下拉列表旁边的“[...]”按钮进行选取。该按钮对于世界坐标系无效。

码垛满/码垛空：表示码垛是满的或是空的。

工件数目：表示工件在 X、Y 和 Z 方向上的最大工件数，用“×”分隔。它不能直接编辑，右侧的数字显示整个码垛的工件总量。

2）码垛第一个工件

图 8.19 所示的是此界面示教码垛上第一个工件的目标位置，该值也可以手动输入。

图 8.19　第一个工件的码垛位置

示教第一个工件的目标位置的操作步骤：

（1）通过手动操作机器人夹具或使用指令程序进行操作。

（2）将机器人（装上工具）移动到第一个工件码垛的目标位置。

（3）定位工件后，按下“示教”软键进行数据存储。

（4）按下“下一步”软键进入到下一个设置界面。

3）码垛上的工件

如图 8.20 所示，通过此界面可以设置码垛工件的数量及工件在 X、Y 和 Z 方向上的尺寸。参数分为码垛方向及每个方向工件的数量和距离，工件之间的距离的单位为毫米。距离为正值表示将工件放置在第一个工件的正方向上，反之亦然。

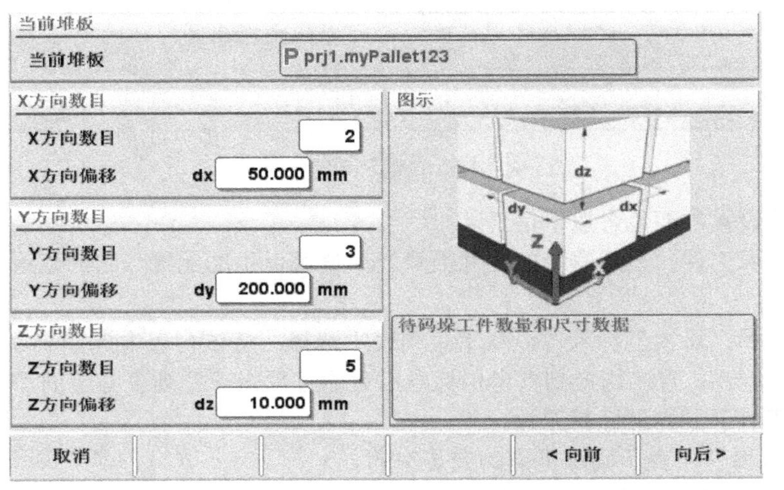

图 8.20　码垛上工件的设置

4）前置和后置位置

如图 8.21 所示，“行至码垛点前点”和“行至码垛点后点”分别表示前置位置和后置位置，选择相关复选框后则在码垛指令中使用这些位置，并指定侧偏移量和高度偏移量。

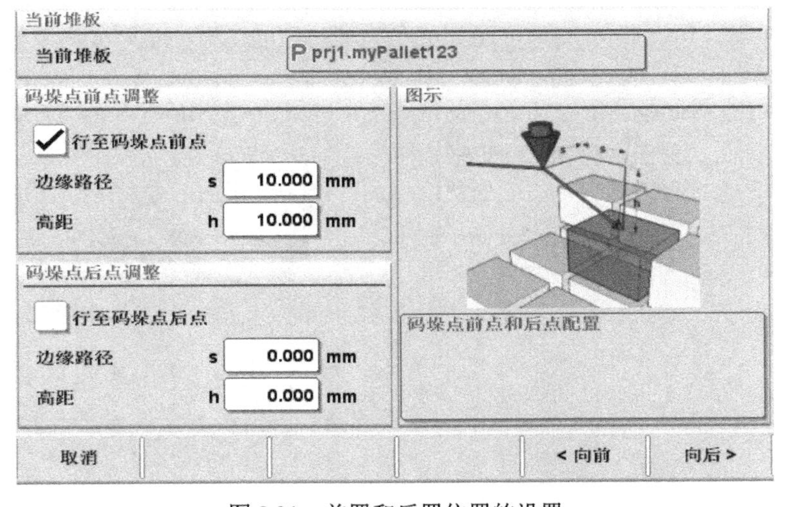

图 8.21　前置和后置位置的设置

5）码垛入口位置

可对码垛入口位置进行设置，如图 8.22 所示，选中“行至码垛入口点”复选框后，则在码垛命令中使用此位置。之后，通过使用“示教”软键或手动输入位置值来设置此位置。机器人进行任何工件的码垛时都能到达此位置，而不受障碍物的影响。

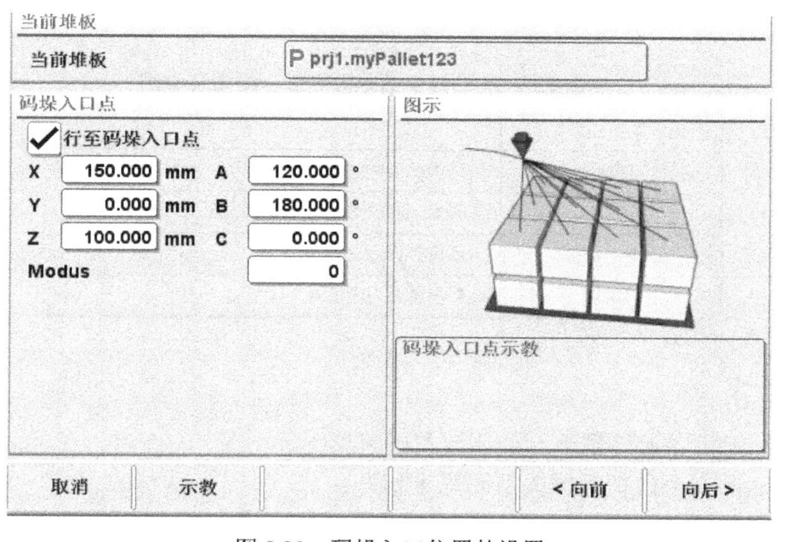

图 8.22　码垛入口位置的设置

6）检查所有工件的可达性

所有码垛工件可预先检查是否可到达设置的位置。在实际应用中，机器人可能无法到达某些工件的位置，因为机器人只示教了第一个码垛工件的目标位置，并且由码垛单元计算其他所有工件的位置。为了避免在机器人运行过程中中断码垛程序，则需进行可达性检测（其设置界面如图 8.22 所示），确保所有工件都能码垛。

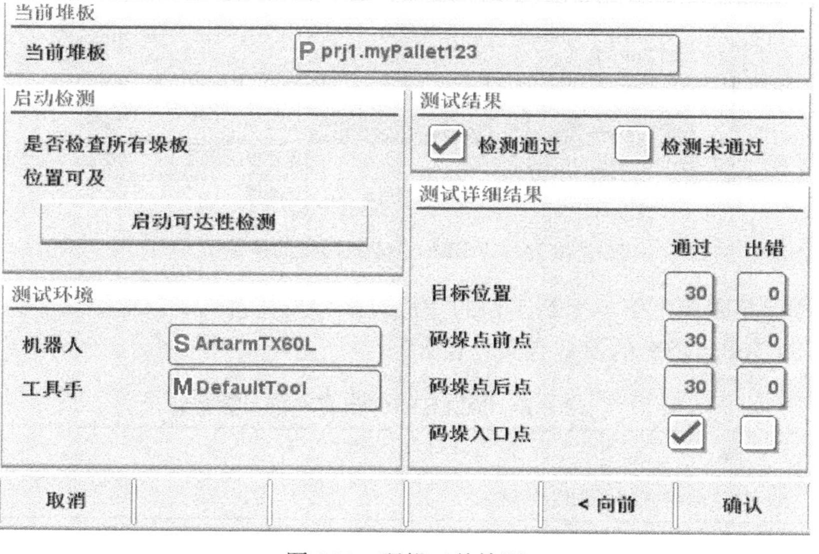

图 8.23　码垛工件检测

（五）码垛指令编程

下面介绍所有码垛应用指令。

1. 码垛指令的参数变量

码垛指令的参数变量、类型及说明见表 8.1。

表 8.1 码垛指令的参数变量、类型及说明

参数变量	类　型	说　明
actParts	DINT	码垛上工件的数量
maxParts*）	DINT	码垛上能放置的工件最大数量
isEmpty*）	BOOL	码垛是否为空信号
isFull *）	BOOL	码垛是否为满信号

注：符号“*)”表示为只读。

2. 码垛指令

① ToPut：把机器人移到下一个要放置的空位；
② FromPut：安全地把机器人从码垛上移开；
③ ToGet：把机器人移到最新的待抓取工件位置；
④ FromGet：安全地把机器人从码垛拾取位置上移开；
⑤ Reset：重置码垛上工件的数量；
⑥ GetNextTargetPos：读取下一个空放置位置；
⑦ GetPrevTargetPos：读取最后使用工件位置。

1）PALLET.ToPut

PALLET.ToPut 指令的功能是使机器人移动到下一个要放置的空位，轨迹依照码垛配置的位置运行。该指令的参数如图 8.24 所示。

PALLET.ToPut()	
PALLET	
dyn: DYNAMIC_ (可选参数)	无数值
ovl: OVERLAP_ (可选参数)	无数值
addDynTargetPos: DYNAMIC_ (可选参数)	无数值

图 8.24 PALLET.ToPut 指令的参数

放置的位置是码垛上下一个新工件的空位置。如果托盘满了，这个指令返回一个错误信息。PALLET.ToPut 指令的参数含义见表 8.2。

表 8.2 PALLET.ToPut 指令的参数含义

参　数	含　义
[dyn]	选项：运动指令使用的动态数据
[ovl]	选项：运动指令使用的路径优化数据

例子：使机器人移到放置位置的程序如下。

```
myPallet123.ToPut(myDynWithPart, fullOvl)
```

2）PALLET.FromPut

PALLET.FromPut 指令的功能是安全地使机器人从码垛上移开，轨迹依照码垛配置的位置运行。该指令的参数如图 8.25 所示。

PALLET.FromPut()	
PALLET	
dyn: DYNAMIC_（可选参数）	无数值
ovl: OVERLAP_（可选参数）	无数值
addDynPostTargetPos: DYNAMIC_（可选参	无数值

图 8.25　PALLET.FromPut 指令的参数

只有在执行一条 ToPut()指令后才可调用该指令。PALLET.FromPut 指令的参数含义见表 8.3。

表 8.3　PALLET.FromPut 指令的参数含义

参　数	含　义
[dyn]	可选项：运动指令使用的动态数据
[ovl]	可选项：运动指令使用的路径优化数据

例子：安全地使机器人从码垛上移开的程序如下。

```
myPallet123.Fromput(myDynWithoutPart, fullOvl)
```

3）PALLET.ToGet

PALLET.ToGet 指令的功能是使机器人移到当前拾取位置，轨迹依照码垛配置的位置运行。该指令的参数如图 8.26 所示。

PALLET.ToGet()	
PALLET	
dyn: DYNAMIC_（可选参数）	无数值
ovl: OVERLAP_（可选参数）	无数值
addDynTargetPos: DYNAMIC_（可选参数）	无数值

图 8.26　PALLET.ToGet 指令的参数

拾取位置是码垛上下一个可用工件的位置（与工具计数有关）。如果码垛是空的，这条指令返回一个错误信息，PALLET.ToGet 指令的参数含义见表 8.4。

表 8.4　PALLET.ToGet 指令的参数含义

参　数	含　义
[dyn]	可选项：运动指令使用的动态数据
[ovl]	可选项：运动指令使用的路径优化数据

例子：使机器人移到拾取位置的程序如下。

```
myPallet123.ToGet(myDynWithoutPart, fullOvl)
```

4）PALLET.FromGet

PALLET.FromGet 指令的功能是安全地使机器人从拾取位置移开，轨迹依照码垛配置的位置运行。该指令的参数如图 8.27 所示。

PALLET.FromGet()	
PALLET	
dyn: DYNAMIC_ (可选参数)	无数值
ovl: OVERLAP_ (可选参数)	无数值
addDynPostTargetPos: DYNAMIC_ (可选参数	无数值

图 8.27　PALLET.FromGet 指令的参数

只有在执行一条 ToGet()指令后才可调用该指令。PALLET.FromGet 指令的参数含义见表 8.5。

表 8.5　PALLET.FromGet 指令的参数含义

参　数	含　义
[dyn]	可选项：运动指令使用的动态数据
[ovl]	可选项：运动指令使用的路径优化数据

例子：安全地使机器人从拾取位置上移开的程序如下。

```
myPallet123.FromGet(myDynWithPart, fullOvl)
```

5）PALLET.Reset

PALLET.Reset 指令的功能是重置码垛工具计数器为 0 或者把计数器设置为一个指定的值。该指令的参数如图 8.28 所示。如果没有设置值，码垛工具计数被设置为 0（托盘为空）。PALLET.Reset 指令的参数含义见表 8.6。

PALLET.Reset()	
PALLET	
newCount: DINT (可选参数)	无数值

图 8.28　PALLET.Reset 指令的参数

表 8.6　PALLET.Reset 指令的参数含义

参　数	含　义
[newCount]	选项：码垛上工件的当前数量设置为这个值（默认为 0）

例子：

① 设置码垛为空。

```
myPallet123.Reset()
```

② 设置码垛为满。

```
myPallet123.Reset(myPallet123.maxParts)
```

③ 设置码垛工件计数为指定的值（10）。

```
myPallet123.Reset(10)
```

④ 设置码垛工件计数为指定的值（20）。

```
myDintNr := 20
myPallet123.Reset(myDintNr)
```

6）PALLET.GetNextTargetPos

PALLET.GetNextTargetPos 指令的功能是读取下一个空放置位置，即下一个 ToPut()指令的目标位置。该指令的参数如图 8.29 所示。

PALLET.GetNextTargetPos(cp1)	
PALLET	
pos: CARTPOS (新建)	cp1
x: REAL	0.000
y: REAL	0.000
z: REAL	0.000
a: REAL	0.000
b: REAL	0.000
c: REAL	0.000
mode: DINT	-1

图 8.29　PALLET.GetNextTargetPos 指令的参数

如果码垛已经满了，这条指令的反馈信息为 FALSE。PALLET.GetNextTargetPos 指令的参数含义见表 8.7。

表 8.7　PALLET.GetNextTargetPos 指令的参数含义

参　数	含　义
Pos	下一个空的放置位置的位置数据

例子：不使用 ToPut/FromPut 指令进行码垛的程序如下。

```
WHILE myPallet123.GetNextTargetPos(targetPos) DO
    Lin(targetPos)
myPallet123.Reset(myPallet123.actParts + 1)
Lin(startPos)
END_WHILE
```

7）PALLET.GetPrevTargetPos

PALLET.GetPrevTargetPos 指令的功能是读取上一个使用的工件位置，即下一个 ToGet（）指令的目标位置。该指令的参数如图 8.30 所示。

PALLET.GetPrevTargetPos(cp1)	
PALLET	
pos: CARTPOS (新建)	cp1
x: REAL	0.000
y: REAL	0.000
z: REAL	0.000
a: REAL	0.000
b: REAL	0.000
c: REAL	0.000
mode: DINT	-1

图 8.30　PALLET.GetPrevTargetPos 指令的参数

如果码垛为空，这条指令反馈信息为 FALSE。PALLET.GetPrevTargetPos 指令的参数含义见表 8.8。

表 8.8　PALLET.GetPrevTargetPos 指令的参数含义

参　数	含　义
Pos	上一个使用工件的位置数据

例子：不使用 ToPut/FromPut 指令进行码垛的程序如下。

```
WHILE myPallet123.GetPrevTargetPos(targetPos) DO
    Lin(targetPos)
myPallet123.Reset(myPallet123.actParts - 1)
Lin(startPos)
END_WHILE
```

四、任务实施

本单元设置的任务为机器人在传送带上抓取盒子后在托盘上进行码垛的操作，根据机器人的运动轨迹，进行机器人的编程。

（一）连接系统仿真

具体操作步骤请参照单元 4 中的连接系统仿真，此处略。

（二）新建项目及程序

具体操作说明及效果图见表 8.9。

表 8.9　新建项目程序的操作说明及效果图

序号	操作说明	效果图
1	①按下“Menu”按键；②单击“项目管理”；③单击“项目”	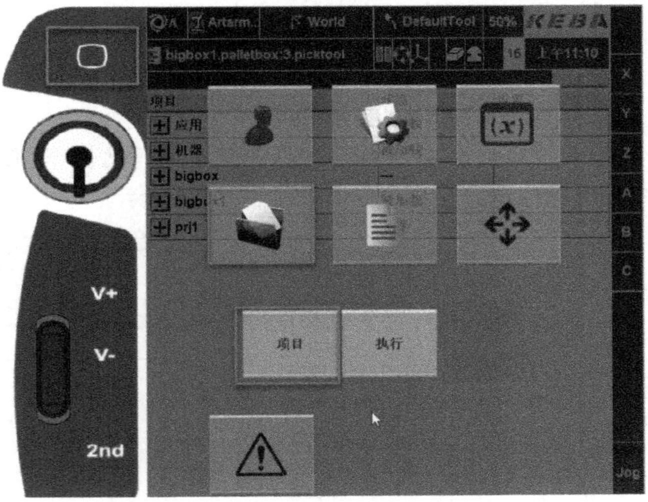

（续表）

序号	操作说明	效果图
2	在出现的界面中，先单击“文件”按钮，然后选择“新建项目”选项	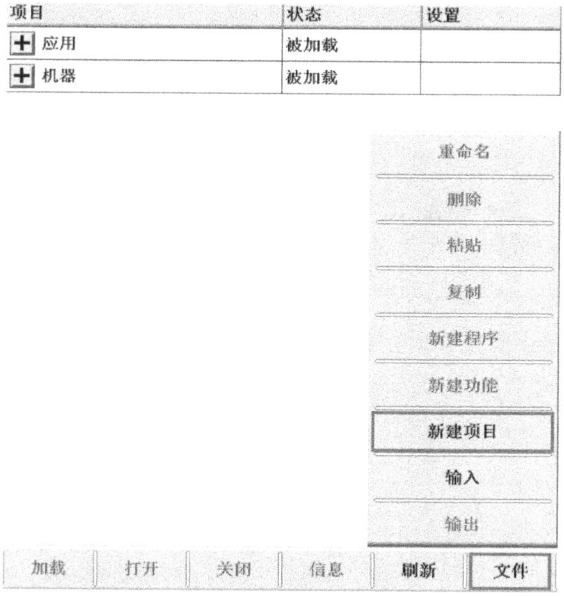 项目 状态 设置 应用 被加载 机器 被加载 重命名 删除 粘贴 复制 新建程序 新建功能 新建项目 输入 输出 加载 打开 关闭 信息 刷新 文件
3	输入项目名称和程序名称，单击“√”按钮确认	 项目新建 项目名称 BigBox 程序名称 PickTool
4	选择新建的项目，单击“加载”按钮。 注：一次只能加载一个项目，其他项目必须关闭	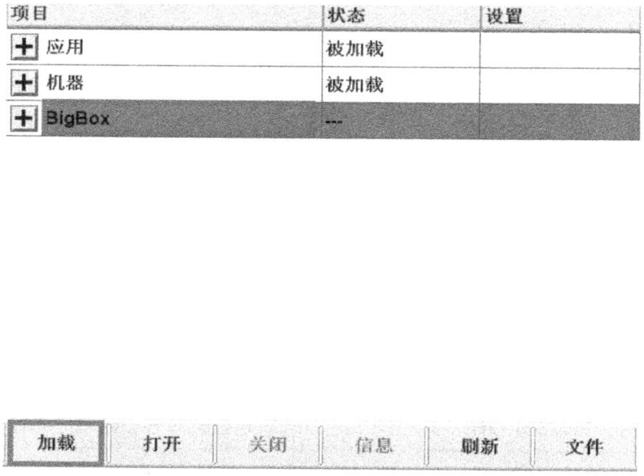 项目 状态 设置 应用 被加载 机器 被加载 BigBox --- 加载 打开 关闭 信息 刷新 文件

（三）编写码垛程序

1. 抓取工具程序 PickTool( )

1）加载 PickTool 程序

加载 PickTool 程序的操作见表 8.10。

表 8.10　PickTool 程序的操作

序号	操作说明	效果图
1	选中“PickTool”程序，单击“加载”按钮	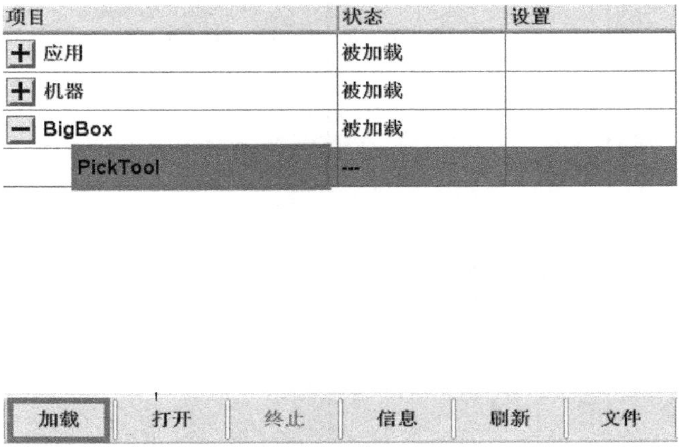 项目 状态 设置 应用 被加载 机器 被加载 BigBox 被加载 PickTool --- 加载 打开 终止 信息 刷新 文件
2	程序加载后的界面	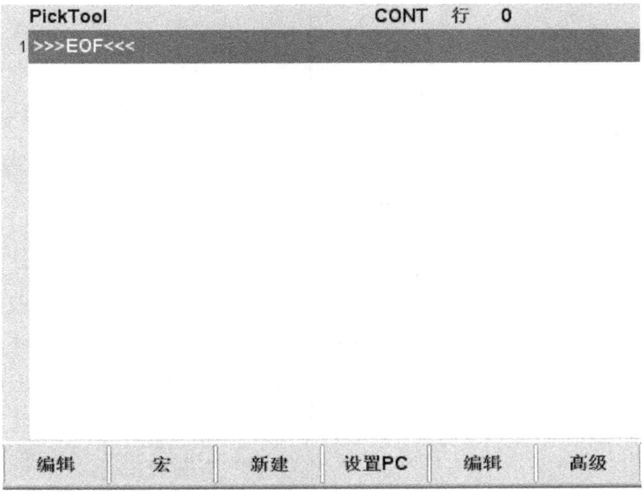 PickTool CONT 行 0 1 >>>EOF<<< 编辑 宏 新建 设置PC 编辑 高级

2）添加程序指令

添加程序指令、说明/效果图见表 8.11。

表 8.11　添加程序指令、说明/效果图

序号	指令	说明/效果图
2	Tool(DefaultTool)	设置机器人工具为“DefaultTool”（默认工具）
3	PTP(ap0)	机器人到达初始点
4	PTP(ap1)	机器人到达吸盘工具上方点
5	Lin(cp0)	机器人到达吸盘工具抓取点
6	WaitIsFinished()	等待机器人到位
7	bSigOut0.Set(TRUE)	打开抓取工具信号，使用 IoDout[0]信号
8	WaitTime(500)	等待 0.5s

（续表）

序号	指令	说明/效果图
9	Lin(cp1)	抓取工具后机器人到达过渡点 1
10	Lin(cp2)	抓取工具后机器人到达过渡点 2
11	PTP(ap0)	机器人回到初始点
12	完整的 PickTool 程序	PickTool CONT 行 2 Tool(DefaultTool) 3 PTP(ap0) 4 PTP(ap1) 5 Lin(cp0) 6 WaitIsFinished() 7 bSigOut0.Set(TRUE) 8 WaitTime(500) 9 Lin(cp1) 10 Lin(cp2) 11 PTP(ap0) 12 >>>EOF<<< 编辑 Lin 新建 设置PC 编辑 高级

3）示教点位置

示教点及效果图见表 8.12。

表 8.12　示教点及效果图

序号	示教点	效果图
1	ap0	

（续表）

序号	示教点	效果图
2	ap1	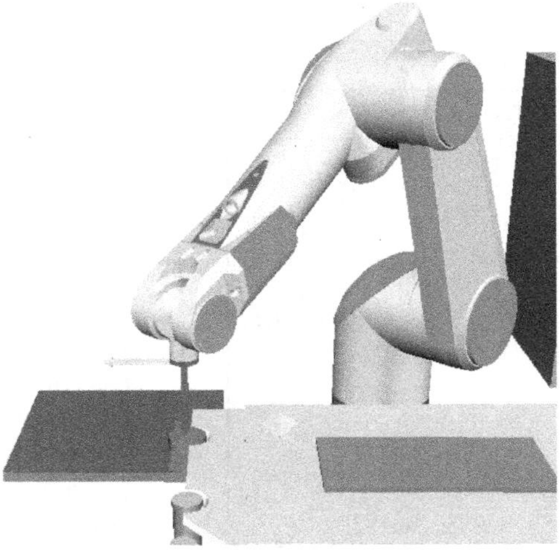
3	cp0	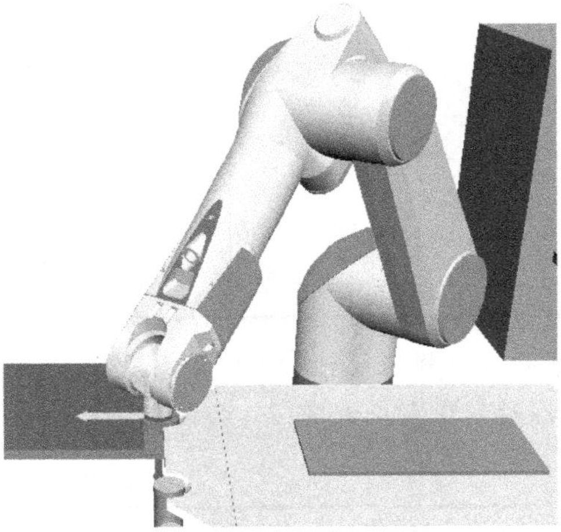
4	cp1	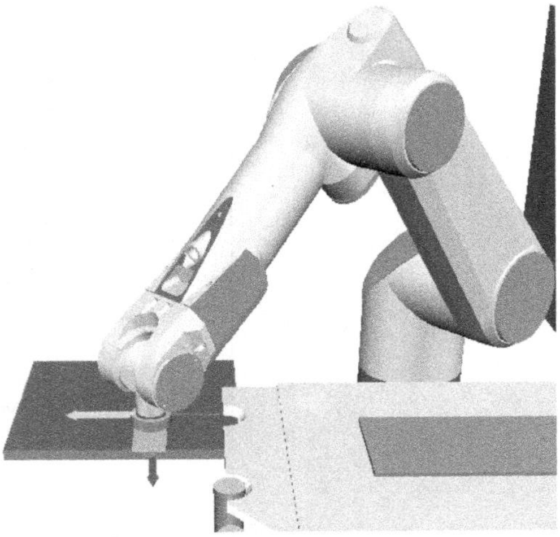

（续表）

序号	示教点	效果图
5	cp2	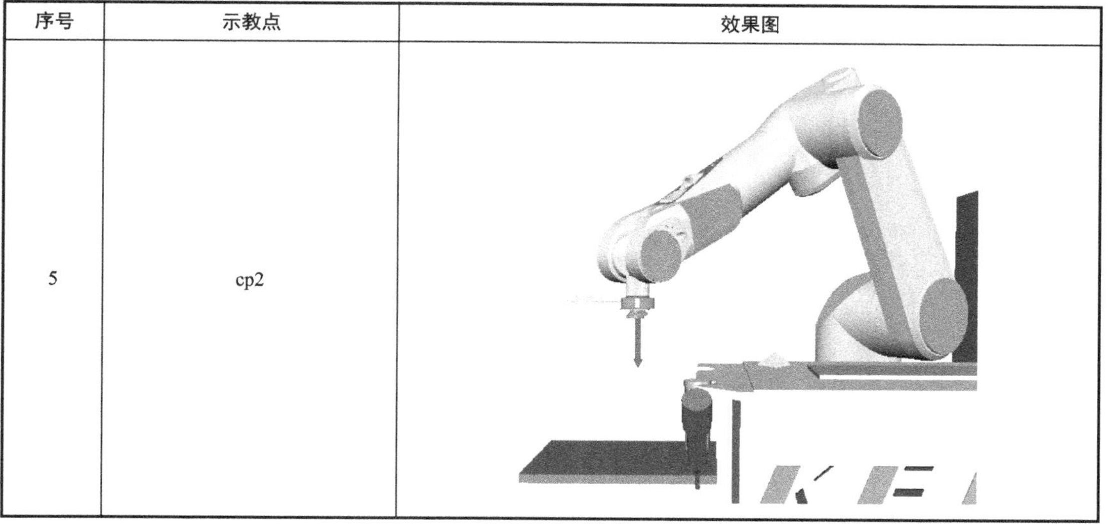

2. 放置工具程序 PutTool( )

1）创建程序文件 PutTool( )

创建程序文件 PutTool( )的操作及效果图见表 8.13。

表 8.13　创建程序文件 PutTool( )的操作及效果图

序号	操作说明	效果图
1	选择需要添加程序的项目，单击右下角的“文件”按钮，选择“新建程序”选项	项目 状态 设置 应用 被加载 机器 被加载 BigBox 被加载 PickTool 中断 重命名 删除 粘贴 复制 新建程序 新建功能 新建项目 输入 输出 加载 打开 关闭 信息 刷新 文件
2	在“程序新建”对话框中，输入程序名称 PutTool，单击“√”按钮确认	程序新建 项目名称 BigBox 程序名称 PutTool

（续表）

序号	操作说明	效果图
3	选中“PutTool”程序，单击“加载”按钮，进行程序指令的编写	项目 / 状态 / 设置 应用 被加载 机器 被加载 BigBox 被加载 PickTool --- PutTool --- 加载 打开 终止 信息 刷新 文件

2）添加程序指令

添加程序指令及说明见表 8.14。

表 8.14　添加程序指令及说明

序号	指　　令	说　　明
2	Tool(DefaultTool)	设置机器人工具为“DefaultTool”（默认工具）
3	PTP(ap0)	机器人到达初始点
4	PTP(cp2)	机器人到达过渡点 2
5	Lin(cp1)	机器人到达过渡点 1
6	Lin(cp0)	机器人到达吸盘工具抓取点
7	WaitIsFinished()	等待机器人到位
8	bSigOut0.Set(FALSE)	关闭抓取工具信号，使用 IoDout[0]信号
9	WaitTime(500)	等待 0.5s
10	Lin(ap1)	机器人到达吸盘工具上方点
11	PTP(ap0)	机器人回到初始点
12	完整的“PutTool”程序	PutTool CONT 行 2 Tool(DefaultTool) 3 PTP(ap0) 4 PTP(cp2) 5 Lin(cp1) 6 Lin(cp0) 7 WaitIsFinished() 8 bSigOut0.Set(FALSE) 9 WaitTime(500) 10 Lin(ap1) 11 PTP(ap0) 12 >>>EOF<<< 编辑 WaitTime 新建 设置PC 编辑 高级

3）示教点位置

放置工具程序 PutTool( )和抓取工具程序 PickTool( )的轨迹顺序相反，因此可以共用点位置，放置工具程序 PutTool( )的点位置示教请参照抓取工具程序 PickTool( )的点位置示教，此处略。

3. 吸取盒子程序 PickBox( )

1）创建吸盘工具坐标

本任务中创建吸盘工具的工具坐标的操作步骤见表 8.15。

表 8.15　创建吸盘工具坐标的操作步骤

序号	操作说明	效果图
1	先按下“Menu”按键；接着单击“变量管理”；最后单击“变量监测”，进入变量监测界面	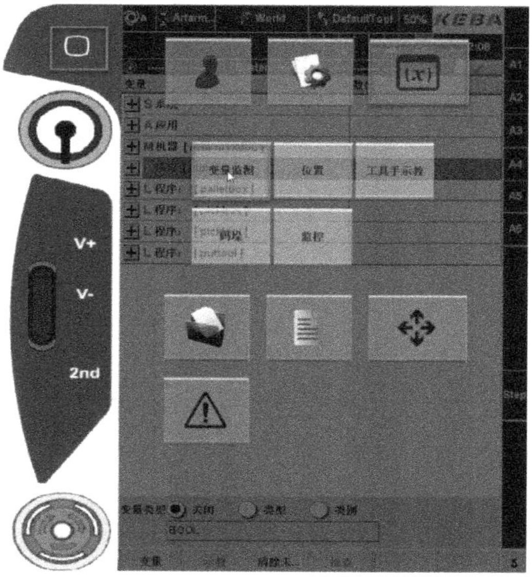
2	选中“P 项目[BigBox]”，单击“变量”，然后选择“新建”选项	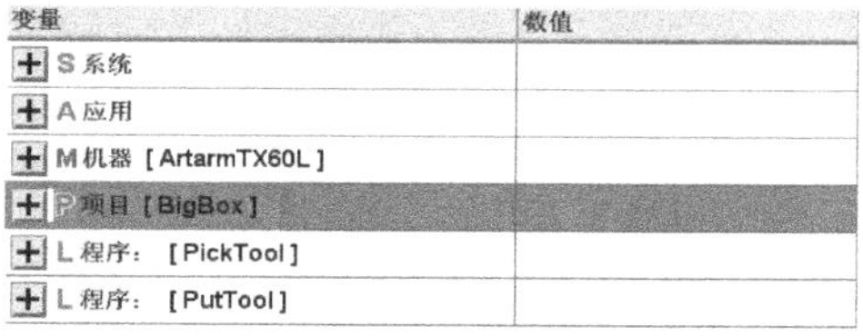 

（续表）

序号	操作说明	效果图
3	单击“坐标系统和工具”，选择“TOOL”，修改“名称”为“tGripper”，然后单击“确认”按钮	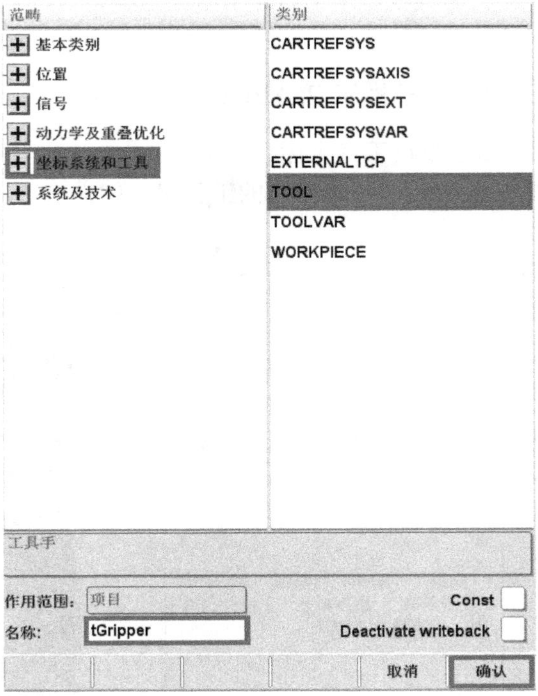 范畴：基本类别、位置、信号、动力学及重叠优化、坐标系统和工具、系统及技术 类别：CARTREFSYS、CARTREFSYSAXIS、CARTREFSYSEXT、CARTREFSYSVAR、EXTERNALTCP、TOOL、TOOLVAR、WORKPIECE 工具手 作用范围：项目　Const 名称：tGripper　Deactivate writeback 取消　确认
4	在变量设置对话框中，修改 tGripper 在 Z 方向的值为 30，其他不变，则工具坐标系创建完成。 注：吸盘工具的高度为 30mm，为标准工具，其 TCP 位于机器人法兰盘中心 Z 轴方向 30mm 处，因此可以直接输入数值	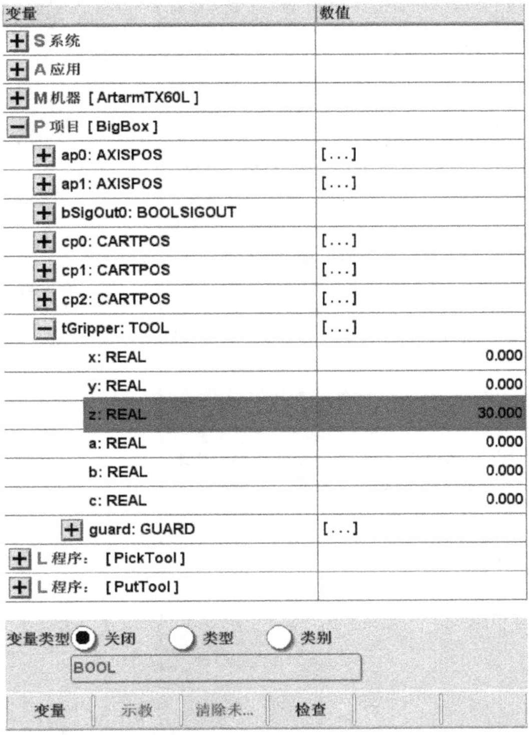 变量 / 数值 S 系统 A 应用 M 机器 [ArtarmTX60L] P 项目 [BigBox] ap0: AXISPOS [...] ap1: AXISPOS [...] bSigOut0: BOOLSIGOUT cp0: CARTPOS [...] cp1: CARTPOS [...] cp2: CARTPOS [...] tGripper: TOOL [...] x: REAL 0.000 y: REAL 0.000 z: REAL 30.000 a: REAL 0.000 b: REAL 0.000 c: REAL 0.000 guard: GUARD [...] L 程序： [PickTool] L 程序： [PutTool] 变量类型 关闭 类型 类别 BOOL 变量　示教　清除未...　检查

2）创建程序文件 PickBox( )

创建程序文件 PickBox( )的操作及效果图见表 8.16。

表 8.16　创建程序文件 PickBox( )的操作及效果图

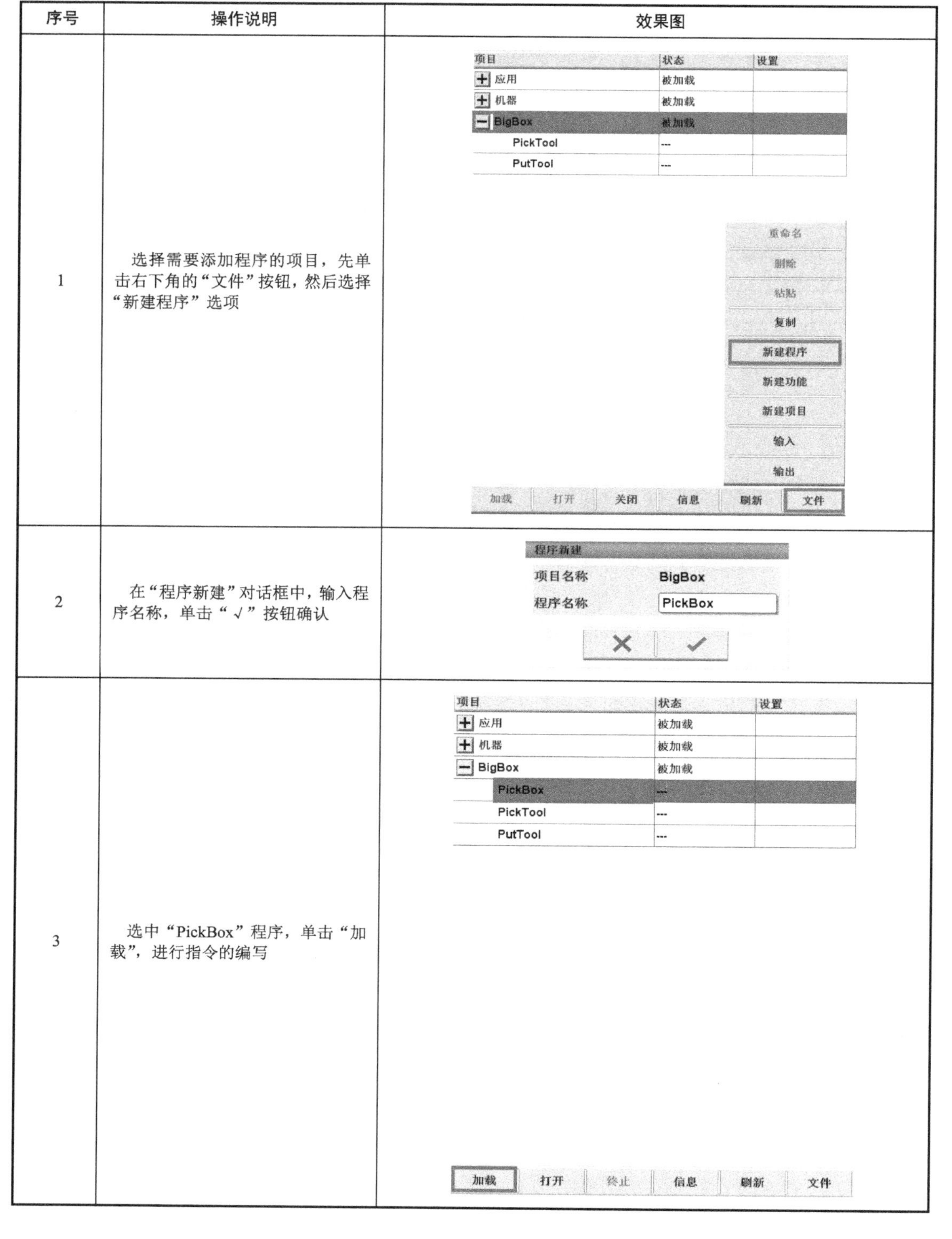

序号	操作说明	效果图
1	选择需要添加程序的项目，先单击右下角的“文件”按钮，然后选择“新建程序”选项	
2	在“程序新建”对话框中，输入程序名称，单击“√”按钮确认	
3	选中“PickBox”程序，单击“加载”，进行指令的编写	

3）添加程序指令

程序指令及说明见表 8.17。

表 8.17　程序指令及说明

序号	指令	说明
2	Tool(tGripper)	设置机器人工具为“tGripper”（吸盘工具）
3	PTP(ap0)	机器人到达过渡点 ap0
4	PTP(ap2)	机器人到达传送带上盒子的上方点
5	Lin(cp3)	机器人到达吸取盒子点
6	WaitIsFinished()	等待机器人到位
7	bSigOut1.Set()	开启吸盘真空信号，使用 IoDout[1]信号
8	WaitTime(500)	等待 0.5s
9	Lin(ap2)	机器人抓取盒子后到达上方点
10	PTP(ap0)	机器人抓取盒子后回到过渡点 ap0
11	完整的“PickBox”程序	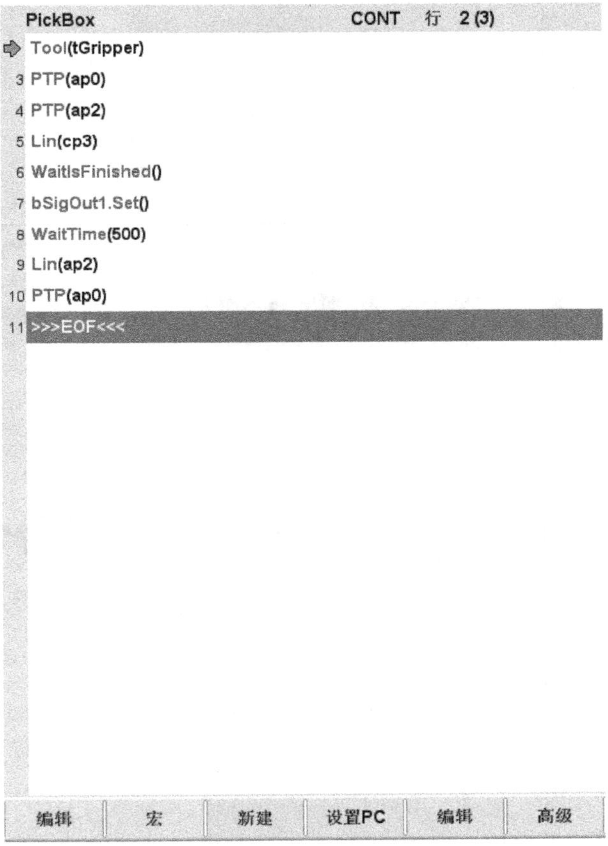 PickBox　CONT　行　2 (3) Tool(tGripper) 3 PTP(ap0) 4 PTP(ap2) 5 Lin(cp3) 6 WaitIsFinished() 7 bSigOut1.Set() 8 WaitTime(500) 9 Lin(ap2) 10 PTP(ap0) 11 >>>EOF<<< 编辑　宏　新建　设置PC　编辑　高级

4）示教点位置

示教点及效果图见表 8.18。

表 8.18　示教点及效果图

序号	示教点	效果图
1	ap0	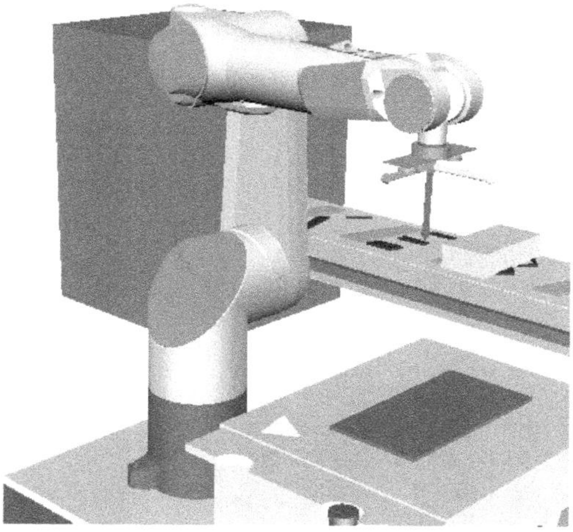
2	ap2	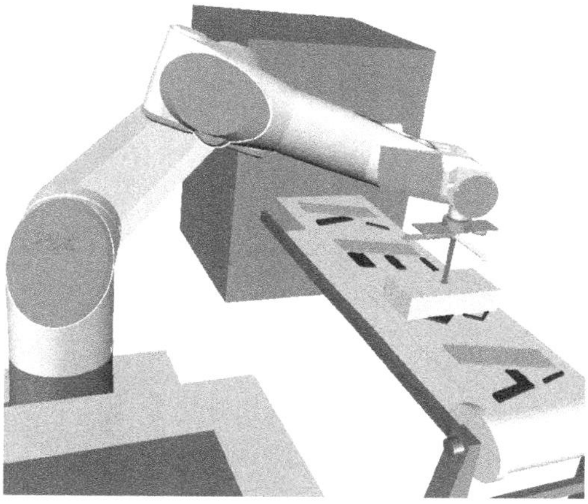
3	cp3	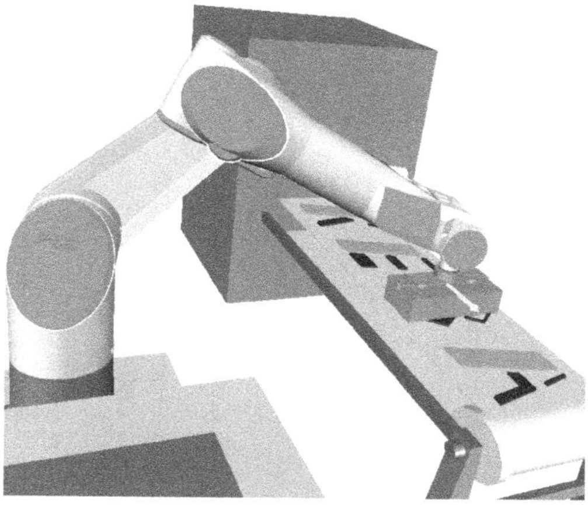

4. 创建码垛变量 pal0

创建码垛变量 pal0 的操作步骤及效果图见表 8.19。

表 8.19 创建码垛变量 pal0 的操作步骤及效果图

序号	操作步骤	效果图
1	先按下“Menu”按键；接着单击“变量管理”；最后单击“变量监测”，进入变量监测界面	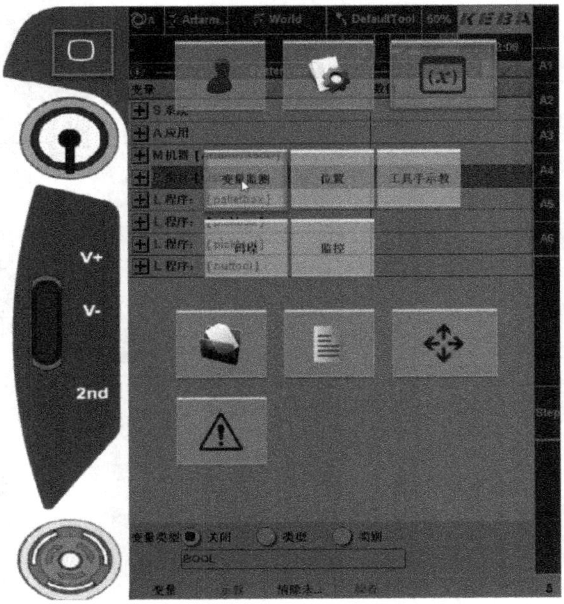 Artarm World DefaultTool 60% KEBA 变量 S 系统 A 应用 M 机器 变量监测 位置 工具手示教 L 程序： L 程序： L 程序： L 程序： V+ V- 2nd A1 A2 A3 A4 A5 A6 Step BOOL
2	选中“P 项目[BigBox]”，单击“变量”，然后选择“新建”选项	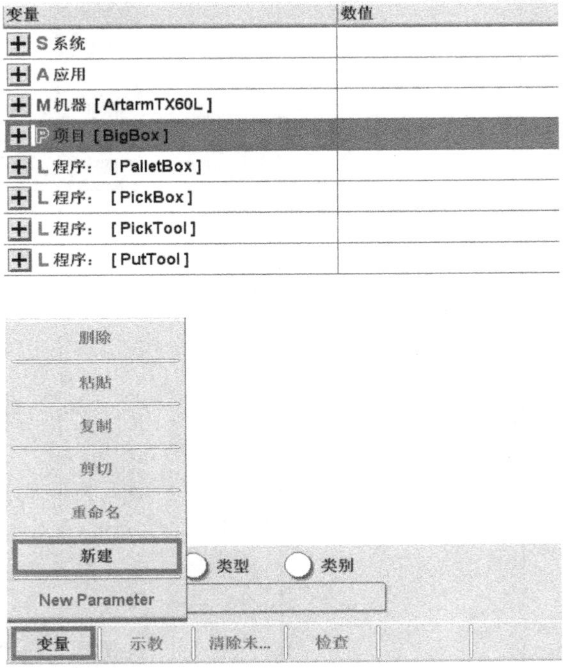 变量 数值 S 系统 A 应用 M 机器 [ArtarmTX60L] P 项目 [BigBox] L 程序： [PalletBox] L 程序： [PickBox] L 程序： [PickTool] L 程序： [PutTool] 删除 粘贴 复制 剪切 重命名 新建 类型 类别 New Parameter 变量 示教 清除未... 检查

（续表）

序号	操作步骤	效果图
3	选择“系统及技术”，单击“PALLET”，再单击“确认”按钮，创建一个码垛变量	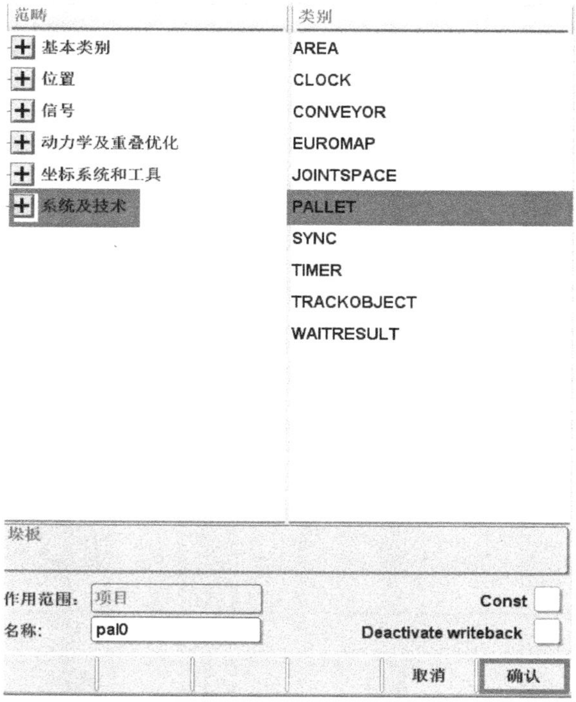 范畴 / 类别 基本类别 AREA 位置 CLOCK 信号 CONVEYOR 动力学及重叠优化 EUROMAP 坐标系统和工具 JOINTSPACE 系统及技术 PALLET SYNC TIMER TRACKOBJECT WAITRESULT 垛板 作用范围：项目 Const 名称：pal0 Deactivate writeback 取消 确认
4	在项目下创建了一个码垛变量“pal0”	 变量 / 数值 ap0: AXISPOS [...] pal0: PALLET [...] actParts: DINT 0 maxParts: DINT 1 isEmpty: BOOL isFull: BOOL palRefSys: MAPTO REFSYS_ S World palletDir: TPalletDirection Pal_dir_Z_inv numberOfParts: ARRAY OF TI distanceOfParts: ARRAY OF F palletOrder: TPalletOrder Pal_order_X_Y_Z firstPartOnPalletPos: CARTPO [...] palletEntryPointUsed: BOOL palletEntryPoint: CARTPOS [...] prePlaceOptions: TPrePostPla postPlaceOptions: TPrePostPl tGripper: TOOL [...] L 程序：［PalletBox］ 变量类型 关闭 类型 类别 BOOL 变量 示教 清除未... 检查

（续表）

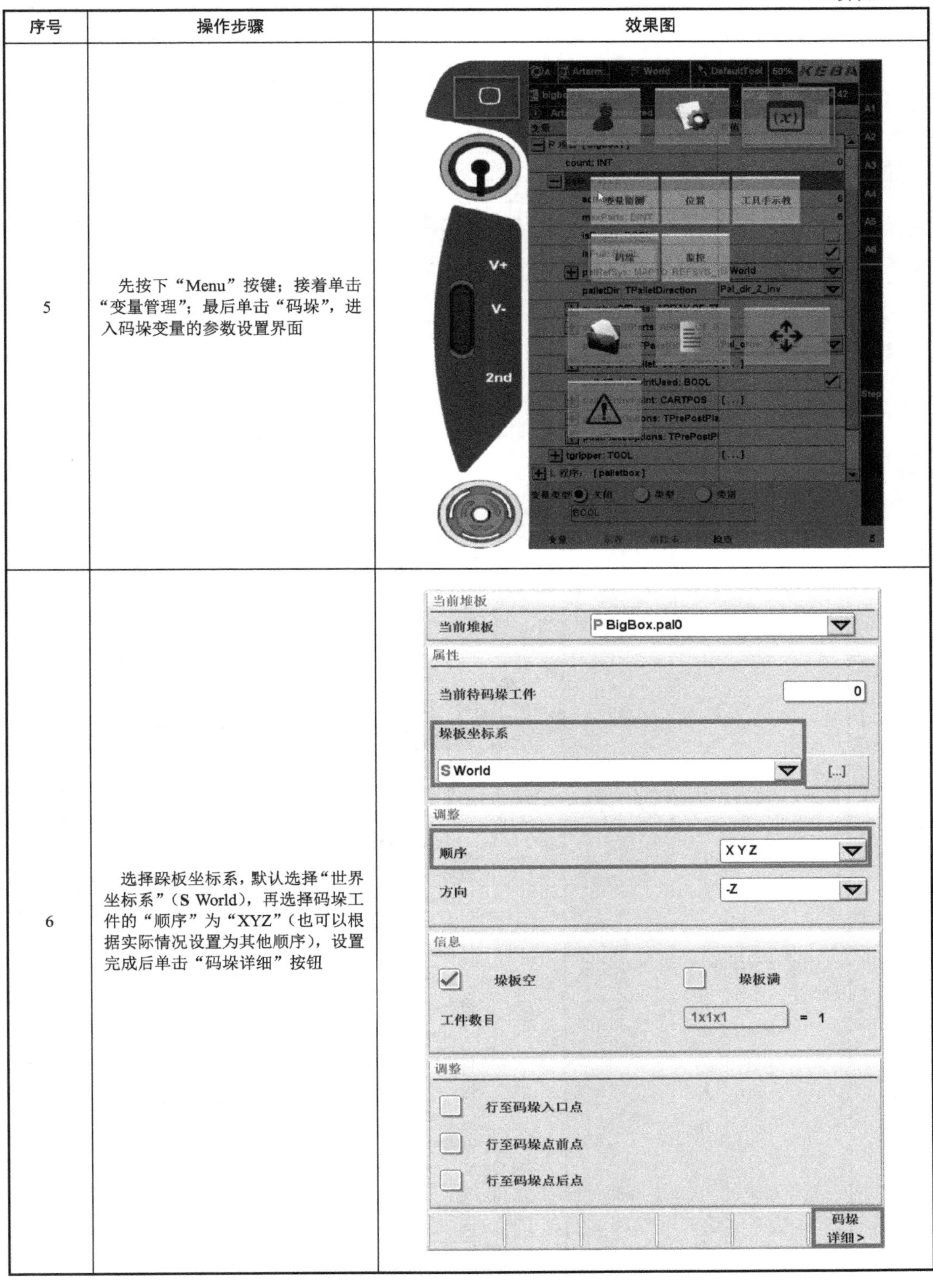

序号	操作步骤	效果图
5	先按下“Menu”按键；接着单击“变量管理”；最后单击“码垛”，进入码垛变量的参数设置界面	
6	选择踩板坐标系，默认选择“世界坐标系”（S World），再选择码垛工件的“顺序”为“XYZ”（也可以根据实际情况设置为其他顺序），设置完成后单击“码垛详细”按钮	

（续表）

序号	操作步骤	效果图
7	移动机器人到码垛第一块工件的位置	
8	机器人移动到目标位置后，单击“示教”按钮，记录第一个码垛的位置，然后单击“向后”按钮	

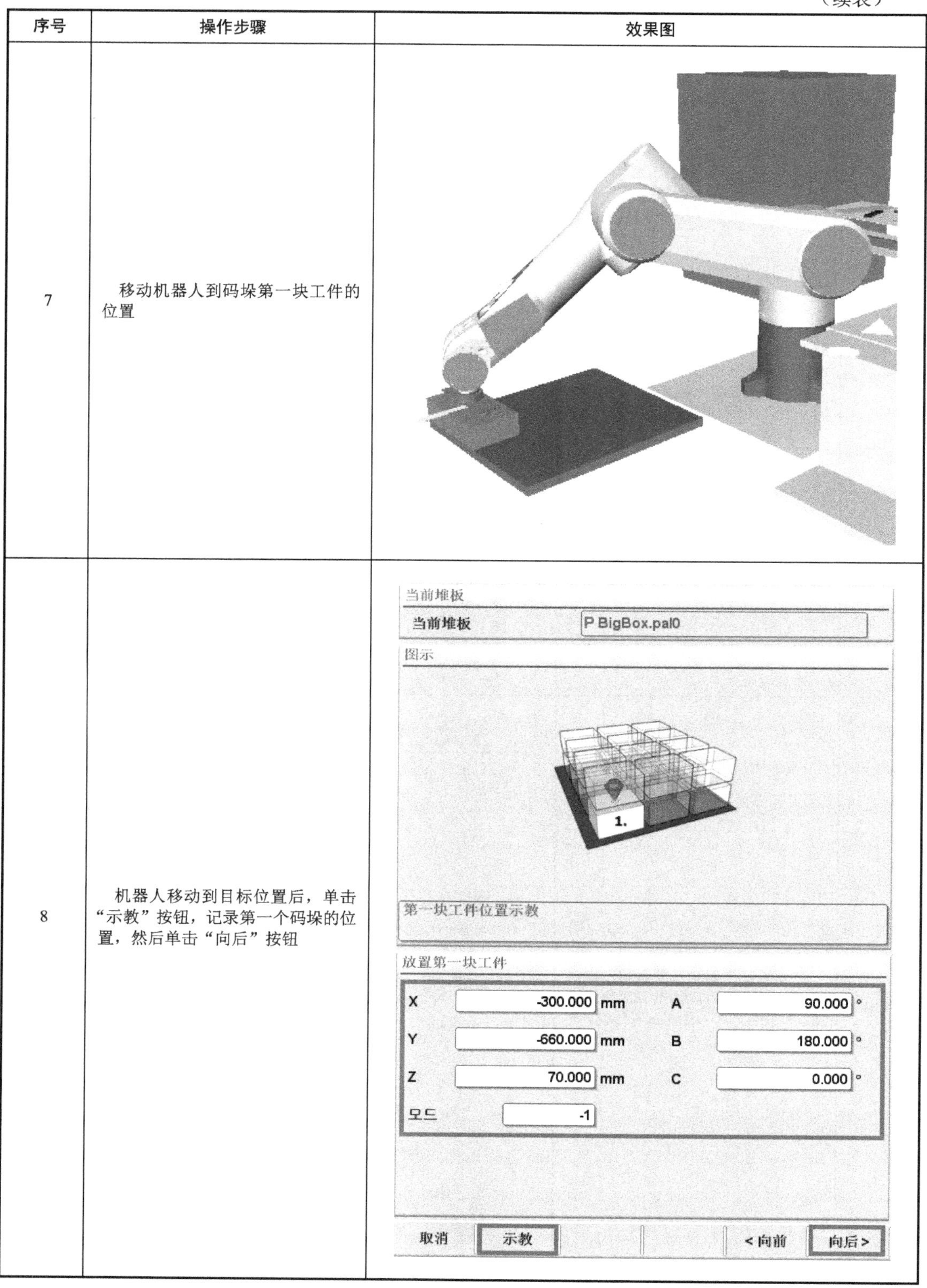

（续表）

序号	操作步骤	效果图
9	设置待码垛工件数量和尺寸数据。盒子长200mm、宽100mm、高55mm。为了防止工件尺寸误差产生的碰撞和干涉，一般会在盒子的3个方向上设置几毫米的间距，参数设置如右图所示。设置完后单击“向后”按钮	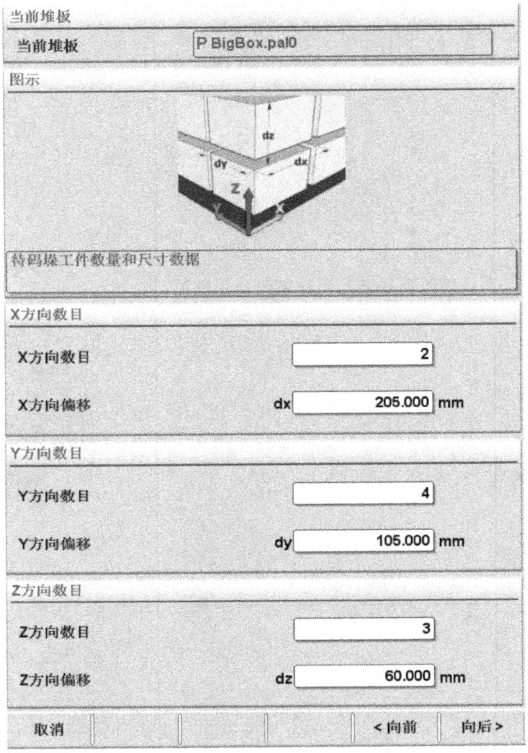 当前堆板 当前堆板 P BigBox.pal0 图示 dz dy dx Z Y X 待码垛工件数量和尺寸数据 X方向数目 X方向数目 2 X方向偏移 dx 205.000 mm Y方向数目 Y方向数目 4 Y方向偏移 dy 105.000 mm Z方向数目 Z方向数目 3 Z方向偏移 dz 60.000 mm 取消 < 向前 向后 >
10	右图所示为码垛点前点和后点，这两个辅助点可以根据工艺要求设置，一般可以不勾选相应复选框，单击“向后”按钮	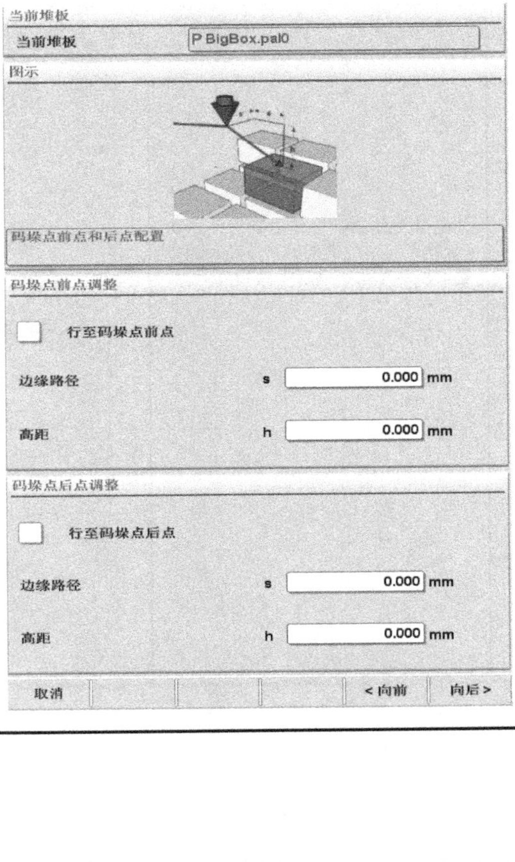 当前堆板 当前堆板 P BigBox.pal0 图示 码垛点前点和后点配置 码垛点前点调整 行至码垛点前点 边缘路径 s 0.000 mm 高距 h 0.000 mm 码垛点后点调整 行至码垛点后点 边缘路径 s 0.000 mm 高距 h 0.000 mm 取消 < 向前 向后 >

（续表）

序号	操作步骤	效果图
11	移动机器人到码垛入口点，一般选择第一个码块对角线位置的上方，此高度要高于设置的最高层码块的高度（高度自行调整）	
12	勾选“行至码垛入口点”复选框并单击“示教”按钮，再单击“向后”按钮	

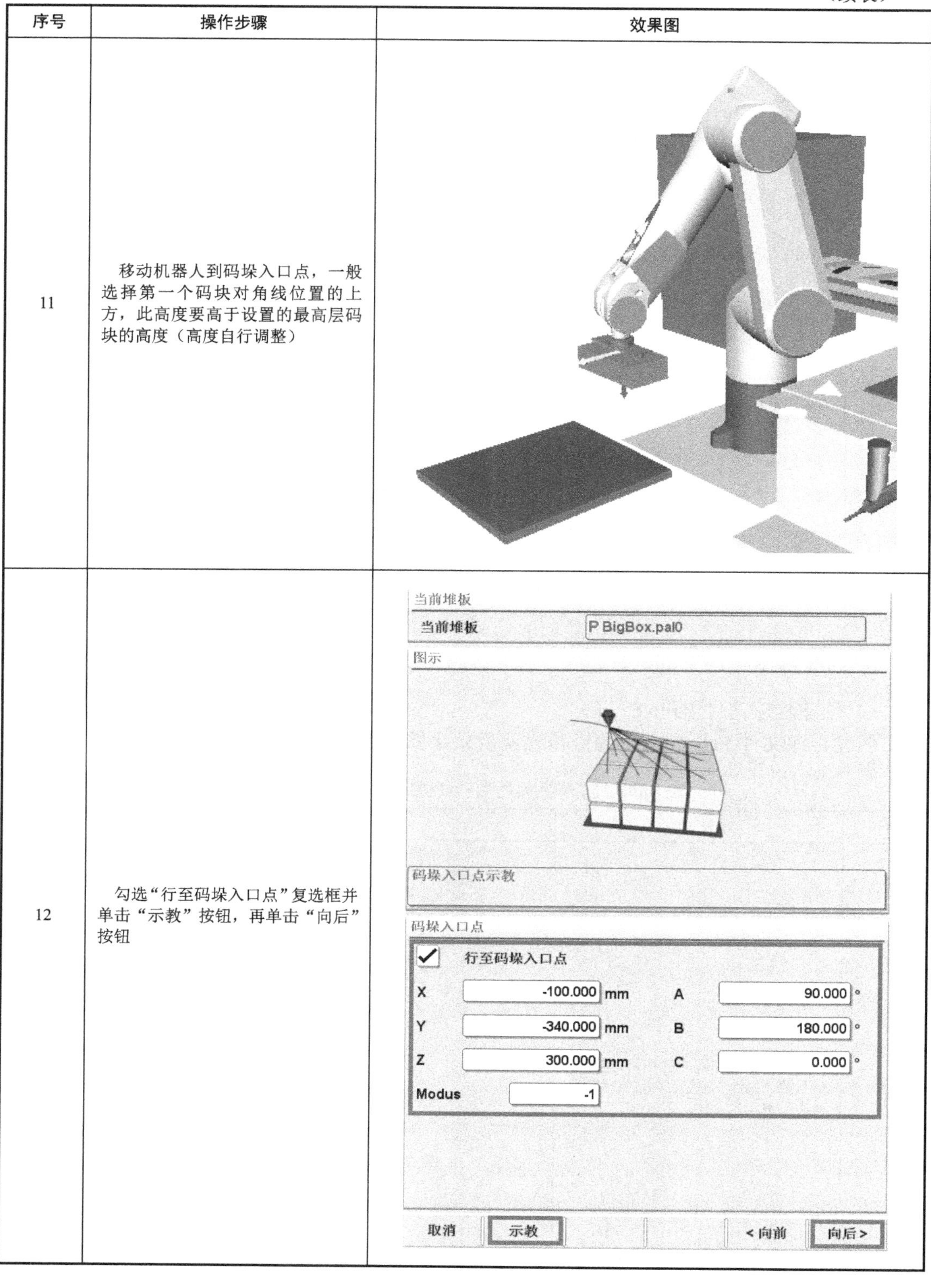

（续表）

序号	操作步骤	效果图
13	单击“启动可达性检测”按钮，在界面中会显示检测结果，此码垛设置的测试结果为“检测通过”，通过后单击“确认”按钮。 注：如果检测不通过，需要重做本表中的序号 5 至序号 12 的步骤内容，调整位置和参数，直至检测通过完成参数设置	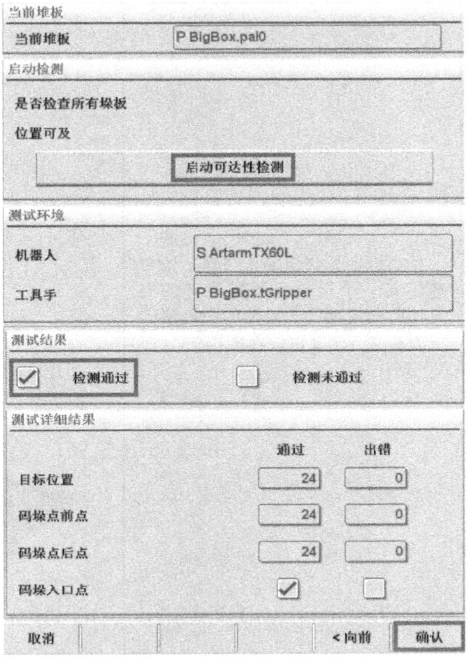 当前堆板 当前堆板 P BigBox.pal0 启动检测 是否检查所有垛板 位置可及 启动可达性检测 测试环境 机器人 S ArtarmTX60L 工具手 P BigBox.tGripper 测试结果 检测通过 检测未通过 测试详细结果 通过 出错 目标位置 24 0 码垛点前点 24 0 码垛点后点 24 0 码垛入口点 取消 < 向前 确认

5. 码垛盒子程序 PalletBox( )

1）创建程序文件 PalletBox( )

创建程序文件 PalletBox( )的操作说明及效果图见表 8.20。

表 8.20　创建程序文件 PalletBox( )的操作说明及效果图

序号	操作说明	效果图
1	选择需要添加程序的项目，单击右下角的“文件”按钮，再选择“新建程序”选项	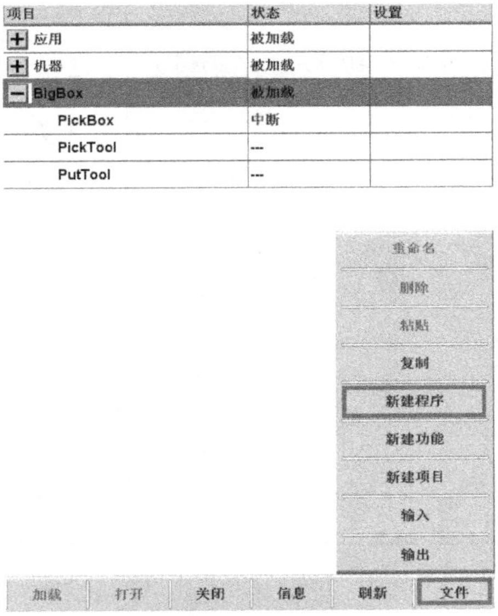 项目 状态 设置 应用 被加载 机器 被加载 BigBox 被加载 PickBox 中断 PickTool --- PutTool --- 重命名 删除 粘贴 复制 新建程序 新建功能 新建项目 输入 输出 加载 打开 关闭 信息 刷新 文件

（续表）

序号	操作说明	效果图
2	在“程序新建”对话框中输入程序名称 PalletBox，单击“√”按钮确认	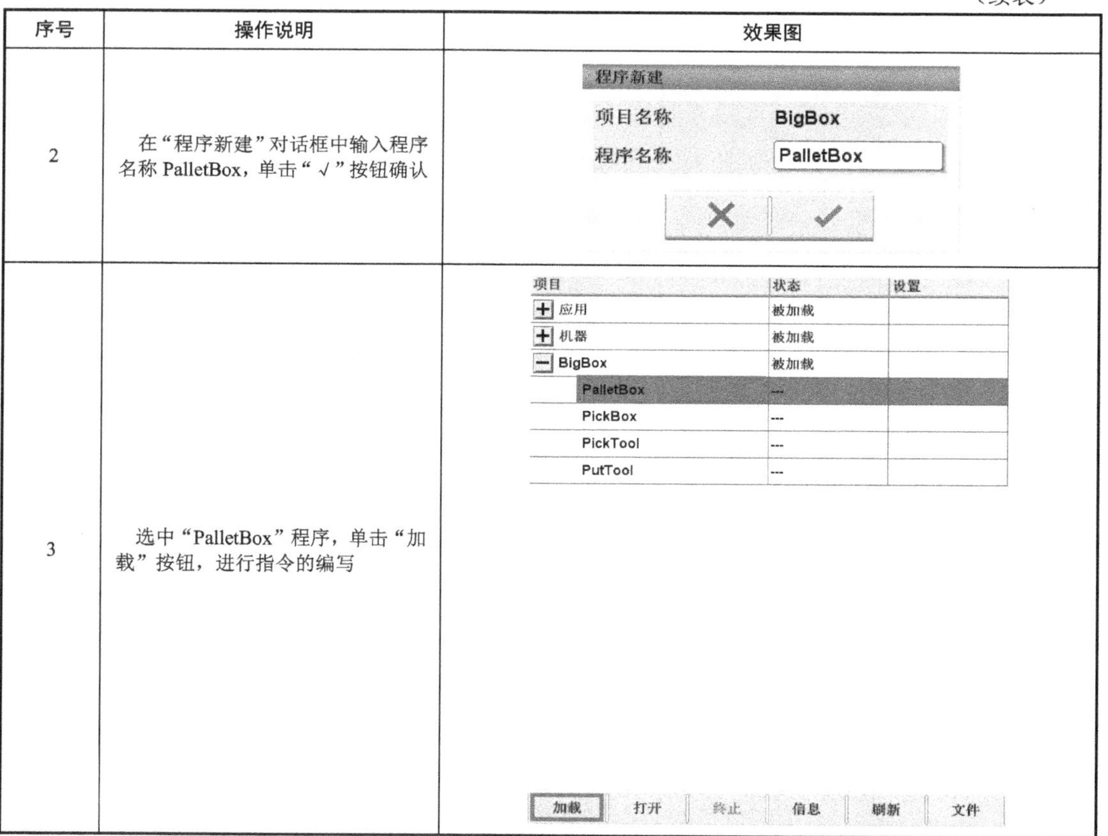
3	选中“PalletBox”程序，单击“加载”按钮，进行指令的编写	

2）添加程序指令

添加程序指令的操作步骤及效果图见表 8.21。

表 8.21　添加程序指令的操作步骤及效果图

序号	操作步骤	效果图
1	在程序编辑界面，单击“新建”按钮	

（续表）

序号	操作步骤	效果图
2	选择功能块中的“码垛”指令，再选择“PALLET.Reset”指令，单击“确定”按钮，添加“堆板工件数目重置”指令	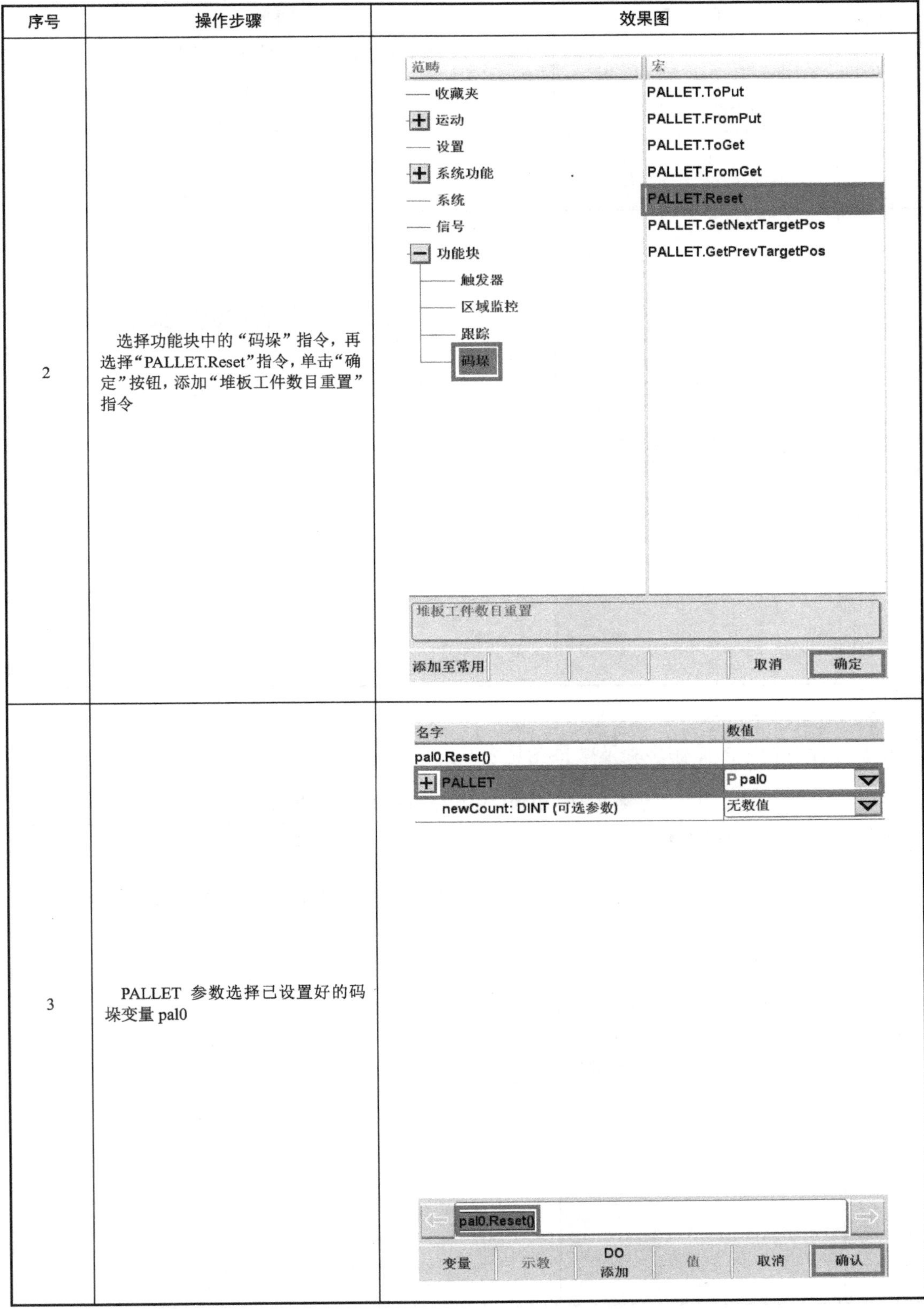
3	PALLET 参数选择已设置好的码垛变量 pal0	

（续表）

序号	操作步骤	效果图
4	光标移动到“EOF”栏，单击“新建”按钮	PalletBox CONT 行 2 pal0.Reset() >>>EOF<<< 编辑 PALLET.... 新建 设置PC 编辑 高级
5	在信号指令组中，选择“BOOLSIGOUT.Set”指令，单击“确定”按钮	 范畴：收藏夹、运动、设置、系统功能、系统、信号、功能块 宏：WaitBool、WaitBit、WaitBitMask、WaitLess、WaitGreater、WaitInside、WaitOutside、BOOLSIGOUT.Set、BOOLSIGOUT.Pulse、BOOLSIGOUT.Connect 把数字信号设为给定值 添加至常用 取消 确定

（续表）

序号	操作步骤	效果图
6	① BOOLSIGOUT 参数选择“bSigOut0”变量，②signal 参数选择 IoDOut，③在出现的“选择索引：IoDOut”对话框中选择“0”；④单击“√”按钮确认；⑤value 参数选择“FALSE”，复位抓取工具信号；⑥单击“确认”按钮	
7	参照序号 5、6 的操作设置复位吸盘真空信号	

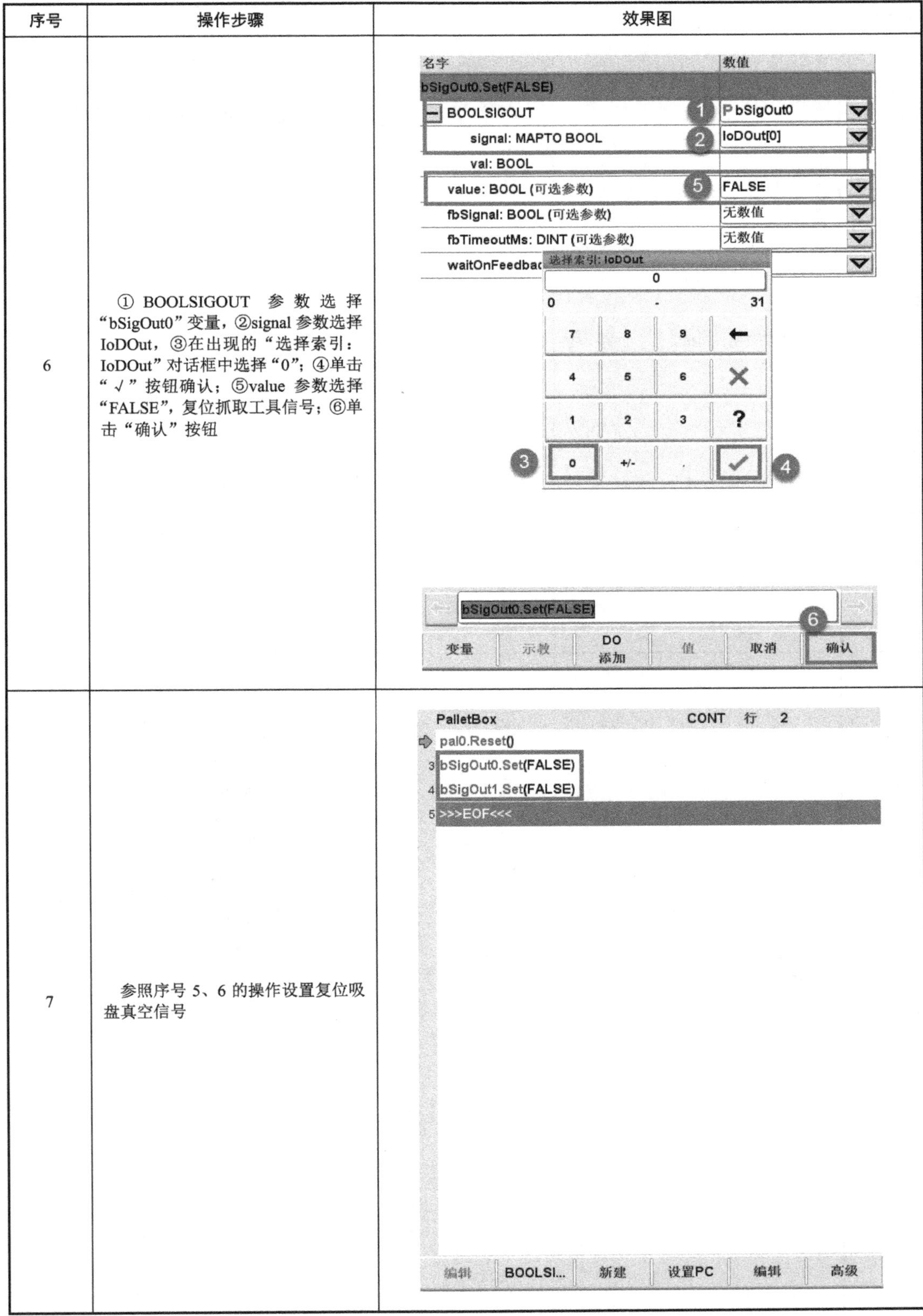

（续表）

序号	操作步骤	效果图
8	单击“新建”按钮，在系统指令组中，选择“CALL”指令，单击“确定”按钮	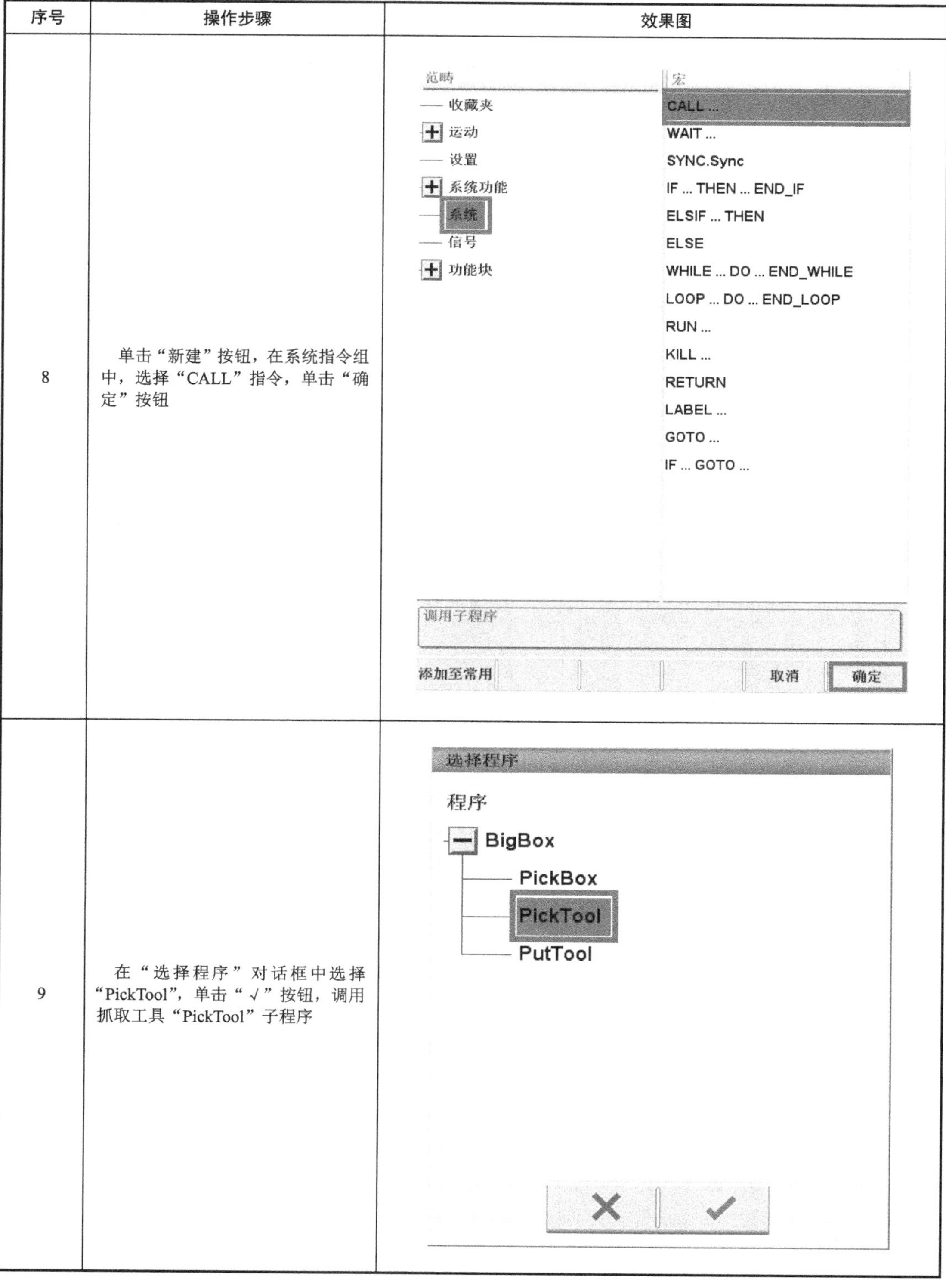
9	在“选择程序”对话框中选择“PickTool”，单击“√”按钮，调用抓取工具“PickTool”子程序	

（续表）

序号	操作步骤	效果图
10	添加“WHILE...DO...END_WHILE”循环指令，判断是否满足码垛条件，进入码垛循环，单击“确定”按钮	
11	单击“替换”按钮，再选择“变量”选项	

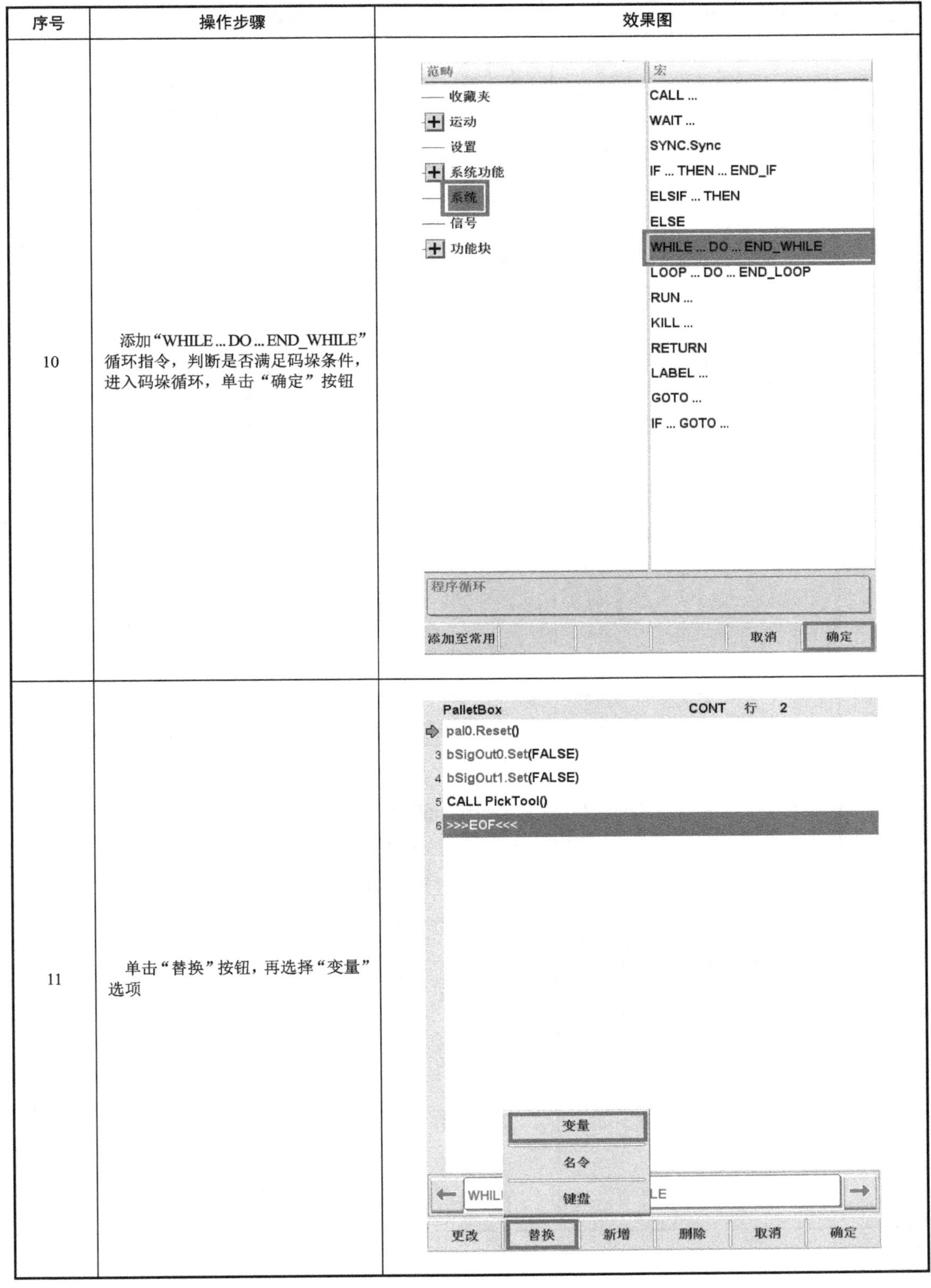

（续表）

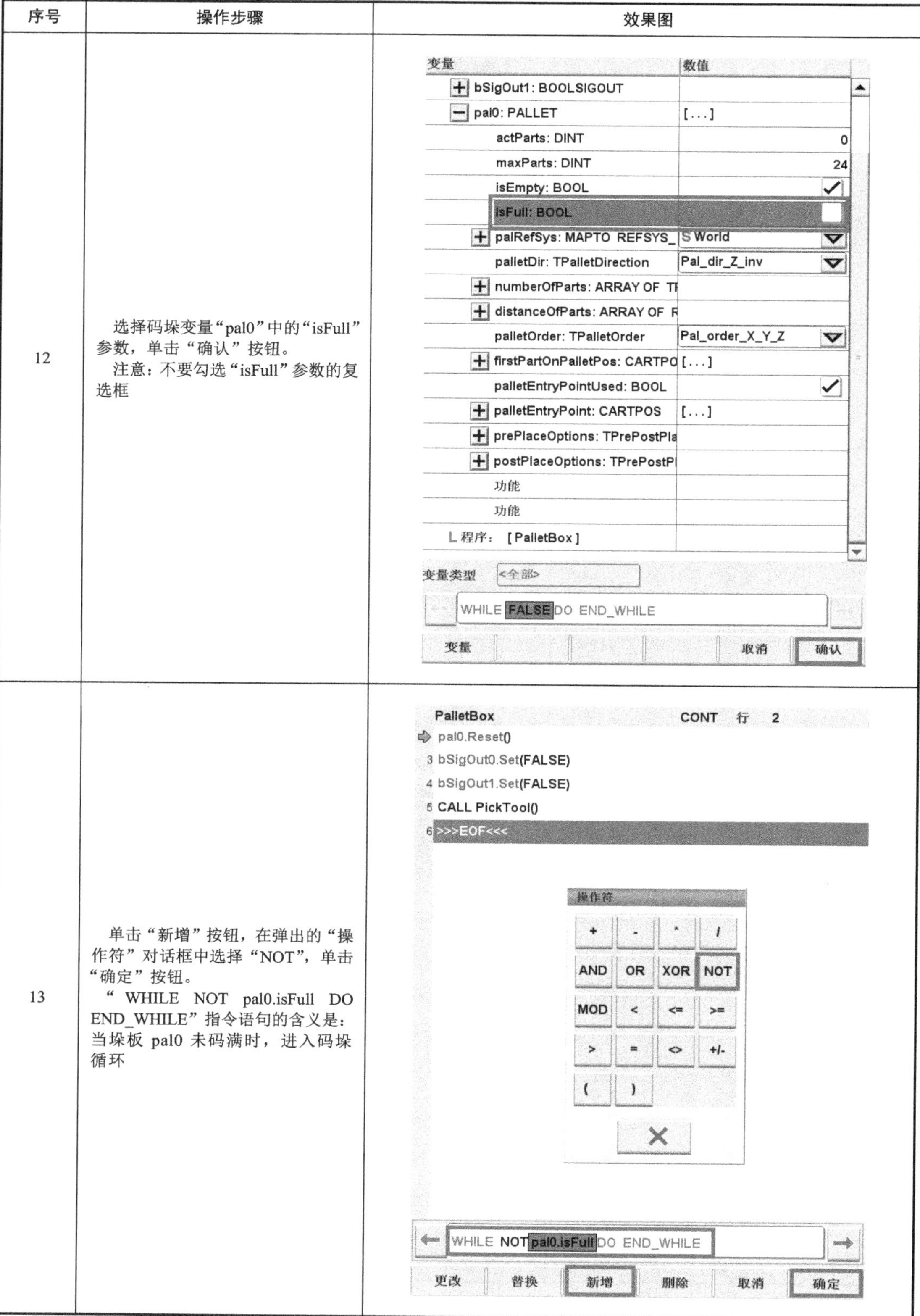

序号	操作步骤	效果图
12	选择码垛变量“pal0”中的“isFull”参数，单击“确认”按钮。 注意：不要勾选“isFull”参数的复选框	
13	单击“新增”按钮，在弹出的“操作符”对话框中选择“NOT”，单击“确定”按钮。 “ WHILE NOT pal0.isFull DO END_WHILE”指令语句的含义是：当垛板 pal0 未码满时，进入码垛循环	

（续表）

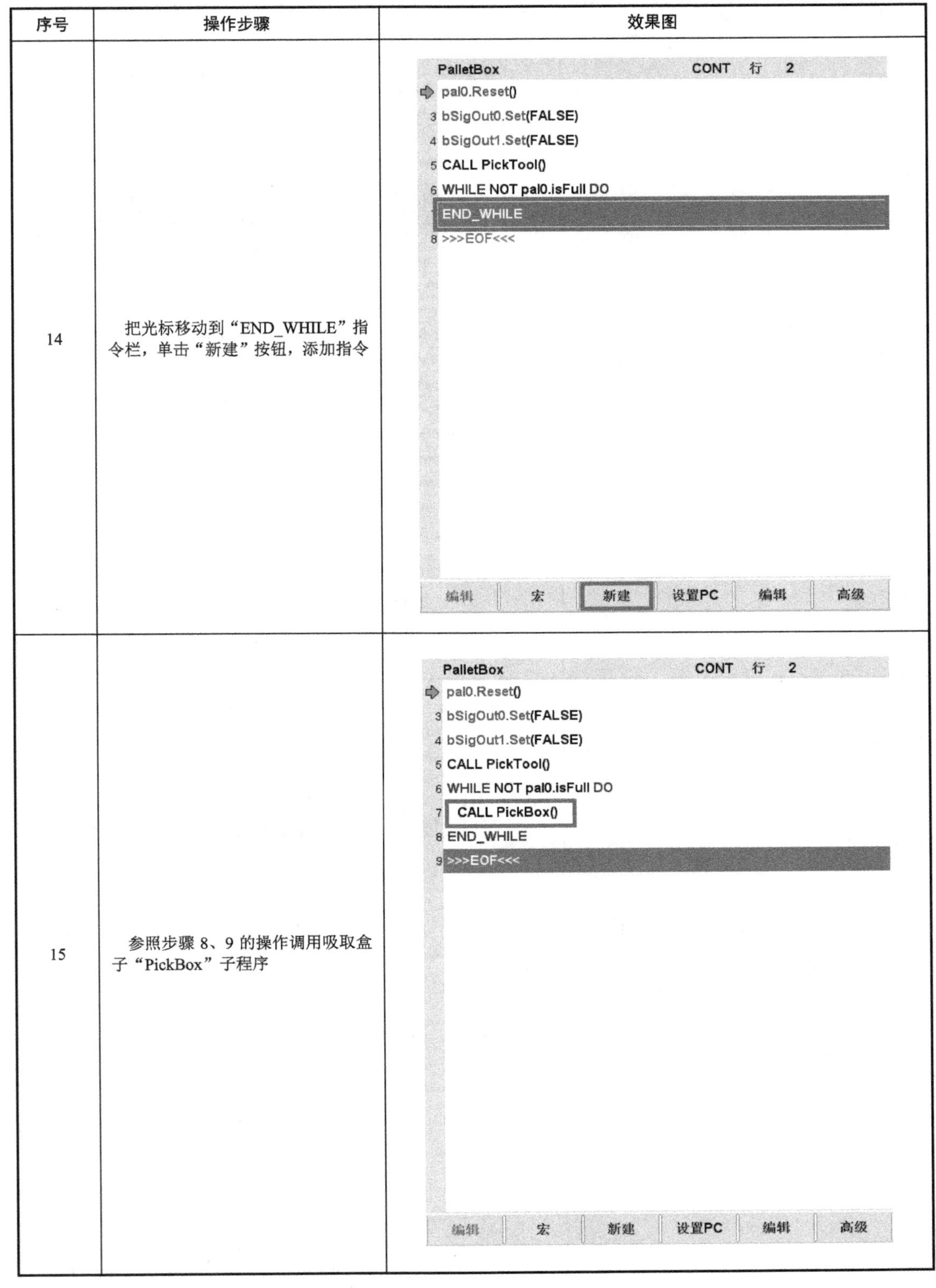

序号	操作步骤	效果图
14	把光标移动到“END_WHILE”指令栏，单击“新建”按钮，添加指令	
15	参照步骤 8、9 的操作调用吸取盒子“PickBox”子程序	

（续表）

序号	操作步骤	效果图
16	添加码垛指令“PALLET.ToPut”，移动机器人到下一个空闲放置位置进行码垛	
17	PALLET 参数选择“pal0”，即根据“pal0”的参数进行码垛，设置后单击“确认”按钮	

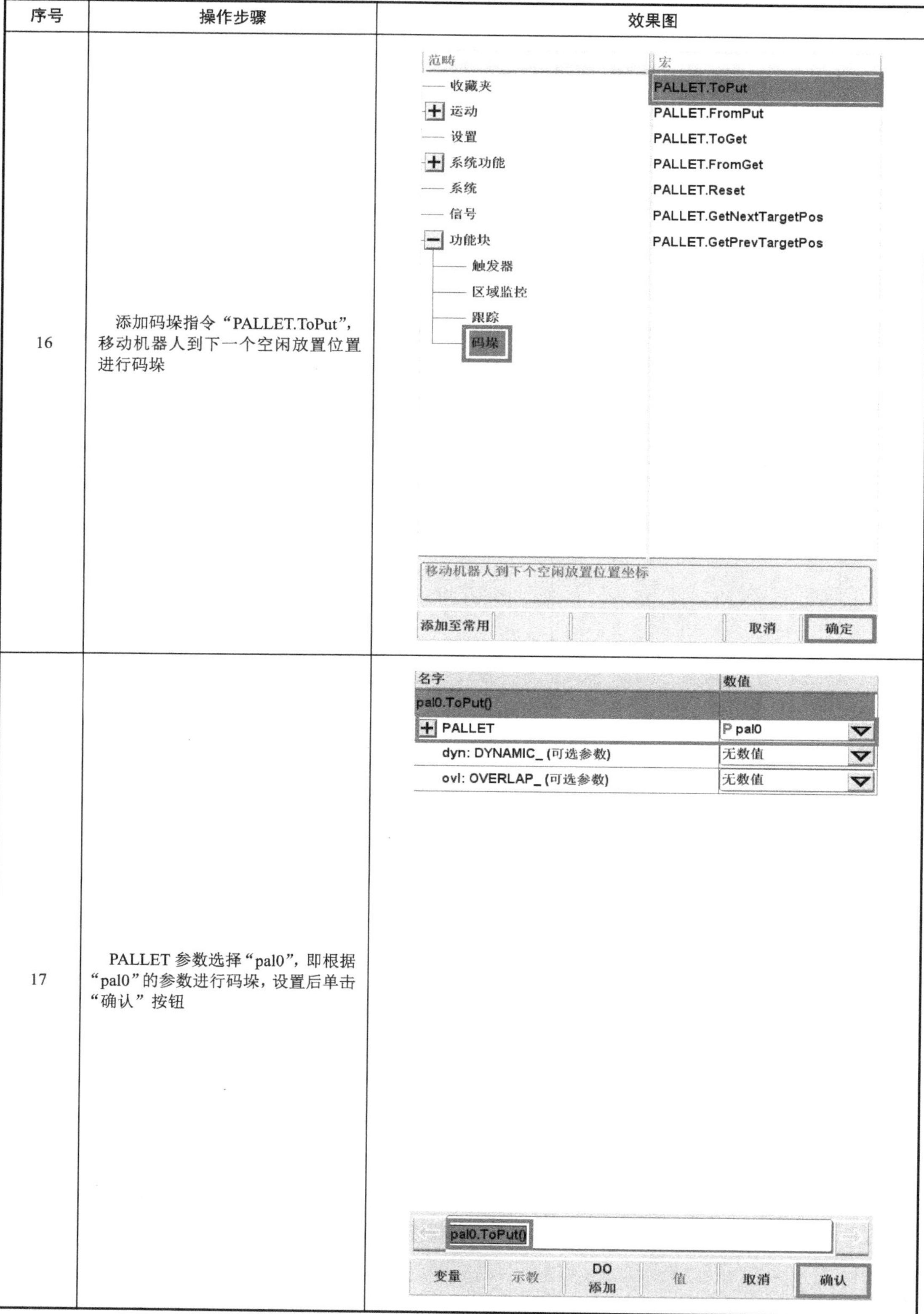

（续表）

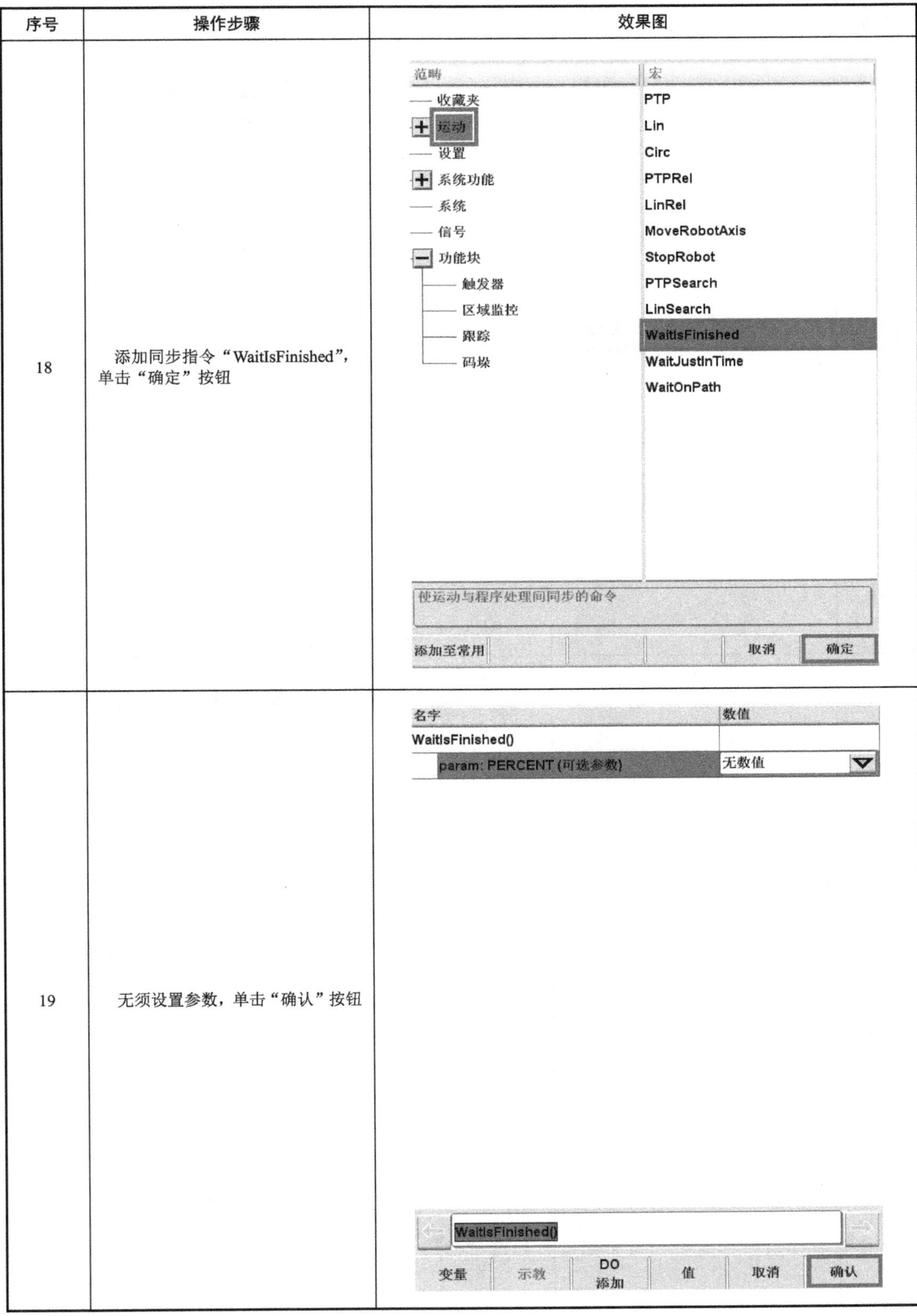

序号	操作步骤	效果图
18	添加同步指令“WaitIsFinished”，单击“确定”按钮	
19	无须设置参数，单击“确认”按钮	

（续表）

序号	操作步骤	效果图
20	参照步骤 5、6 的操作关闭吸盘真空信号，释放盒子	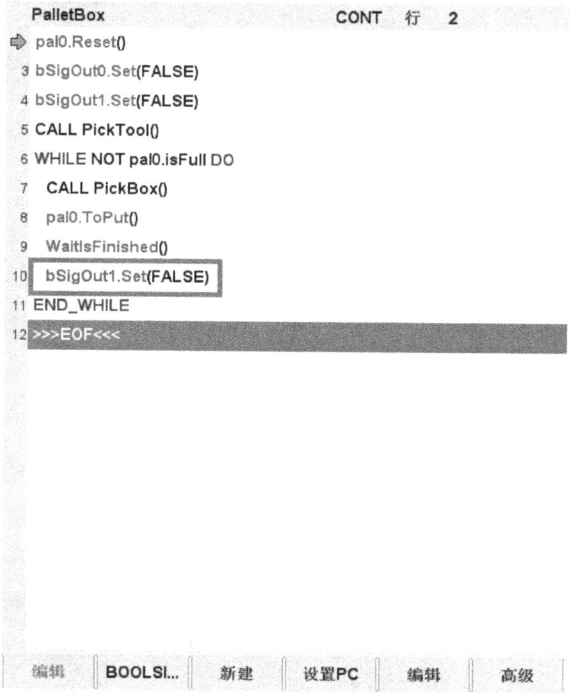 PalletBox　CONT　行　2 pal0.Reset() 3 bSigOut0.Set(FALSE) 4 bSigOut1.Set(FALSE) 5 CALL PickTool() 6 WHILE NOT pal0.isFull DO 7 CALL PickBox() 8 pal0.ToPut() 9 WaitIsFinished() 10 bSigOut1.Set(FALSE) 11 END_WHILE 12 >>>EOF<<< 编辑　BOOLSI...　新建　设置PC　编辑　高级
21	添加等待时间指令“WaitTime”，等待吸盘将盒子释放到位，单击“确定”按钮	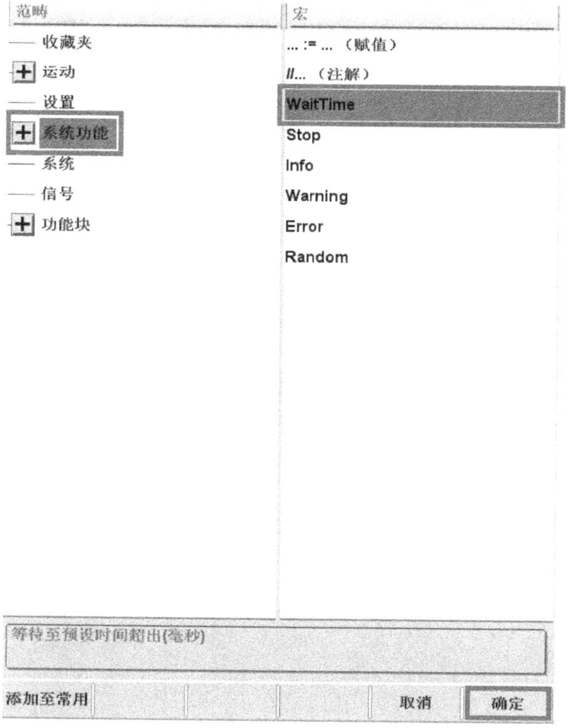 范畴　宏 收藏夹　... := ...（赋值） 运动　//...（注解） 设置　WaitTime 系统功能　Stop 系统　Info 信号　Warning 功能块　Error Random 等待至预设时间超出(毫秒) 添加至常用　取消　确定

（续表）

序号	操作步骤	效果图
22	timeMs 参数输入“500”，即等待500ms，单击“确认”按钮	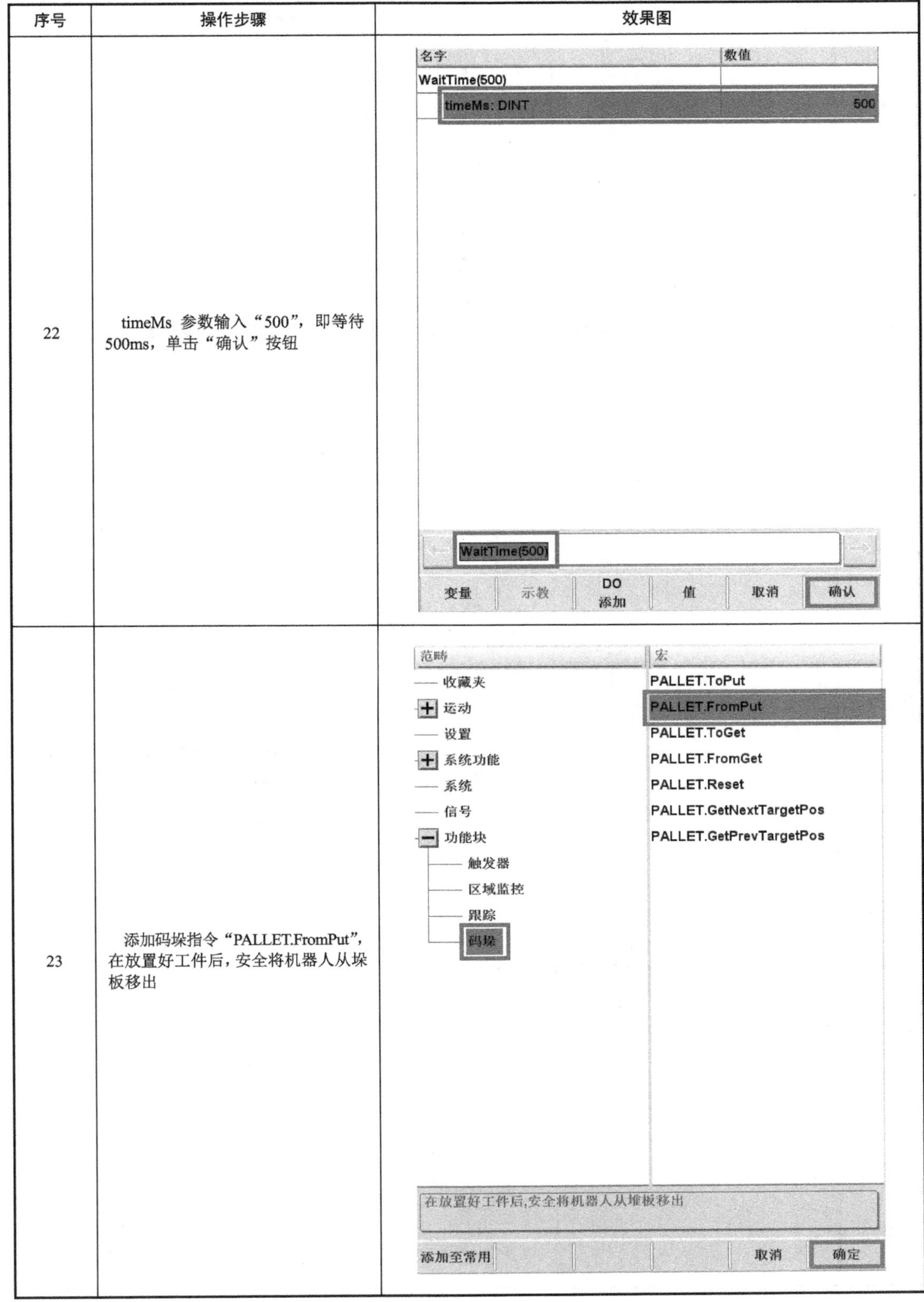
23	添加码垛指令“PALLET.FromPut”，在放置好工件后，安全将机器人从垛板移出	

（续表）

序号	操作步骤	效果图
24	PALLET 参数选择“pal0”，即根据“pal0”的参数进行移出，设置后单击“确定”按钮	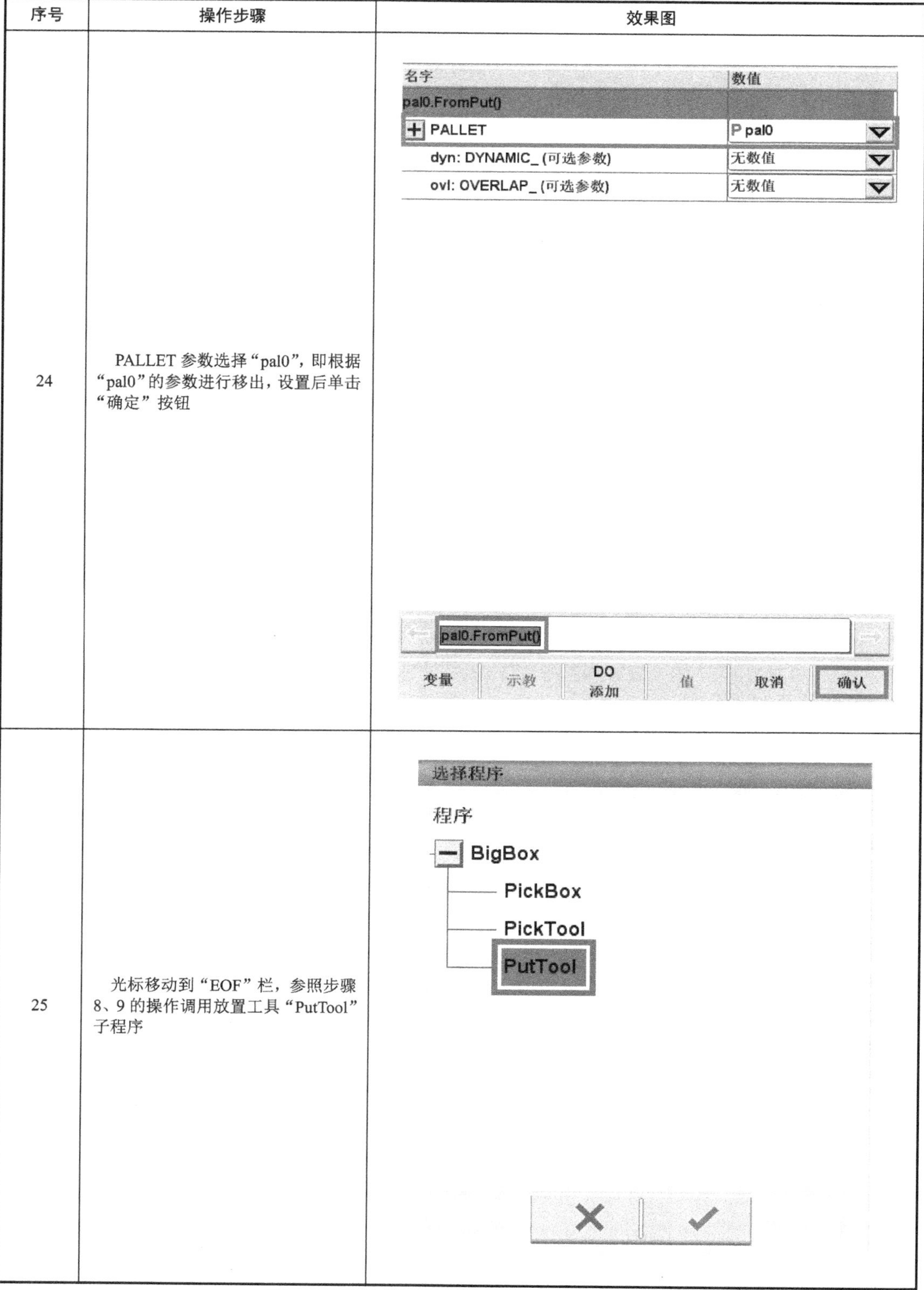
25	光标移动到“EOF”栏，参照步骤 8、9 的操作调用放置工具“PutTool”子程序	

（续表）

序号	操作步骤	效果图
26	码垛盒子的完整程序	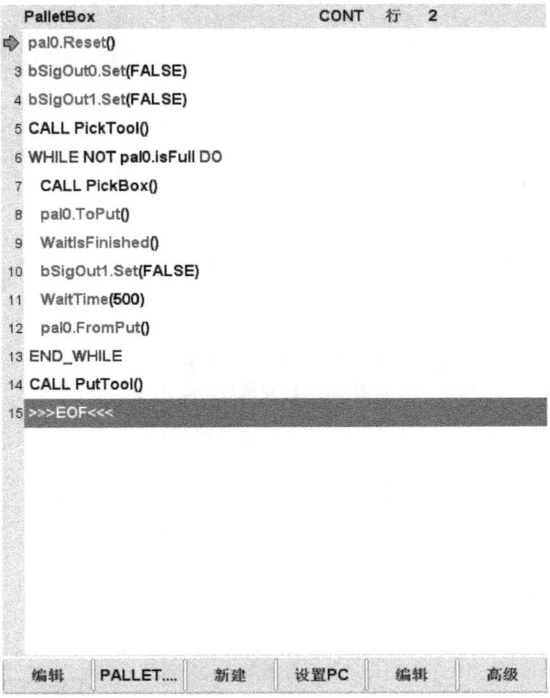 PalletBox CONT 行 2 pal0.Reset() 3 bSigOut0.Set(FALSE) 4 bSigOut1.Set(FALSE) 5 CALL PickTool() 6 WHILE NOT pal0.isFull DO 7 CALL PickBox() 8 pal0.ToPut() 9 WaitIsFinished() 10 bSigOut1.Set(FALSE) 11 WaitTime(500) 12 pal0.FromPut() 13 END_WHILE 14 CALL PutTool() 15 >>>EOF<<< 编辑 PALLET.... 新建 设置PC 编辑 高级

3）程序调试及运行

具体操作步骤请参照单元 4 中的程序调试及运行，此处略。

附录 A

KeMotion 软件安装

KeMotion 软件的安装步骤见下表。

序号	操作步骤	效果图
1	双击安装文件 Setup，文件路径为 KeMotion3_V3.10b\Deliverable_Keba。	« 本地磁盘 (E:) ▸ KeMotion3_V3.10b ▸ Deliverable_Keba 组织 ▾ 包含到库中 ▾ 共享 ▾ 新建文件夹 名称 修改日期 类型 Documentation 2017/12/19 17:26 文件夹 image 2017/12/19 17:27 文件夹 setup 2017/12/19 17:27 文件夹 target 2017/12/19 17:27 文件夹 Third Party 2017/12/19 17:27 文件夹 tools 2017/12/19 17:29 文件夹 view 2017/12/19 17:29 文件夹 Documentation 2017/11/6 20:59 快捷方式 KBusCalculator 2017/11/6 20:59 快捷方式 ReleaseNotes 2017/11/6 20:59 快捷方式 Setup 2017/11/6 20:59 快捷方式 versioninfo.txt 2017/11/6 20:57 文本文档
2	启动安装程序，单击“next”按钮进入下一步	KeMotion3 03.10b KeMotion KeMotion3 KEBA Automation by innovation. Welcome Welcome to the setup wizard This wizard will guide you through the install process of KeMotion3 03.10b on your computer. To continue, click next. WARNING: This program is protected by copyright law and international treaties. next cancel

（续表）

序号	操作步骤	效果图
3	选择安装路径，建议选择默认路径不要改动，单击“next”按钮进入下一步。	 KeMotion3 03.10b KeMotion KeMotion3 KEBA Destination Folders Install product to the defined folders Click next to install to selected folders, or change the paths below. Application Folder C:\KeMotion Tools Folder C:\Kemro back next cancel
4	选择是否在桌面和开始菜单创建快捷方式，建议勾选全部复选框，单击“next”按钮进入下一步	 KeMotion3 03.10b KeMotion KeMotion3 KEBA Set Up Shortcuts Create Program Icons On my Desktop In my Start Menu Programs folder In my Quick Launch bar back next cancel
5	单击“install”按钮进行软件安装并等待安装完成	 KeMotion3 03.10b KeMotion KeMotion3 KEBA Ready to Install The wizard is ready to begin installation Click install to begin the installation. If you want to review or change any of your installation settings, click back. Click cancel to exit the wizard. Information: Please close all running applications before continuing the installation ! back install cancel

附录 B

KeMotion 文档介绍

KeMotion 文档的查询步骤见下表。

序号	操作步骤	效果图
1	KeMotion 软件安装完成后，在计算机桌面会生成一个 KeMotion 的快捷图标，双击该快捷图标	KeMotion3 03.10b
2	在打开的文件夹中双击“Documentation”文件	« KeMotion3 ▸ 03.10b ▸ 搜索 03.10b 打开 新建文件夹 名称 修改日期 类型 templates 2017/12/19 15:52 文件夹 Documentation 2017/12/19 15:52 快捷方式 KBusCalculator 2017/12/19 15:52 快捷方式 KeMotion TeachView T55R TeachView_3.10c_1.03 2017/12/19 15:43 快捷方式 KeMotion TeachView T70Q TeachView_3.10c_1.03 2017/12/19 15:43 快捷方式 KeMotion TeachView T70R TeachView_3.10c_1.03 2017/12/19 15:43 快捷方式 KeStudio CppEdit 2.2c 2017/12/19 15:44 快捷方式 KeStudio LX - KeMotion 03.10b 2017/12/19 15:33 快捷方式 KeStudio Scope 2017/12/19 15:30 快捷方式 KeStudio UosDiagnostics 2017/12/19 15:43 快捷方式 KeStudio ViewEdit 3.12a 2017/12/19 15:31 快捷方式 ReleaseNotes 2017/12/19 15:52 快捷方式
3	打开“Documentation”文件后，单击左侧的 KeMotion 链接即可查看所有的 KeMotion 文档。选择需要查询的文档，点击 Link 栏的 PDF 文件图标即可打开该文档。例如，当前选择打开 KeMotion3 Teachview 文档	KEBA Homepage Product Documentation KEBA KeMotion3 German Documentation • KeMotion Nr./No. Bezeichnung/Description Type Link A system overview 1005131KeMotion RoboticBasics Training Manual 1005202KeMotion RoboticsFunctions Training Manual 1008775KeMotion RoboticsTransformation User's Manual 1008566KeMotion3 Automation System System Manual 1008777KeMotion3 Teachview User's Manual Board specific software 1008774 KeDrive D3 Firmware for drive control devices Programming Manual Card racks, bus couple modules 1008430BL 270/A Bus link module Project Engineering Manual 1008431BL 270/B Bus link module Project Engineering Manual 1008432BL 272/A Bus link module Project Engineering Manual 1008433BL 272/B Bus link module Project Engineering Manual Handheld terminals, panels 1008453Jb001 for KeTop with screw connection Product Description

KeMotion 文档具体内容介绍如下。

1. A system overview

系统概览，包含了 KeMotion 系统的介绍、KeMotion 机器人的介绍及一些机器人基础知识的介绍。

1）1005131　KeMotion RoboticBasics

机器人学基础知识介绍，介绍了各种机器人模型、坐标系、插补等内容，若学习者未学习过工业机器人的相关知识，建议阅读该文档。

2）1005202　KeMotion RoboticsFunctions

KEBA 机器人系统功能性介绍。在此文档中，可以查看 KEBA 系统所提供的功能及应用，若学习者有拓展应用需求，建议阅读该文档。

3）1008775　KeMotion RoboticsTransformation

KeMotion 可控制机器人的类型及其技术参数介绍。

4）1008566　KeMotion3 Automation System

KeMotion 系统手册，系统及架构介绍文档，初次学习者接触 KeMotion 系统，建议阅读该文档。

5）1008777　KeMotion3 Teachview

示教器界面操作文档。

2. Board specific software

1008774　KeDrive D3 Firmware for drive control devices

用于驱动器控制设备的 KeDrive D3 固件配置操作手册。

3. Card racks, bus couple modules

各型号总线连接模块的介绍。

1）1008430　BL 270/A Bus link module

BL 270/A 型总线用户手册。

2）1008431　BL 270/B Bus link module

BL 270/B 型总线用户手册。

3）1008432　BL 272/A Bus link module

BL 272/A 型总线用户手册。

4）1008433　BL 272/B Bus link module

BL 272/B 型总线用户手册。

4. Handheld terminals，panels

手持终端、面板和附件，包含了 KeMotion 系统的可移动示教器（KeTop）和固定操作屏（OP）及其附件的介绍。

1）1008453　Jb001 for KeTop with screw connection

JB001 接线盒硬件介绍及接线文档，JB001 是一个用于连接示教器 KeTop 和控制器的转接头，一般安装在电控柜侧面。

2）1008690　Junction Box JB002 EPLAN makro

JB002 接线盒 CAD 模型。

3）1008509　KeTop T10 Handheld termina

T10 型示教器用户手册。

4）1007628　KeTop T55 Handheld terminal KeSystems/KeMotion

T55 型示教器用户手册。

5）1008530　KeTop T70 handheld terminal

T70 型示教器用户手册。

6）1008728　KeTop T70Q Handheld Terminal

T70Q 型示教器用户手册。

7）1008799　KeTop T70R Handheld terminal

T70R 型示教器 CAD 模型。

8）1000929　V2-OP 430-LD/A Operating Panel

固定屏 OP 430 用户手册。

9）1000931　V2-OP 450-LD/A Operating Panel

固定屏 OP 450 用户手册。

10）1000933　V2-OP 460-LD/A Operating Panel

固定屏 OP 460 用户手册。

5. Hardware / Motors, gears

硬件——电机和减速机部分，包含了伺服电机及其连接技术的参考文档，以及各电机型号的 CAD 模型。

1）1008641　DMS2 Synchronous servomotors

DMS2 系列伺服电机技术手册。

2）1008620　Motor DMS2-091-xxxx

DMS2-091 系列电机 CAD 模型。

3）1008618　Motor DMS2-058-xxxx

DMS2-058 系列电机 CAD 模型。

4）1008619　Motor DMS2-070-xxxx

DMS2-070 系列电机 CAD 模型。

5）1008621　Motor DMS2-100-xxxx

DMS2-100-xxxx 系列电机 CAD 模型。

6）1008622　Motor DMS2-142-xxxx

DMS2-142-xxxx 系列电机 CAD 模型。

7）1008624　Motor DMS2-190-xxxx

DMS2-190-xxxx 系列电机 CAD 模型。

6. Hardware，project engineering

硬件——项目工程部分，包含了 KeMotion 系统所用的 CPU 及外部扩展模块的硬件介绍。

1）1000884　AI 240/A Analog Input Module
AI 240/A 型模拟量输入模块用户手册。
2）1000292　AM 280/A Analog Hybrid Module
AM 280/A 型模拟量输入输出模块用户手册。
3）1000353　AM 280/B Analog Hybrid Module
AM 280/B 型模拟量输入输出模块用户手册。
4）1000885　AO 240/A Analog Output Module
AO 240/A 型模拟量输出模块用户手册。
5）1008696　CP 263/S, CP 263/X CPU module (Linux)
CP 263/S, CP 263/X 型 CPU 用户手册。
6）1008694　CP 265/X CPU module (Linux)
CP 265/X 型 CPU 用户手册。
7）1008594　D3-DA 31x/x-xxxx Axis module
D3-DA 31x/x-xxxx 系列轴模块 CAD 模型。
8）1008592　D3-DA 32x/x-xxxx Axis module
D3-DA 32x/x-xxxx 系列轴模块 CAD 模型。
9）1008593　D3-DA 33x/x-xxxx Axis module
D3-DA 33x/x-xxxx 系列轴模块 CAD 模型。
10）1008665　D3-DA 3xx/x Axis module
D3-DA 3xx/x 系列轴模块用户手册。
11）1008639　D3-DP 300/x-xxxx Power supply module
D3-DP 300/x-xxxx 系列供电模块 CAD 模型。
12）1008666　D3-DP 3xx/x Supply module
D3-DP 3xx/x 系列供电模块用户手册。
13）1008604　D3-DU 330/x-0100 Control module
D3-DU 330/x-0100 型控制模块 CAD 模型。
14）1008601　D3-DU 335/x-0150 Control module
D3-DU 335/x-0150 型控制模块 CAD 模型。
15）1008598　D3-DU 360/x-0100 Control module
D3-DU 360/x-0100 型控制模块 CAD 模型。
16）1008596　D3-DU 365/x-0150 Control module
D3-DU 365/x-0150 型控制模块 CAD 模型。
17）1000849　DI 240/B Digital Input Module
DI 240/B 型数字量输入模块用户手册。
18）1000427　DI 260/A Digital Input Module
DI 260/A 型数字量输入模块用户手册。
19）1000424　DM 272/A Digital Input/Output Module
DM 272/A 型数字量输入输出模块用户手册。

20）1000462　DM 276/A Digital I/O Module

DM 276/A 型数字量输入输出模块用户手册。

21）1000429　DO 272/A Digital Output Module

DO 272/A 型数字量输出模块用户手册。

22）1008538　DU 3xx/x Control module

DU 3xx/x 系列控制模块用户手册。

23）1000578　FM 200/A CAN Module

FM 200/A 型 CAN 口模块用户手册。

24）1008483　IM 270/W Hybrid module

IM 270/W 型混合模块用户手册。

25）1000477　MM 240/A Encoder Interface Module

MM 240/A 型编码器接口模块用户手册。

26）1000381　SM 210/A Serial Interface Module

RS232 串口通信模块用户手册。

27）1000886　SM 220/A Serial Interface Module

电流环串口通信模块用户手册。

28）1000887　SM 230/A Serial Interface Module

RS485/RS422 串口通信模块用户手册。

29）1000408　TM 225/A Temperature Measurement Module

TM 225/A 型温度测量模块用户手册。

30）1000891　TM 240/A Temperature Module

TM 240/A 型温度测量模块用户手册。

7. Programming

编程手册，包含了 KeMotion 系统的一系列软硬件、系统功能（例如 EuroMap、码垛、PLCOpen、参考坐标系、Single Axis、工件、视觉&跟踪、工作空间等）的说明和介绍。

1）1008805　KeMotion 3 expert functions

KeMotion 系统专家功能，是对 KeMotion 系统的增强功能手册，包含用于更深入使用系统的附加接口和库的说明。

2）1008440　KeMotion KAIRO Expert

KeMotion 专家编程。

3）1005214　KeMotion Palletizing

KeMotion 码垛功能编程。

4）1006694　KeMotion ReferenceSystems

KeMotion 参考坐标系描述及使用方法。

5）1005204　KeMotion Teachtalk LanguageReference

KeMotion Teachtalk 编程语言介绍，当使用专家编程或编写宏命令时，需要熟悉 Teachtalk 语言。

6）1006696　KeMotion Tools

KEBA 机器人工具手描述及使用方法。

7）1005217　KeMotion WorkspaceMonitoring

KeMotion 工作空间监控功能介绍，描述了工作区域、禁止区域，以及机器人关节监控等配置。

8）1006374　KeMotion XMLMasks

KeMotion 使用 XML 语言编写用户自定义画面的描述文档。

9）1008809　KeMotion3 Conveyor Tracking

KeMotion 跟踪功能相关介绍文档，当项目需要用到跟踪抓取或者跟踪码放的时候，建议阅读该文档。

10）1008732　KeMotion3 Euromap

KeMotion 关于欧盟规范的定义及相关使用说明，如果配合注塑机使用欧盟规范安全标准，建议阅读该文档。

11）1008721　KeMotion3 KAIRO Language Reference

KeMotion 编程语言指导手册。

12）1008576　KeMotion3 Libraries

KeMotion 库介绍文档。

13）1008558　KeMotion3 MFB

KeMotion 运动控制功能块 Motion Function Block 相关文档描述，Kemro 除了提供机器人控制还提供运动控制功能，其强大的 PLC 功能能够完成各种复杂的运动控制，如凸轮、多工位送料、主/从动轴等。

14）1008735　KeMotion3 TeachControl Data Interface

TeachControl 数据接口的 IEC 变量配置及使用文档。

15）62561　Kemro.teachtalk Basic Functions Library

Teachtalk 编程语言基本功能库介绍文档。

16）1000948　KeView Trend Visualization

KeView 标准画面介绍文档。

17）1008378　KeView ViewStandard Programming Manual

ViewEdit 编程手册，该文档描述如何直接通过 Java 语言进行用户自定义画面编程。

8. Tools

KeMotion 其他工具软件的介绍，包含了例如离线编程功能软件和 TeachEdit 软件的应用介绍。

63526　Kemro.teachedit Programming Platform

teachedit 编程平台介绍。

附录 C

KeMotion 控制系统组成

序号	名称	型号/版本	备注
1	控制器	CP088/A	
2	示教器	KeTop T70-qqu-Aa0-LK	
3	KeTop 连接电缆	KeTop TT050-eaa	
4	接线盒	KeTop JB 001/A Set	
5	CF 存储卡	XC 500/C	
6	控制器电源接口端子	XT050/A	
7	控制器 I/O 模块端子	XT 030/A	
8	KeStudio 软件	KeMotion3_V3.10b